"十二五"普通高等教育本科国家级规划教材

Data Structure

数据结构

（第2版）

主编 陈 越
编著 何钦铭 徐镜春 魏宝刚 杨 枨

高等教育出版社·北京

内容提要

本书的主要任务是介绍并探讨有关数据组织、算法设计、时间和空间效率的概念和通用分析方法，帮助读者学会数据的组织方法和现实世界问题在计算机内部的表示方法，针对问题的应用背景分析，选择合适的数据结构，从而培养高级程序设计技能。

本书第 1 章介绍了数据结构与算法的基本概念；第 2 章是对 C 语言关键内容的复习，为后续章节理解数据结构的实现做准备；第 3 章至第 7 章分别介绍了线性表、树、散列表、图、排序算法等经典数据结构与算法；最后在第 8 章通过对两个实际生活中提炼出的问题的解答，帮助读者更深刻地体会数据结构的应用。

本书可作为高等学校计算机类专业"数据结构"课程的教材。

图书在版编目（CIP）数据

数据结构/陈越主编；何钦铭等编著.--2 版.--北京：高等教育出版社，2016.6（2025.1 重印）
ISBN 978-7-04-045110-8

Ⅰ.①数… Ⅱ.①陈… ②何… Ⅲ.①数据结构-高等学校-教材 Ⅳ.①TP311.12

中国版本图书馆 CIP 数据核字（2016）第 070100 号

策划编辑	张 龙	责任编辑	张 龙	封面设计	王 琰	版式设计	马敬茹
插图绘制	杜晓丹	责任校对	高 歌	责任印制	耿 轩		

出版发行	高等教育出版社	网　址	http://www.hep.edu.cn
社　址	北京市西城区德外大街 4 号		http://www.hep.com.cn
邮政编码	100120	网上订购	http://www.hepmall.com.cn
印　刷	山东韵杰文化科技有限公司		http://www.hepmall.com
开　本	787mm×1092mm 1/16		http://www.hepmall.cn
印　张	20.25	版　次	2012 年 4 月第 1 版
字　数	450 千字		2016 年 6 月第 2 版
购书热线	010-58581118	印　次	2025 年 1 月第 20 次印刷
咨询电话	400-810-0598	定　价	36.50 元

本书如有缺页、倒页、脱页等质量问题，请到所购图书销售部门联系调换
版权所有　侵权必究
物　料　号　45110-B0

前　言

"数据结构"是计算机类专业的重要专业基础课。它所讨论的知识内容和提倡的技术方法，无论对进一步学习计算机相关领域的其他课程，还是对从事大型信息工程的开发，都有着枢纽的作用。

解决问题往往有多种方法，且不同方法之间的效率可能相差甚远。解决问题方法的效率，与数据的组织方式有关，与空间的利用效率有关，也与方法的巧妙程度有关。本书的主要任务是介绍并探讨有关数据组织、算法设计、时间和空间效率的概念和通用分析方法，帮助读者学会数据的组织方法和现实世界问题在计算机内部的表示方法，针对问题的应用背景分析，选择合适的数据结构，从而培养高级程序设计技能。

本书的特点是从实际应用问题出发，导出各种经典数据结构的定义、实现(存储)方法以及操作实现，并以更丰富的综合应用案例帮助读者增强对理论的感性认识，从而明白这些数据结构为什么存在，以及在什么情况下可以最好地解决什么样的问题。

数据结构的思想和原理是不依赖于编程语言的，但对于每一个抽象概念的具体实现和应用则需要一种编程语言作为载体。本书根据国内多数学校计算机专业教学的实际情况，选择了 C 语言作为具体实现的语言，并提供了大量可以直接编译运行的源代码。不仅使得学生在学习时容易起步，可以在现有源代码的基础上不断修改扩充，从而解决更为复杂的问题，而且也为 IT 专业人士提供了方便的经典代码库。

本书第 1 章介绍了数据结构与算法的基本概念和两者的关联，重点介绍了抽象数据类型和算法复杂度的概念；第 2 章基本上是对 C 语言关键内容的复习，为后续章节理解数据结构的实现做准备；第 3 章介绍了线性表以及最基本的两种应用——堆栈和队列；第 4 章讨论一种重要的非线性结构——树，重点介绍了二叉树和搜索树，并将查找、哈夫曼树和集合表示等作为树形结构的应用进行了讨论；第 5 章通过对从海量信息中高效查找关键字问题的再思考，引出对散列表和经典哈希映射技术的讨论；第 6 章介绍图的各种表示方法和相关算法；第 7 章讨论了各种经典的排序算法；最后在第 8 章通过对两个实际生活中提炼出的问题的求解，帮助读者更深刻体会数据结构的应用。

读者可以根据自身的基础选择相应章节进行阅读，熟悉 C 语言的读者完全可以跳过第 2 章有关 C 语言基础的部分。目录中带 * 号的章节及习题中带 * 号的题目，是本书的扩展内容，读者可以在学习基础内容之后再阅读扩展内容。

本书作为第 2 版，除了修订第 1 版的错误外，还重新整理了全部源代码，提供了部分微视频，并提供了新的在线练习资源。希望读者能通过本书的学习提高实践能力，使数据结构与算法成为用计算机解决实际问题的有效工具。

本书提供的学习资源如下。

（1）本书全部源代码及配套电子课件可以通过发送邮件（jsj@ pub.hep.cn）免费获取。

（2）本书练习和习题中的程序设计题目部署在具有在线判题功能的"程序设计类教学辅助教学平台"（Programming Teaching Assistant，PTA 或"拼题 A"）平台上，使用说明请阅读附录。读者使用本书封四提供的验证码即可登录"拼题 A"网站进行在线练习。

（3）"拼题 A"平台同时接受任课教师的申请，提供自行出题或引用题库（现有数万题可供选用）、组织学生在线练习、考试等管理功能，并提供成绩一键下载等教学数据统计功能。采用本书作为教材的高校教师，可以发送邮件（jsj@ pub.hep.cn）申请获得教师的管理权限。

（4）针对学习难点和重点，书中使用二维码的形式提供了若干微视频，读者使用手机扫描即可观看。这些微视频引自本书作者在"中国大学 MOOC"平台上开设"数据结构"课程。建议读者在阅读本书的过程中，系统学习这门 MOOC 课程，可以取得更好的学习效果。

（5）与本书配套的《数据结构学习与实验指导（第 2 版）》包含了实验指导、习题指导等丰富内容，同时大量的练习题目也部署在"拼题 A"平台上。读者可以使用"拼题 A"平台随时检测自己的学习效果与编程能力。

本书由浙江大学计算机科学与技术学院教师编写，由陈越教授组织并统稿。其中，第 1、8 章由陈越教授编写，第 2、3 章由何钦铭教授编写，第 4 章由魏宝刚教授编写，第 5、6 章由徐镜春副教授编写，第 7 章由杨枨副教授编写。新版主要由陈越教授与何钦铭教授共同修订，并补充微视频。

在改版过程中，得到各高校教师以及网友的大力支持与帮助，特别在此鸣谢青岛大学周强老师、广东东软学院罗先录老师、南昌师范学院徐新爱老师、中国民用航空飞行学院李廷元老师、东北电力大学郭帅老师、北京大学彭凯老师、中国人民解放军战略支援部队信息工程大学周蓓老师、广东东软学院罗泉老师、成都东软学院吴江红老师、山东理工大学张志伟老师、广西大学杨柳老师，以及网友 bds1213、萌面大道、寻雾启示、love 易－水－寒、_北_国_、小目标－王文海、Leon_601、a_wilful_magician、baipang、Danial19960606_邹佳敏、城南徐哈哈、青衫忆笙的斧正。书中不当之处在所难免，敬请广大读者批评指正。

编著者
2017 年 11 月

目　录

第1章　概论 ································ 1
　1.1　引子 ································· 1
　1.2　数据结构 ····························· 7
　　1.2.1　定义 ····························· 7
　　1.2.2　抽象数据类型 ··················· 8
　1.3　算法 ································· 9
　　1.3.1　定义 ····························· 9
　　1.3.2　算法复杂度 ····················· 10
　　1.3.3　渐进表示法 ····················· 12
　1.4　应用实例：最大子列和问题 ······· 15
　本章小结 ·································· 21
　习题 ······································· 21

第2章　数据结构实现基础 ············· 23
　2.1　引子 ································· 23
　2.2　数据存储基础 ······················ 26
　　2.2.1　数组 ····························· 26
　　2.2.2　类型定义 typedef ·············· 28
　　2.2.3　指针 ····························· 28
　　2.2.4　结构 ····························· 30
　　2.2.5　链表 ····························· 32
　2.3　流程控制基础 ······················ 37
　　2.3.1　分支控制 ························ 37
　　2.3.2　循环控制 ························ 39
　　2.3.3　函数与递归 ····················· 42
　本章小结 ·································· 50
　习题 ······································· 50

第3章　线性结构 ························· 52
　3.1　引子 ································· 52
　3.2　线性表的定义与实现 ·············· 55
　　3.2.1　线性表的定义 ·················· 55
　　3.2.2　线性表的顺序存储实现 ······· 56
　　3.2.3　线性表的链式存储实现 ······· 60
　　3.2.4　广义表与多重链表 ············ 66
　3.3　堆栈 ································· 70
　　3.3.1　堆栈的定义 ····················· 70
　　3.3.2　堆栈的实现 ····················· 73
　　3.3.3　堆栈应用：表达式求值 ······· 78
　3.4　队列 ································· 83
　　3.4.1　队列的定义 ····················· 83
　　3.4.2　队列的实现 ····················· 83
　3.5　应用实例 ···························· 88
　　3.5.1　多项式加法运算 ··············· 88
　　*3.5.2　迷宫问题 ······················ 90
　本章小结 ·································· 95
　习题 ······································· 96

第4章　树 ································· 98
　4.1　引子 ································· 98
　　4.1.1　问题的提出 ····················· 98
　　4.1.2　查找 ····························· 99
　4.2　树的定义、表示和术语 ··········· 103
　4.3　二叉树 ······························ 106
　　4.3.1　二叉树的定义及其逻辑
　　　　　表示 ····························· 106
　　4.3.2　二叉树的性质 ················· 106
　　4.3.3　二叉树的存储结构 ··········· 107
　　4.3.4　二叉树的操作 ················· 110
　4.4　二叉搜索树 ························ 125
　　4.4.1　二叉搜索树的定义 ··········· 125

4.4.2 二叉搜索树的动态查找 …… 126
　　4.4.3 二叉搜索树的插入 …………… 128
　　4.4.4 二叉搜索树的删除 …………… 130
4.5 平衡二叉树 ……………………………… 133
　　4.5.1 平衡二叉树的定义 …………… 134
　　4.5.2 平衡二叉树的调整 …………… 134
4.6 树的应用 ………………………………… 141
　　4.6.1 堆及其操作 …………………… 141
　　4.6.2 哈夫曼树 ……………………… 151
　　4.6.3 集合及其运算 ………………… 159
本章小结 ………………………………………… 163
习题 ……………………………………………… 164

第5章 散列查找 …………………………… 166
5.1 引子 ……………………………………… 166
5.2 基本概念 ………………………………… 169
5.3 散列函数的构造方法 …………………… 172
　　5.3.1 数字关键词的散列
　　　　　函数构造 ……………………… 172
　　5.3.2 字符串关键词的散列
　　　　　函数构造 ……………………… 175
5.4 处理冲突的方法 ………………………… 176
　　5.4.1 开放定址法 …………………… 176
　　5.4.2 分离链接法 …………………… 183
5.5 散列表的性能分析 ……………………… 188
5.6 应用实例 ………………………………… 189
本章小结 ………………………………………… 195
习题 ……………………………………………… 196

第6章 图 …………………………………… 198
6.1 引子 ……………………………………… 198
6.2 图的基本概念 …………………………… 199
　　6.2.1 图的定义和术语 ……………… 199
　　6.2.2 图的抽象数据类型 …………… 205
6.3 图的存储结构 …………………………… 205
　　6.3.1 邻接矩阵 ……………………… 206
　　6.3.2 邻接表 ………………………… 210

6.4 图的遍历 ………………………………… 215
　　6.4.1 迷宫探索 ……………………… 215
　　6.4.2 深度优先搜索 ………………… 218
　　6.4.3 广度优先搜索 ………………… 220
6.5 最小生成树 ……………………………… 223
　　6.5.1 生成树的构建与最小
　　　　　生成树的概念 ………………… 223
　　6.5.2 构造最小生成树的 Prim
　　　　　算法 …………………………… 225
　　6.5.3 构造最小生成树的 Kruskal
　　　　　算法 …………………………… 232
6.6 最短路径 ………………………………… 235
　　6.6.1 单源最短路径 ………………… 236
　　6.6.2 每一对顶点之间的最短
　　　　　路径 …………………………… 241
6.7 拓扑排序 ………………………………… 244
6.8 关键路径计算 …………………………… 249
6.9 应用实例 ………………………………… 252
　　6.9.1 六度空间理论 ………………… 252
　　6.9.2 六度分隔理论的验证 ………… 253
本章小结 ………………………………………… 257
习题 ……………………………………………… 258

第7章 排序 ………………………………… 263
7.1 引子 ……………………………………… 263
7.2 选择排序 ………………………………… 264
　　7.2.1 简单选择排序 ………………… 264
　　7.2.2 堆排序 ………………………… 265
7.3 插入排序 ………………………………… 268
　　7.3.1 简单插入排序 ………………… 268
　　7.3.2 希尔排序 ……………………… 269
7.4 交换排序 ………………………………… 271
　　7.4.1 冒泡排序 ……………………… 271
　　7.4.2 快速排序 ……………………… 272
7.5 归并排序 ………………………………… 276
7.6 基数排序 ………………………………… 279

  7.6.1 桶排序 …………………… 279
  7.6.2 基数排序 ………………… 279
  7.6.3 单关键字的基数分解 …… 280
*7.7 外部排序 …………………………… 284
7.8 排序的比较和应用 ………………… 285
  7.8.1 排序算法的比较 ………… 285
  7.8.2 排序算法应用案例 ……… 287
本章小结 ………………………………… 288
习题 ……………………………………… 288

第8章 综合应用案例分析 …………… 290

8.1 银行排队问题 ……………………… 290
  8.1.1 单队列多窗口服务 ……… 290
  8.1.2 单队列多窗口+VIP 服务 … 296
8.2 畅通工程问题 ……………………… 301
  8.2.1 建设道路数量问题 ……… 301
  8.2.2 最低成本建设问题 ……… 304
本章小结 ………………………………… 309
习题 ……………………………………… 309

附录 PTA 使用说明 …………………… 310
参考文献 ………………………………… 315

第 1 章 概　论

1.1　引子

什么是数据结构？事实上，这个问题在计算机科学界至今没有标准的定义。

如果你的好奇心充分强，不妨打开各种版本的有关"数据结构"的教材首页，看到的会是五花八门的描述。而在你深入阅读本书之前，大多数的描述对你而言可能太过晦涩——例如 Sartaj Sahni 在他的《数据结构、算法与应用》一书中称："数据结构是数据对象，以及存在于该对象的实例和组成实例的数据元素之间的各种联系。这些联系可以通过定义相关的函数来给出。" Clifford A.Shaffer 在《数据结构与算法分析》一书中的定义是："数据结构是 ADT(抽象数据类型，Abstract Data Type)的物理实现。"互联网上的中文维基百科写道："数据结构(Data Structure)是计算机中存储、组织数据的方式。通常情况下，精心选择的数据结构可以带来最优效率的算法。"

作为初学者，让我们暂且把那些由专业术语组成的各种定义抛开，先尝试解决下面几个简单的问题。在解决问题的过程中，或许可以得到对于数据结构的理解。

[例 1.1]　书店往往是书的海洋，图 1.1 显示了著名的圣保罗 Livraria da Vila 书店一角。如果你是书店的主人，该如何摆放你的书，才能让读者很方便地找到你手里这本《数据结构》？

[分析]　解决的办法有很多，下面只列举 3 种最简单的。

方法 1：随便放。

这种方法使得放书非常方便，任何时候有新书进来，哪里有空就把书插到哪里。但是这种方法显然使得查找非常痛苦。最不走运的时候，是你的书架上根本没有这本书，但是你需要翻遍整个书架的每一本书，才能确定地说真的找不到。

方法 2：按照书名的拼音字母顺序排放。

这种方法使得查找方便了一些。我们可以随便抽取一本书，检查书名的拼音首字母。例如书名是 L 开头的《离散数学》，我们就知道以 S 开头的《数据结构》一定排在 L 的后面；再从它后面随便抽取一本书，例如是 W 开头的《网络技术基础》，那么《数据结构》一定排在 W 的前面，我们的查找范围就迅速缩小到 L 和 W 之间的区域内。

但是这种方法会使得新书的插入成为一种痛苦。如果买的新书是 Z 开头的《"做中学"程序员攻略》还好，如果新买的一本是 A 开头的《阿 Q 正传》就惨了，为了给新书腾出空间，要把多少本书向后挪动啊！

图 1.1 圣保罗的 Livraria da Vila 书店一角

方法 3：把书架划分成几块区域，每块区域指定摆放某种类别的图书；在每种类别内，按照书名的拼音字母顺序排放。

这种方法与方法 2 相比，无论是查找还是插入，工作量都减少很多，因为类别一旦确定，要处理的书架范围就大大缩小了。但是仍然存在问题——因为我们不可能事先知道每种类别的图书会有多少本，所以划分区域的时候最好给每种类别预留足够的新书空间，这可能造成空间上的浪费。

另一方面，类别分得越细，属于同一类的书就越少，在某一类内部查找或插入的工作量就越小。但是如果类别太多，要找到某一类所在的区域又会成为一件麻烦事…… 你还有更好的解决方案吗？

[**例 1.2**] 写程序实现一个函数 PrintN，使得传入一个正整数为 N 的参数后，能顺序打印从 1 到 N 的全部正整数。

[**分析**] 只要略有编程基础的人都可以很容易实现这个函数。代码 1.1 给出了一个用 C 语言循环语句实现的版本。

```c
void PrintN( int N )
{   /*打印从 1 到 N 的全部正整数 */
    int i;
    for( i=1; i<=N; i++)
        printf("%d\n", i);
    return;
}
```

代码 1.1 用 C 语言循环语句实现的 PrintN 函数

另一个用 C 语言递归语句实现的版本看上去更简洁，甚至不需要临时变量的帮助，如代码 1.2 所示。

```
void PrintN( int N)
{/*打印从 1 到 N 的全部正整数 */
    if(N>0){
        PrintN(N-1);
        printf("%d\n",  N);
    }
}
```

代码 1.2　用 C 语言递归语句实现的 PrintN 函数

问题看上去很简单，上述两种方法似乎都可以完成任务。然而，事实真的如此吗？我们可以运行代码 1.3，来比较一下两种实现方法。

```
#include <stdio.h>

void PrintN( int N);

int main( )
{   /* 读入整数 N,并调用 PrintN 函数 */
    int N;

    scanf("%d",  &N);
    PrintN(N);
    return 0;
}
```

代码 1.3　函数 PrintN 的测试程序

把代码 1.1 和代码 1.2 分别（不是同时）贴到代码 1.3 的尾部，分别编译运行。测试输入 N 为 100、1000、10000、100000 的情况——如果还不能发现问题，那么继续测试更大的 N…… 终于，我们将发现，对于充分大的 N，代码 1.2 中的递归函数拒绝工作了！而此时代码 1.1 仍然正常运行。

为什么会这样？请读者思考其中的原因。

［例 1.3］　一元多项式的标准表达式可以写为：$f(x) = a_0 + a_1 x + \cdots + a_{n-1} x^{n-1} + a_r x^n$。现给定一个多项式的阶数 n，并将全体系数 $\{a_i\}_{i=0}^{n}$ 存放在数组 a[ ] 里。请写程序计算这个多项式在给定点 x 处的值。

[**分析**] 最直接的办法是根据多项式的标准表达式 $f(x) = \sum_{i=0}^{n} a_i x^i$ 通过循环累求和来实现这个函数。代码 1.4 给出了这个直接实现的版本。

```
double f(int n, double a[], double x)
{   /* 计算阶数为 n,系数为 a[0]...a[n]的多项式在 x 点的值 */
    int i;
    double p=a[0];
    for(i=1; i<=n; i++)
        p+=a[i]*pow(x, i);
    return p;
}
```

代码 1.4　计算多项式函数值的直接法

然而早在 800 年前,中国南宋的数学家秦九韶就提出了一种更快的算法,他通过不断提取公因式 x 来减少乘法的运算次数,把多项式改写为:

$$f(x) = a_0 + x(a_1 + x(\cdots(a_{n-1} + x(a_n))\cdots)) \quad\text{(公式 1.1)}$$

代码 1.5 给出了按照公式 1.1 编程的多项式求值算法。

```
double f(int n, double a[], double x)
{   /* 计算阶数为 n,系数为 a[0],…,a[n]的多项式在 x 点的值 */
    int i;
    double p=a[n];
    for(i=n; i>0; i--)
        p=a[i-1]+x*p;
    return p;
}
```

代码 1.5　计算多项式函数值的秦九韶法

微视频 1-1
clock( )工具的使用

看上去代码 1.4、代码 1.5 两个版本的程序一样简单,都只要 5 行语句就可以了。问题是,秦九韶算法究竟比简单的直接算法快了多少?要回答这个问题,我们需要先学习 clock( )工具的使用。

要获得一个程序的运行时间,常用的方法是调用头文件 time.h,其中提供了 clock( )函数,可以捕捉从程序开始运行到 clock( )被调用时所耗费的时间。这个时间单位是 clock tick,即"时钟打点",在 C/C++中定义的数据类型是 clock_t。同时还有一个常数 CLK_TCK(或是 CLOCKS_PER_SEC),给出了机器时钟每秒所走的时钟打点数。代码 1.6 给出了一个常用范例。

```
#include <stdio.h>
#include <time.h>

clock_t start, stop;  /* clock_t 是 clock()函数返回的变量类型 */
double duration;      /*记录被测函数运行时间,以秒为单位 */

int main()
{/* 不在测试范围内的准备工作写在 clock()调用之前 */

    start=clock();         /* 开始计时 */
    MyFunction();          /* 把被测函数加在这里,使用时这个函数必须被替换 */
    stop=clock();          /* 停止计时 */
    duration=((double)(stop-start))/CLK_TCK;  /*计算运行时间 */
    /*注意 CLK_TCK 是机器时钟每秒所走的时钟打点数, */
    /*在某些 IDE 下也可能叫 CLOCKS_PER_SEC。       */

    /*其他不在测试范围的处理写在后面,例如输出 duration 的值 */
    return 0;
}
```

代码 1.6 测试函数 function( )的运行时间

下面我们可以通过一个具体多项式函数值的计算,来比较秦九韶算法与直接法的效率差别:令 $f(x) = \sum_{i=0}^{9} i \cdot x^i$,计算 $f(1.1)$ 的值。代码 1.7 给出了测试函数。

```
#include <stdio.h>
#include <time.h>
#include <math.h>

clock_t start, stop;
double duration;
#define MAXN 10  /*多项式最大项数,即多项式阶数+1 */
#define MAXK 1e7 /*被测函数最大重复调用次数 */

double f1(int n, double a[], double x)
{ /* 代码 1.4 的算法 */
    int i;
    double p=a[0];
    for(i=1; i<=n; i++)
```

```
            p+=(a[i]* pow(x, i));
    return p;
}

double f2(int n, double a[], double x)
{ /* 代码 1.5 的算法 */
    int i;
    double p=a[n];
    for(i=n; i>0; i--)
        p=a[i-1]+x*p;
    return p;
}

void run(double(*f)(int, double*, double), double a[], int case_n)
{/* 此函数用于测试被测函数(*f)的运行时间,并且根据 case_n 输出相应的结果 */
 /* case_n 是输出的函数编号:1 代表函数 f1;2 代表函数 f2           */
    int i;

    start=clock();
    for(i=0; i<MAXK; i++)    /*重复调用函数以获得充分多的时钟打点数*/
        (*f)(MAXN-1, a, 1.1);
    stop=clock();

    duration=((double)(stop-start))/CLK_TCK/MAXK;
    printf("ticks%d=%f\n", case_n, (double)(stop-start));
    printf("duration%d=%6.2e\n", case_n, duration);
}

int main()
{
    int i;
    double a[MAXN];    /*存储多项式的系数*/

    /*为本题的多项式系数赋值,即 a[i]=i */
    for(i=0; i<MAXN; i++)a[i]=(double)i;

    run(f1, a, 1);
```

```
    run(f2, a, 2);
    return 0;
}
```

代码 1.7　测试多项式求值函数的运行时间

因为我们要比较两种算法的效率，又不想把相似的测试代码重复写两遍，所以把测试函数运行时间的代码写成了一个函数 run，将被测函数（*f）作为参数（函数指针类型）传入，测试其运行时间，并且根据 case_n 输出相应的结果。

注意到被测函数运行一次所花费的时间有可能小于两次时钟打点的间隔，这时我们就有可能得到 stop-start=0 的情况，从而测不出真正的运行时间。

解决这个问题的方法是，让被测函数重复运行充分多次，使得测出的总的时钟打点间隔充分长，最后计算被测函数平均每次运行的时间即可。在代码 1.7 中，我们令函数运行 10^7 次，读者可以根据自己机器配置选择其他的 MAXK 值。

注意到测试结果取决于机器的配置，在不同的机器上运行，得到的具体数据是不一样的。但可以肯定的是，秦九韶算法的计算速度明显比直接法快了一个数量级。

为什么会这样？请读者思考其原因。

通过对上面 3 个例子的研究，我们可以发现，即使解决一个非常简单的问题，往往也有多种方法，且不同方法之间的效率可能相差甚远。解决问题方法的效率，跟数据的组织方式有关（如例 1.1），跟空间的利用效率有关（如例 1.2），也跟算法的巧妙程度有关（如例 1.3）。

本章将要向大家介绍的，就是有关数据组织、算法设计、时间和空间效率的概念和通用分析方法，是后续所有数据结构及其相关算法的基础。

1.2　数据结构

1.2.1　定义

从例 1.1 中我们发现用不同方法摆放图书，会直接影响查找、插入等工作的效率。在计算机的世界里，"图书"就是待处理的"数据对象"，"查找"、"插入"等工作就是对数据进行的"操作"，完成这些操作所用的方法就是"算法"。

"数据结构"的定义，首先应该包含数据对象在计算机中的组织方式——这类似于图书的摆放方法。另一方面，数据对象必定与一系列加在数据对象上的操作相关联，就如我们在书架上摆放图书是为了能找到想要的书，或者是插入一本新买的书。我们讨论数据对象的各种不同的组织方式，是为了得到处理这些数据对象的最高效的算法。所以我们在讨论"数据结构"这个概念的时候，关心的不仅仅是数据对象本身以及它们在计算机中的组织方式，还要关心与它们相关联的一个操作集,以及实现这些操作的最高效的算法。

关于数据对象在计算机中的组织方式,其实还包含了两个概念:一是数据对象集的逻辑结构;二是数据对象集在计算机中的物理存储结构。

例如我们把一本书看成一个数据对象,如果所有的书是一本挨一本排成一大排的,从最左边第1本书开始向右顺序编号,每本书的位置可以由它的编号唯一确定,那么这个数据对象集的逻辑结构就被称为是"线性(Linear)"的,因为数据对象都串在一条线上,并且编号跟书是"1对1"的关系。当我们把这些书的信息存进计算机时,可以设计一个结构体来记录一本书,而书的集合可以用结构体的数组来存储,也可以用结构体的链表来存储。数组或者链表就是数据对象集在计算机中的物理存储结构。

在后面的章节中,大家还会见识到更多样的数据对象逻辑结构。例如在例1.1的解决方法3中,把图书先按类别编号,在同一类中再按字母序编号,那么一个类别编号就对应多本图书,类别编号跟书是"一对多"的关系。这种数据对象集的逻辑结构就是"树(Tree)"状的,将在第4章中讨论。如果还需要统计买书人的兴趣关系,即买了某本图书的人同时还买了哪些其他的书,那么这些图书之间就构成了一个"多对多"的关系网,这种逻辑结构被称为"图(Graph)",是第6章中将要介绍的内容。而如何在计算机中有效地存放"树"和"图"这样的结构,则是这两章要讨论的另一个有趣的话题。

1.2.2 抽象数据类型

顾名思义,抽象数据类型(Abstract Data Type)是一种对"数据类型"的描述,这种描述是"抽象"的。

首先,"数据类型"描述两方面的内容:一是数据对象集;二是与数据集合相关联的操作集。

"抽象"的意思是指,我们描述数据类型的方法是不依赖于具体实现的,即数据对象集和操作集的描述与存放数据的机器无关、与数据存储的物理结构无关、与实现操作的算法和编程语言均无关。简而言之,抽象数据类型只描述数据对象集和相关操作集"是什么",并不涉及"如何做到"的问题。

[例1.4] "矩阵"的抽象数据类型定义

类型名称:矩阵(Matrix)

数据对象集:一个 $m \times n$ 的矩阵 $A_{m \times n} = (a_{ij})(i=1,\cdots,m;j=1,\cdots,n)$ 由 $m \times n$ 个三元组 $<a,i,j>$ 构成,其中 a 是矩阵元素的值,i 是元素所在的行号,j 是元素所在的列号。

操作集:对于任意矩阵 A、B、C $\in$ Matrix,以及整数 i、j、M、N,仅列出几项有代表性的操作。更多关于矩阵的操作不是我们讨论的重点,故在此略去。

1. Matrix Create(int M, int N):返回一个 $M \times N$ 的空矩阵;
2. int GetMaxRow(Matrix A):返回矩阵 A 的总行数;
3. int GetMaxCol(Matrix A):返回矩阵 A 的总列数;
4. ElementType GetEntry(Matrix A, int i, int j):返回矩阵 A 的第 i 行、第 j 列的元素;
5. Matrix Add(Matrix A, Matrix B):如果 A 和 B 的行、列数一致,则返回矩阵 C = A+B,否则

返回错误标志；

6. Matrix Multiply(Matrix A, Matrix B)：如果 A 的列数等于 B 的行数，则返回矩阵 C = AB，否则返回错误标志；

7. ……

通过例1.4，我们可以这样理解"抽象"的含义：

（1）当我们在数据对象集中描述矩阵元素的时候，刻画了它的取值和二维位置，但是这个描述并没有规定矩阵元素是整数还是浮点数，这个元素甚至可能是一个特殊的结构体！但无论什么类型的矩阵元素，都可以用这个数据对象集来描述。相应于数据对象的抽象描述，操作4的类型描述被写为 ElementType，即"元素类型"，意味着当具体实现某一种矩阵的时候，这个类型可以用相应的具体类型替换掉。而其他操作如加法、乘法的具体实现也可能需要随着元素类型的不同而不同——想一想，如果矩阵元素是某种特殊的结构体，我们怎么定义两个结构体的相加？这样的描述方法，忽略元素类型这种细节问题，适用于任何一种类型的矩阵。

（2）对于数据对象的描述不依赖于其在计算机中具体的存储方法。例如我们可以用二维数组存储，也可以用一维数组存储，还可以用十字交叉的链表来存储一个矩阵。抽象数据类型的描述不涉及这样的细节，但是适用于任何具体的存储方式。

（3）在描述操作的时候，我们只描写了这个操作是做什么用的，并不涉及操作的具体实现方法。例如矩阵相加的时候，我们是先按行加还是先按列加？抽象数据类型的描述也不涉及这样的细节，更与实现操作的编程语言没有关系。

综上所述，抽象数据类型描述的重要特征是"抽象"。抽象是计算机求解问题的基本方式和重要手段，它使得一种设计可以应用于多种场景。而且通过抽象可以屏蔽底层的细节，使设计更加简单、理解更加方便。

抽象数据类型的描述方法与面向对象的思想是一致的，它把数据对象和相关操作封装在一起，对于需要调用这个数据类型的用户而言，无论内部的具体实现如何改变，只要对外描述的接口不变，就不影响使用。

在后面的章节中，每当我们介绍一种新的数据结构时，会首先用抽象数据类型来描述这个结构，以方便读者理解。

1.3 算法

1.3.1 定义

"算法"(Algorithm)一词是由 Algorism 衍生而来，而 Algorism 源自一本波斯数学教材，原意为"算术"。算法的设计是一门艺术。解决同一个问题，一般有多种算法，但漂亮的算法与其他算法相比往往有天壤之别。

一般而言,算法是一个有限指令集,它接受一些输入(有些情况下不需要输入),产生输出,并一定在有限步骤之后终止。算法的每一条指令必须有充分明确的目标,不可以有歧义;必须在计算机能处理的范围之内;且其描述应不依赖于任何一种计算机语言以及具体的实现手段。

当然,用某一种计算机语言进行伪码描述往往使算法更容易被理解,本书即采用 C 语言的部分语法作为描述算法的工具。例如代码 1.8 给出了选择排序算法的伪码描述。

```
void SelectionSort(int List[], int N)
{ /*将N个整数List[0],…,List[N-1]进行非递减排序 */
    int i;
    for(i=0; i<N; i++){
        /*从List[i]到List[N-1]中找最小元,并将其位置赋给MinPosition */
        MinPosition=ScanForMin(List, i, N-1);

        /* 将未排序部分的最小元换到有序部分的最后位置 */
        Swap(List[i], List[MinPosition]);
    }
}
```

代码 1.8　选择排序算法的伪码描述

通过代码 1.8 的描述可以看到,选择排序基本上分两步,首先找出未排序部分的最小元,然后将之换到有序部分的队尾。但上述描述并不依赖于具体的实现手段,例如 List 到底是数组还是链表(虽然看上去很像数组),Swap 用函数还是用宏去实现等。

算法不是程序。

一个显然的区别是,程序可以无限运行(例如操作系统),但算法必须在有限步后终止。

算法与程序的更重要不同之处,还在于算法比程序"抽象",强调表现"做什么",而忽略细节性的"怎么做"。这样做的好处是使整体思路清晰易懂,形成模块化的风格,在注重团队配合的软件开发过程中,显得特别重要。把所有过程都写在一个 main 函数中的程序是调试员的噩梦!特别是当程序员自己已无法发现错误,而不得不请同事帮助调试的时候,没有模块化的程序往往牵一发而动全身,越改越混乱,最后只好推翻重写。

1.3.2　算法复杂度

什么是好的算法?

除了算法的描述风格之外,具体衡量、比较算法优劣的指标主要有以下两个:

(1) 空间复杂度 $S(n)$——根据算法写成的程序在执行时占用存储单元的长度。这个长度往往与输入数据的规模 n 有关。空间复杂度过高的算法可能导致使用的内存超限,造成程序非正常中断。

(2) 时间复杂度 $T(n)$——根据算法写成的程序在执行时耗费时间的长度。这个长度往往也与输入数据的规模 n 有关。时间复杂度过高的低效算法可能导致我们在有生之年都等不到运行结果。

现在,让我们回过头仔细审视第 1.1 节中的例 1.2 和例 1.3。

例 1.2 给出了实现函数 PrintN 的两种算法,为什么代码 1.2 的递归实现会在 N 比较大时遭遇非正常中断?关键的原因是,计算机在一个函数 A 内部处理另一个函数 B 的调用时,必须先把 A 的当前状态保存在内存中,当 B 被调用完成后,再释放内存恢复状态,继续执行 A 的其余语句。于是代码 1.2 的执行过程就是这样的:要计算 PrintN(N),必须先保存这个函数的状态,然后调用 PrintN(N−1);而在执行 PrintN(N−1) 时,又必须先保存它的状态,然后调用 PrintN(N−2);…… 如此类推,直到执行 PrintN(0) 时,函数才直接返回,系统开始逐级释放内存。假设存储每个函数的状态占用 1 个单位的内存空间,那么执行 PrintN(N) 就需要 N 个单位的内存空间,所以当 N 非常大时,计算机内存不足就造成程序的非正常中断。

根据定义,代码 1.2 给出的递归算法的空间复杂度就是 $S(N)=C\cdot N$,其中 N 是需要打印的整数的个数,是变量;C 是 1 个单位的内存空间占用存储单元的长度,是个固定常数。我们可以清楚地看到,根据该算法写成的程序在执行时占用的空间将随着 N 的增大而增大。而代码 1.1 则没有这个问题,该程序执行时占用的空间是不随 N 的增大而变化的。所以虽然表面上看来两种函数同样简单,但实际上空间复杂度有很大差别。

例 1.3 给出了计算多项式值的秦九韶算法和简单直接算法,通过运行程序,我们发现秦九韶算法在速度上胜出一筹。当我们仔细分析两种算法的运行时间时,不难发现,直接算法(代码 1.4)执行了 n 次语句"p+=a[i]*pow(x,i);"——每次涉及 i 次乘法*和 1 次加法运算,于是全部计算涉及 n 次加法和 $(1+2+\cdots+n)=(n^2+n)/2$ 次乘法。而秦九韶算法(代码 1.5)执行了 n 次语句"p=a[i−1]+x*p;"——全部计算只涉及 n 次加法和 n 次乘法。

根据定义,秦九韶算法的时间复杂度就是 $T_1(n)=C\cdot n$,其中 n 是输入多项式的阶数,是个变量;C 是执行 1 次加法和乘法需要的时间,是个固定常数。简单直接算法的时间复杂度是 $T_2(n)=C_1 n^2+C_2 n$,其中 n 是输入多项式的阶数,是个变量;C_1 是执行 1/2 次乘法需要的时间,C_2 是执行 1 次加法和 1/2 次乘法需要的时间,都是固定常数。所以对于充分大的 n,$T_1(n)$ 总会比 $T_2(n)$ 小,也即秦九韶算法比简单直接算法快,而且 n 越大,快得越明显。如果我们一开始就通过时间复杂度来分析两种算法,就不需要运行程序也可以直接知道它们的优劣了。

在分析一般算法的效率时,我们经常关注下面两种复杂度:

(1)最坏情况复杂度 $T_{\text{worst}}(n)$;

(2)平均复杂度 $T_{\text{avg}}(n)$。

例如当我们用顺序查找的方法在一排混乱无序的书架上找一本书的时候,最好情况是一次就找到了,最坏情况是翻遍了 n 本书都没找到,即 $T_{\text{worst}}(n)=C\cdot n$,其中 C 是查看一本书的时间,

---

* 事实上,pow(x,i) 函数最快可以用 log(i) 次乘法计算得到,这使得每一步的乘法次数降为 (log(i)+1),总体计算次数跟 nlogn 一个数量级。但是由于涉及递归实现,所以当 i 不是非常大时,实际效果比直接乘法更慢。细节分析在此略去。

不妨认为是个常数。要得到平均查找次数，略麻烦一些，我们要把每一种可能的情况都考虑到（有可能需要查找两次，也可能需要查找三次，等等），把所有情况下需要查找的次数加起来，最后除以所有可能情况的个数。

显然 $T_{avg}(n) \leqslant T_{worst}(n)$。对 $T_{worst}(n)$ 的分析往往比对 $T_{avg}(n)$ 的分析容易，因为很多时候定义"平均"不是一件容易的事。

1.3.3 渐进表示法

如果程序 A 执行了 $(3N+5)$ 步，程序 B 执行了 $(3N+2)$ 步，A 一定比 B 慢吗？

[**例 1.5**] 给定 N 个整数，存放于数组 List[] 中，求它们的和。

代码 1.9 和代码 1.10 分别给出了函数的循环和递归实现的版本。

```
int IterativeSum(int List[], int N)
{ /*循环求 N 个整数的和 */
    int i;      /* 执行 1 步 */
    int Sum = 0;  /* 执行 1 步 */

    for(i=0; i<N; i++)   /* 共执行 2N+2 步 */
        Sum+=List[i];    /* 共执行 N 步 */

    return Sum;  /* 执行 1 步 */
}
```

代码 1.9　循环求和

```
int RecursiveSum(int List[], int N)
{ /* 递归求 N 个整数的和 */
    if(N)      /* 执行 1 步 */
        return(RecursiveSum(List, N-1)+List[N-1]);  /* 执行 X+2 步 */
    return 0;  /* 执行 1 步 */
}
```

代码 1.10　递归求和

[**分析**] 根据代码 1.9 中的注释，我们可以很容易看到程序一共执行了 $(3N+4)$ 步。

代码 1.10 的情况略微复杂一点，在每次非零 N 的递归调用中，除了固定的 3 步外，还有一个 X——即递归调用 RecursiveSum(List, $N-1$) 时执行的总步数。如果我们把执行 RecursiveSum(List, N) 的总步数记为 $T(N)$ 的话，就应该有 $X = T(N-1)$。于是我们得到递推式 $T(N) = T(N-1)+3$。按此递推下去，易得 $T(N) = T(N-1)+3 = T(N-2)+3+3 = \cdots = T(0)+3N = 3N+2$，即程序一共执行了 $(3N+2)$ 步。

1.3 算法

然而如果你因此就认为递归程序比循环程序快,那么建议对 10^6 个整数(不妨令所有整数为 1)分别用两种方法求和,观察效果……

事实上,精确地比较程序执行的步数是没有意义的,因为每步执行时间可能不同。比如递归调用的"1 步",实际上涉及到对系统堆栈的很多处理,比循环中的"1 步"计算慢很多。所以在比较算法优劣时,人们只考虑宏观渐近性质,即当输入规模 n "充分大"时,我们观察不同算法复杂度的"增长趋势",以判断哪种算法必定效率更高。为此引入下面几种数学符号。

[定义 1.1] $T(n) = O(f(n))$ 表示存在常数 $C>0, n_0>0$,使得当 $n \geq n_0$ 时有 $T(n) \leq C(f(n))$。

如例 1.5 中的两种程序的时间复杂度均为 $O(n)$;例 1.3 中秦九韶算法的时间复杂度是 $O(n)$,而简单直接法的时间复杂度是 $O(n^2)$。

[定义 1.2] $T(n) = \Omega(g(n))$ 表示存在常数 $C>0, n_0>0$,使得当 $n \geq n_0$ 时有 $T(n) \geq C(g(n))$。

如例 1.5 中的两种程序的时间复杂度均为 $\Omega(n)$。

[定义 1.3] $T(n) = \Theta(h(n))$ 表示同时有 $T(n) = O(h(n))$ 和 $T(n) = \Omega(h(n))$。

如例 1.5 中的两种程序的时间复杂度均为 $\Theta(n)$,亦称为具有"线性"复杂度。

事实上,这三种符号不仅用于分析时间复杂度,对空间复杂度也同样适用。如列 1.2 的循环算法具有常数级的空间复杂度 $S(n) = O(1)$,而递归算法具有线性空间复杂度 $S(n) = O(n)$。

需要注意的是,$O(*)$ 和 $\Omega(*)$ 分别表示上界和下界,但一个函数可以有很多不同的上界和下界。例如 $3n+2$ 既可以写为 $O(n)$,也可以写为 $O(n^2)$、$O(e^n)$……同样的,既可以写为 $\Omega(n)$,也可以写为 $\Omega(\log n)$、$\Omega(1)$……在此我们希望上下界越接近真实函数越好,所以通常取最小的上界作为 O 函数,最大的下界作为 Ω 函数。

为了帮助初学者更直观地了解不同级别函数的表现,我们给出表 1.1 和对应的图 1.2。

表 1.1 常用函数增长表

函数	输入规模 n					
	1	2	4	8	16	32
1	1	1	1	1	1	1
$\log_2 n$	0	1	2	3	4	5
n	1	2	4	8	16	32
$n \log_2 n$	0	2	8	24	64	160
n^2	1	4	16	64	256	1024
n^3	1	8	64	512	4096	32768
2^n	2	4	16	256	65536	4294967296
$n!$	1	2	24	40326	2092278988000	26313×10^{33}

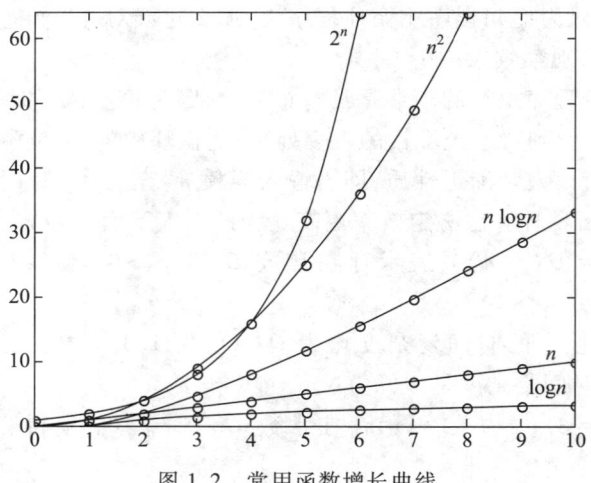

图 1.2 常用函数增长曲线

通过观察表 1.1 和图 1.2，我们需要牢记，在设计算法时，必须全力避免指数级如 $O(2^n)$ 复杂度的算法，更不用说 $O(n!)$ 的算法了。数学上可以严格证明 $\log^k n = O(n)$ 对任意正整数 k 成立，这说明对数函数 $\log n$ 的增长是非常缓慢的。而面对 $O(n^2)$ 复杂度的算法时，计算机科学家的本能反应就是将之优化为一个 $O(n \log n)$ 的算法，因为后者效率高很多。

如果前面的图 1.2 和表 1.1 对不同函数运行的时间效率的表示还不够直接，那么让我们观察一下表 1.2，其中给出了 7 种函数在每秒可执行 10 亿指令的计算机上运行的时间。

表 1.2 10 亿指令每秒计算机的运行时间表

微秒(μs) = 10^{-6} s, 毫秒(ms) = 10^{-3} s

n	$f(n) = n$	$n\log_2 n$	n^2	n^3	n^4	n^{10}	2^n
10	0.01 μs	0.03 μs	0.1 μs	1 μs	10 μs	10 s	1 μs
20	0.02 μs	0.09 μs	0.4 μs	8 μs	160 μs	2.84 h	1 ms
30	0.03 μs	0.15 μs	0.9 μs	27 μs	810 μs	6.83 日	1 s
40	0.04 μs	0.21 μs	1.6 μs	64 μs	2.56 ms	121.36 日	18.3 min
50	0.05 μs	0.28 μs	2.5 μs	125 μs	6.25 ms	3.1 年	13 日
100	0.10 μs	0.66 μs	10 μs	1 ms	100 ms	3171 年	4×10^{13} 年
1,000	1.00 μs	9.96 μs	1 ms	1 s	16.67 min	3.17×10^{13} 年	32×10^{283} 年
10,000	10 μs	130.03 μs	100 ms	16.67 min	115.7 日	3.17×10^{23} 年	
100,000	100 μs	1.66 ms	10 s	11.57 日	3171 年	3.17×10^{33} 年	
1,000,000	1.0 ms	19.92 ms	16.67 min	31.71 年	3.17×10^7 年	3.17×10^{43} 年	

在对给定的算法做渐进分析时，有几个小窍门可以与大家分享。

1. 若两段算法分别有复杂度 $T_1(n) = O(f_1(n))$ 和 $T_2(n) = O(f_2(n))$，那么

(1) 两段算法串联在一起的复杂度 $T_1(n)+T_2(n)=\max(O(f_1(n)),O(f_2(n)))$,即比较慢的那个算法决定了串联后的效率;

(2) 两段算法嵌套在一起的复杂度 $T_1(n) \times T_2(n) = O(f_1(n) \times f_2(n))$。

2. 若 $T(n)$ 是关于 n 的 k 阶多项式,那么 $T(n)=\Theta(n^k)$。

3. 一个 for 循环的时间复杂度等于循环次数乘以循环体代码的复杂度。例如这个循环的复杂度是 $O(N)$:for(i=0;i<N;i++){ x=y*x+z;k++;}。

4. 若干层嵌套循环的时间复杂度等于各层循环次数的乘积再乘以循环体代码的复杂度。例如下列 2 层嵌套循环的复杂度是 $O(N^2)$:

  for(i=0;i<N;i++)
    for(j=0;j<N;j++)
      { x=y*x+z;k++;}

5. if-else 结构的复杂度取决于 if 的条件判断复杂度和两个分枝部分的复杂度,总体复杂度取三者中最大。即对结构

  if(P1) /* P1 的复杂度为 $O(f_1)$ */
    P2; /* P2 的复杂度为 $O(f_2)$ */
  else
    P3; /* P3 的复杂度为 $O(f_3)$ */

总复杂度为 $\max(O(f_1),O(f_2),O(f_3))$。

1.4 应用实例:最大子列和问题

在这一节里,我们将讨论最大子列和问题的解。解决这个问题至少有 4 种不同算法,我们将看到这些算法效率的巨大差别,从而对算法的复杂度分析有更深刻的理解。

[**问题描述**] 给定 n 个整数的序列 $\{a_1,a_2,\cdots,a_n\}$,求函数 $f(i,j)=\max\left\{0,\sum_{k=i}^{j}a_k\right\}$ 的最大值。

在这里,"子列"被定义为原始序列中连续的一段数字,我们要找的是具有最大和的一段连续的子列,并且返回它的和。如果这个最大和是负数,那么我们取 0 为最终答案。例如给定序列 $\{-2,11,-4,13,-5,-2\}$,其最大子列为 $\{11,-4,13\}$,和为 20。

[**算法 1.1**] 让我们从最直接的方法开始,就是穷举所有子列和,从中找出最大值。代码 1.11 给出了这个算法的实现。

```
int MaxSubseqSum1(int List[], int N)
{ int i, j, k;
    int ThisSum, MaxSum=0;
```

```
    for(i=0; i<N; i++){  /* i 是子列左端位置 */
        for(j=i; j<N; j++){  /* j 是子列右端位置 */
            ThisSum = 0;  /* ThisSum 是从 List[i]到 List[j]的子列和 */
            for(k=i; k<=j; k++)
                ThisSum += List[k];
            if(ThisSum>MaxSum)  /* 如果刚得到的这个子列和更大 */
                MaxSum = ThisSum;  /* 则更新结果 */
        } /* j 循环结束 */
    } /* i 循环结束 */
    return MaxSum;
}
```

代码 1.11　最大子列和算法 1.1 的实现

观察代码 1.11，我们发现程序的时间复杂度是由 3 层嵌套的 for 循环决定的，即

$$T(N) = \sum_{i=1}^{N}\sum_{j=i}^{N}\sum_{k=i}^{j} 1 = O(N^3)$$

注意到最内层的 k 循环涉及大量重复计算，是最大的浪费点。因为对于固定的 i，当 j 增大了 1 之后，k 循环要重新从 i 加到 j。而事实上第 j-1 步的计算结果完全可以存下来，第 j 步只要在此基础上累加一个 List[j]就可以了，没有必要再从头加起。于是有了下面改进的算法。

[**算法 1.2**] 部分存储中间值的穷举。代码 1.12 给出了这个算法的实现。

```
int MaxSubseqSum2( int List[], int N )
{   int i, j;
    int ThisSum, MaxSum = 0;

    for(i=0; i<N; i++){        /* i 是子列左端位置 */
        ThisSum = 0;  /* ThisSum 是从 List[i]到 List[j]的子列和 */
        for(j=i; j<N; j++){  /* j 是子列右端位置 */
            /* 对于相同的 i,不同的 j,只要在 j-1 次循环的基础上累加 1 项即可 */
            ThisSum += List[j];
            if(ThisSum>MaxSum)  /* 如果刚得到的这个子列和更大 */
                MaxSum = ThisSum;  /* 则更新结果 */
        } /* j 循环结束 */
    } /* i 循环结束 */
    return MaxSum;
}
```

代码 1.12　最大子列和算法 1.2 的实现

观察代码 1.12，我们发现程序的时间复杂度是由 2 层嵌套的 for 循环决定的，易见该算法复杂度降低到 $O(N^2)$。读者如果有兴趣，可以自己试验 $N=10^3$ 时两种算法的差别。

但这仍不是最快的算法。

[**算法 1.3**] 分而治之。

顾名思义，分而治之法（简称"分治法"）的基本思路就是将原问题拆分成若干小型问题，分别解决后再将结果合而治之，用递归实现非常方便。

就此题而言，我们可以把问题理解为：如果我们把原始序列一分为二，那么最大子列或者在左半边、或者在右半边、或者是横跨中分线的一段。分治法的概要描述为：

第 1 步：将序列从中分为左右两个子序列；

第 2 步：递归求得两子列的最大和 $S_{左}$ 和 $S_{右}$；

第 3 步：从中分点分头向左、右两边扫描，找出跨过分界线的最大子列和 $S_{中}$；

第 4 步：$S_{max} = \max\{S_{左}, S_{中}, S_{右}\}$。

代码 1.13 给出了这个算法的实现。

```
int Max3( int A, int B, int C)
{ /*返回 3 个整数中的最大值 */
    return A>B ? A>C ? A : C : B>C ? B : C;
}

int DivideAndConquer( int List[], int left, int right)
{ /*分治法求 List[left]到 List[right]的最大子列和 */
    int MaxLeftSum, MaxRightSum;   /*存放左右子问题的解 */
    int MaxLeftBorderSum, MaxRightBorderSum;   /*存放跨分界线的结果*/

    int LeftBorderSum, RightBorderSum;
    int center, i;

    if(left == right){ /* 递归的终止条件,子列只有 1 个数字 */
        if(List[left]>0) return List[left];
        else return 0;
    }

    /*下面是"分"的过程 */
    center = (left+right)/2;   /*找到中分点 */
    /*递归求得两边子列的最大和 */
    MaxLeftSum = DivideAndConquer( List, left, center);
```

```
        MaxRightSum=DivideAndConquer(List, center+1, right);

    /*下面求跨分界线的最大子列和 */
    MaxLeftBorderSum=0; LeftBorderSum=0;
    for(i=center; i>=left; i--){ /*从中线向左扫描 */
        LeftBorderSum+=List[i];
        if(LeftBorderSum>MaxLeftBorderSum)
            MaxLeftBorderSum=LeftBorderSum;
    } /*左边扫描结束 */

    MaxRightBorderSum=0; RightBorderSum=0;
    for(i=center+1; i<=right;i++){ /*从中线向右扫描 */
        RightBorderSum+=List[i];
        if(RightBorderSum>MaxRightBorderSum)
            MaxRightBorderSum=RightBorderSum;
    } /*右边扫描结束 */

    /*下面返回"治"的结果 */
    return Max3(MaxLeftSum, MaxRightSum, MaxLeftBorderSum+MaxRightBorderSum);
}

int MaxSubseqSum3(int List[], int N)
{ /*保持与前2种算法相同的函数接口 */
    return DivideAndConquer(List, 0, N-1);
}
```

代码 1.13 最大子列和算法 1.3 的实现

注意到解决问题的核心函数是 DivideAndConquer，但是作为专业程序员，令具有相同功能的函数保持相同风格的函数接口是一个好习惯，所以我们沿用前两种算法的接口，用 MaxSubseqSum3 进行了包装。这样做的好处是，用户调用不同算法时，输入的参数是不变的，一直都是数组 List 和数据个数 N，不需要改变。

算法 1.3 的复杂度分析略有难度：若记整体时间复杂度为 $T(N)$，则函数 DivideAndConquer 中递归进行"分"的复杂度为 $2T(N/2)$，因为我们解决了 2 个长度减半的子问题。求跨分界线的最大子列和时，有两个简单的 for 循环，所用步骤一共不超过 N，所以可以在 $O(N)$ 时间完成。其他步骤都只需常数 $O(1)$ 时间。

综上分析则有递推式：
$$T(1)=O(1);$$

$$T(N) = 2T(N/2) + O(N)$$
$$= 2[2T((N/2)/2) + O(N/2)] + O(N) = 2^2 T(N/2^2) + 2 \cdot O(N)$$
$$= \cdots = 2^k T(N/2^k) + k \cdot O(N)$$

当我们不断对分直到 $N/2^k = 1$, 即 $2^k = N$ 时，就得到 $T(N) = N \cdot T(1) + \log N \cdot O(N) = O(N\log N)$。此算法比算法 1.2 又快了一些，当 $N = 10^4$ 时，效果会非常明显。

然而这仍然不是最快的算法！

[算法 1.4] 在线处理。

"在线"的意思是指每输入一个数据就进行即时处理，得到结果是对于当前已经读入的所有数据都成立的解，即在任何一个地方中止输入，算法都能正确给出当前的解。

微视频 1-3
最大子列和的在线算法

前面所给出的 3 种算法都必须等所有的 N 个整数都读入并存储后才可以进行，而下面将介绍的算法甚至无须存储输入序列就可以得到任何时刻的最大子列和。

该算法的核心思想是基于下面的事实：如果整数序列 $\{a_1, a_2, \cdots, a_n\}$ 的最大和子列是 $\{a_i, a_{i+1}, \cdots, a_j\}$，那么必定有 $\sum_{k=i}^{l} a_k \geq 0$ 对任意 $i \leq l \leq j$ 成立。因此，一旦发现当前子列和为负，则可以重新开始考察一个新的子列。代码 1.14 给出了这个算法的实现。

```
int MaxSubseqSum4( int List[],  int N)
{  int i;
   int ThisSum,  MaxSum;

   ThisSum = MaxSum = 0;
   for(i = 0;  i < N;  i++){
       ThisSum += List[i];     /* 向右累加 */
       if(ThisSum > MaxSum)
           MaxSum = ThisSum;   /* 发现更大和则更新当前结果 */
       else if(ThisSum < 0)/* 如果当前子列和为负 */
           ThisSum = 0;        /* 则不可能使后面的部分和增大，抛弃之 */
   }
   return MaxSum;
}
```

代码 1.14　最大子列和算法 1.4 的实现

易见该算法只有一个 for 循环，复杂度只有 $O(N)$，虽然算法的正确性不如前面 3 种算法那么显然。

让我们通过一个具体的整数序列 $\{-1, 3, -2, 4, -6, 1, 6, -1\}$ 来理解这个算法。图 1.3 的

(a)-(h)显示了 for 循环 8 步中 ThisSum 和 MaxSum 的变化过程。

注意到这个算法的特点,是无论我们停在中间哪一步,返回的 MaxSum 都会是当前输入数据的正确解——例如当我们在第(c)步停止输入时,对于{-1,3,-2}这个序列,正确的最大和就是3;如果在第(e)步停止,对于{-1,3,-2,4,-6}这个序列,正确的最大和就是5。这就是所谓"在线"算法的意思。

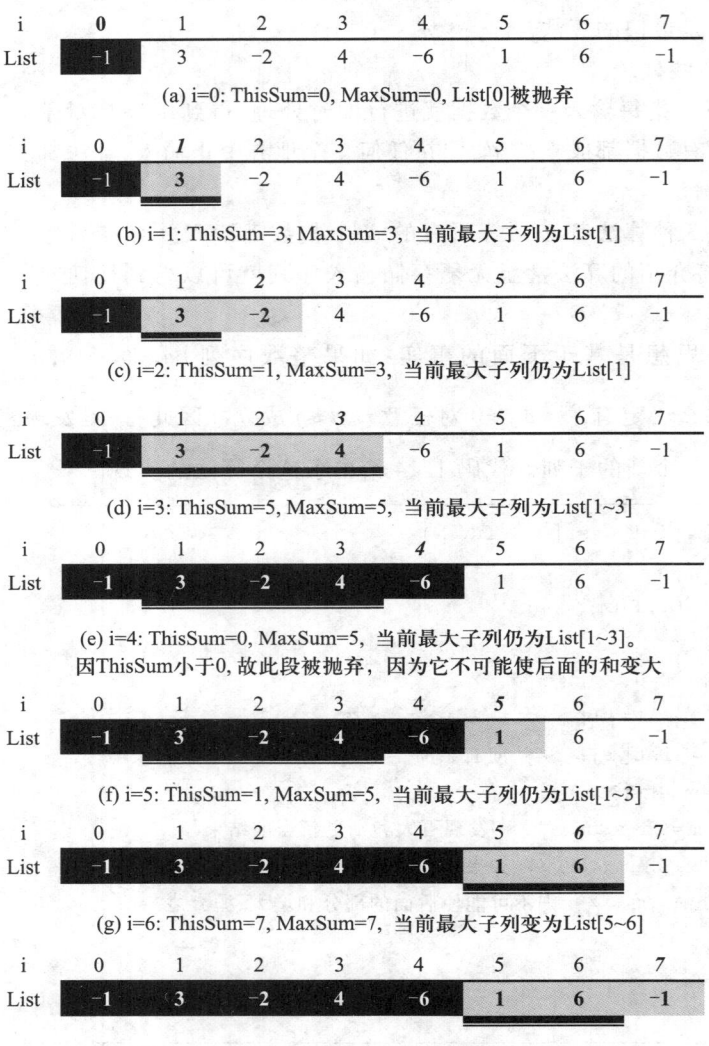

图 1.3 最大子列和算法 1.4 的演示

另外,这种算法实际上并不要求存储序列中的数据,我们只需要将数字一个一个读入,同时一个一个处理即可,处理过的数据没必要存起来。整个算法只把输入数据扫描了 1 遍,这应该是我们能得到的最快的算法了。

这个例子是告诉大家,解决同一个问题,不同的算法会有很大的差别。提高效率的窍门之一,是让计算机"记住"一些关键的中间结果,避免重复计算。

本 章 小 结

本章介绍了两个重要的概念:"数据结构"与"算法"。

"数据结构"包括数据对象集以及它们在计算机中的组织方式,即它们的逻辑结构和物理存储结构,同时还包括与数据对象集相关联的操作集,以及实现这些操作的最高效的算法。抽象数据类型是用来描述数据结构的重要工具。

"算法"是解决问题步骤的有限集合,通常用某一种计算机语言进行伪码描述。我们用时间复杂度和空间复杂度来衡量算法的优劣,用渐进表示法分析算法复杂度的增长趋势。

习 题

1.1 判断正误。
(1) $N(\log N)^2$ 是 $O(N^2)$ 的。
(2) $N^2 \log N$ 和 $N \log N^2$ 具有相同的增长速度。

1.2 填空题。
(1) 给定 $N \times N$ 的二维数组 A,则在不改变数组的前提下,查找最大元素的时间复杂度是_____。
(2) 斐波那契数列 F_N 的定义为:$F_0 = 0, F_1 = 1, F_N = F_{N-1} + F_{N-2}, N = 2, 3, \cdots$。用递归函数计算 F_N 的空间复杂度是_____;时间复杂度是_____。

1.3 试分析下面一段代码的时间复杂度:
```
if(A>B){
  for(i=0;i<N;i++)
    for(j=N*N;j>i;j--)
      A+=B;
}
else{
  for(i=0;i<N*2;i++)
    for(j=N*2;j>i;j--)
      A+=B;
}
```

1.4 分析例 1.2 中两个版本的 PrintN 函数的时间、空间复杂度,并测试它们的实际运行效率。对 N=100,1000,10000,100000 运行程序,将两版本的 N-时间曲线绘在一张图里进行比较分析。

1.5 测试例 1.3 中秦九韶算法与直接法的效率差别。令 $f(x) = 1 + \sum_{i=1}^{100} x^i/i$,计算 $f(1.1)$ 的值。利用

clock( )函数得到两种算法在同一机器上的运行时间。

  1.6 试分析最大子列和算法 1.3 的空间复杂度。

  1.7 测试最大子列和 4 种算法的实际运行效率。简单起见,可令 List 中全部整数为 1。当 N = 2,4,6,8,10,…,28,30 时,将各算法的 N-时间曲线绘在一张图里,其中时间以毫秒为单位;当 N = 1000,2000,…,10000 时,以秒为单位绘出各算法的时间增长曲线。两幅图有什么不同?为什么?

  1.8 查找算法中的"二分法"是这样定义的:给定 N 个从小到大排好序的整数序列 List[ ],以及某待查找整数 X,我们的目标是找到 X 在 List 中的下标。即若有 List[i] = X,则返回 i;否则返回-1 表示没有找到。二分法是先找到序列的中点 List[M],与 X 进行比较,若相等则返回中点下标;否则,若 List[M]>X,则在左边的子系列中查找 X;若 List[M]<X,则在右边的子系列中查找 X。试写出算法的伪码描述,并分析最坏、最好情况下的时间、空间复杂度。

  1.9 给定存储了 N 个从大到小排好序的整数数组 List[ ],试给出算法将任一给定整数 X 插入数组中合适的位置,以保持结果依然有序。分析算法在最坏、最好情况下的时间、空间复杂度。

  1.10 试给出判断 N 是否为质数的 $O(\sqrt{N})$ 的算法。

  1.11 试给出计算 x^N 的时间复杂度为 $O(\log N)$ 的算法。

第 2 章
数据结构实现基础

2.1 引子

上一章我们讲过,所谓"数据结构",涉及的不仅仅是数据对象本身以及它们在计算机中的组织方式,还要考虑与它们相关联的一个操作集,以及实现这些操作的最高效的算法。数据结构的实现需要依赖具体的程序设计语言,本教材数据结构的实现语是 C 语言。本章先简要回顾一下 C 语言在对支持数据逻辑关系存储以及相关操作实现方面的基础。

我们先来看一个例子,理解抽象与实现之间的关系。

[例 2.1] 在日常数据处理中经常碰到的问题是需要对一组数据进行基本的统计分析。比如,分析一个课程班学生的平均成绩、最高成绩、最低成绩、中位数、标准差等。同样的统计要求也可能发生在其他领域,比如,统计家庭每年各月的开支情况、生产线上各位员工计件任务的完成情况、各省的人均 GDP 数据等。总之,在工作和生活的许多方面都会涉及数据的这类统计。

为每个具体应用都编一个程序显然不是一种很好的方法,因为这些程序有很大的相似性。数据结构的处理方法是从这些具体应用中**抽象**出共性的数据组织与操作方法,进而采用某种具体的程序设计语言**实现**相应的数据存储与操作。比如,对于上述例子我们可以从各种不同的应用背景中抽象出一种针对基本统计要求的数据类型。

类型名称:统计数据集

数据对象集:N 个元素 $\{x_1, x_2, \cdots, x_N\}$ 的集合 S。

操作集:

1. ElementType Average(S,N):求 S 中 N 个元素的平均值;
2. ElementType Max(S,N):求 S 中 N 个元素的最大值;
3. ElementType Min(S,N):求 S 中 N 个元素的最小值;
4. ElementType Median(S,N):求 S 中 N 个元素的中位数。这里的中位数指:如果将 S 中的元素按从大到小的顺序依次排列,处在中间位置($\lceil N/2 \rceil$,大于等于 N/2 的最小整数)的那个元素。

可以看到,针对上述数据抽象方式的具体程序,可以用来求解不同领域的基本统计问题,这样既使得我们程序设计的逻辑清晰,也在很大程度上实现了代码的重用。

如何利用程序设计语言实现上述抽象类型? 首先,必须首先考虑数据如何存储——在我们这个例子中,即考虑集合 S 的数据在 C 语言中怎么存储;其次必须考虑操作如何实现,即在确定好数据存储方式的基础上,相应的操作(如 Average、Max 等函数)如何实现。

1. 数据存储

对于上述问题,其数据对象集是集合 S,这也是最简单的一种数据组织方式。今后我们会介绍一些更复杂的数据组织方式,比如树、图。以集合方式组织不要求数据有序(比如从小到大)存放。

C 语言(包括其他高级语言)提供了数据组织的几种基本实现方式,包括数组、链表、结构体等。事实上,数据组织的基本存储方式主要是利用数组和链表方式来实现的,包括很复杂的数据结构,如图、树,也都不外乎应用数组和链表来实现。

在这个例子中,我们可以简单地使用数组来存储一个集合。这样,相关的操作(包括求平均值、最大值等)就都可以在数组上进行。

必须注意:数据的存储方法是与要实现的操作密切相关的。对于上述问题,用数组存储集合可以很方便地实现我们列举出的相关统计操作。如果同样是基于集合,但要求的操作发生了变化,则相应的数据存储方法也有可能需要采用不同的方式。例如:

(1) 若要实现的操作不是基本统计,而是集合运算,如判别一个元素是否属于某集合、计算两集合的"并"和"交"运算、将某元素插入集合等。这些操作(运算)虽然在简单的数组上也可以实现,但效率不高。有种更好的表示方法是使用"树",在 4.6.3 节中我们将应用树的组织方式方便地实现集合的上述运算。

(2) 若除了基本的统计操作外,我们还需要动态地维护一个集合,即经常往集合里加入一个元素或删除一个元素,这时简单地使用数组存储就会遇到问题:我们应该事先设计多大的数组来保存这些元素? 数组太大浪费空间,太小有可能会不够用;当删除元素时,还需要移动其后面的元素,所需要的时间相对比较长。这时,另一种方法是使用链表来保存数据,可以根据需要随时申请和释放空间。但链表存储也有缺点:由于需要记录下一元素(结点)的地址,所以,跟同样数据的数组存储相比,链表需要更多的存储空间,同时在程序实现方面也比数组复杂。

所以,数据结构的存储实现跟所需要的操作密切相关,没有最好的存储方式,只有最合适的存储方式。

2. 操作实现

在确定数据的存储方式后,数据结构涉及的另一个问题是相关的操作(运算)如何实现。这些操作的实现需要利用程序设计语言提供的另一个功能,即流程设计功能。

任何高级程序设计语言(包括 C 语言)都提供了一种的基本流程控制语句,即分支控制语句(如 if-else、switch 语句)和循环控制语句(如 for、while、do-while 语句)。分支控制结构、循环控制结构加上程序自然的语句顺序执行结构,是实现任何算法流程的基本结构。

虽然分支控制、循环控制和顺序执行结构可以实现任何算法流程,但当流程很复杂时,程序设计会变得非常困难。所以,模块化的程序设计方法就自然产生了。模块化程序设计方法以功能块为单位进行程序设计。模块化的目的是为了降低程序结构的复杂度,使程序设计、调试和维护等操作简单化。函数是程序设计语言提供的模块化程序设计的基本手段。在程序中,我们可以将程序的某个基本功能设计为函数,这一方面降低了程序设计的复杂性,另一方面也提高了程序设计的重用性。

回到我们例子中的基本统计问题,就操作集中列举的四种操作而言,如果数据存储在一个数组 S 里,显然相关的 Average(S,N)、Max(S,N)、Min(S,N) 操作都可以很容易地用循环实现。代码 2.1 展示了 Average 函数的实现。

```
ElementType Average(ElementType S[], int N)
{ /* 求 N 个集合元素 S[] 的平均值 */
    int i;
    ElementType Sum = 0;

    for(i = 0; i<N; i++)
        Sum += S[i];   /* 将数组元素累加到 Sum 中 */

    return Sum/N;
}
```

代码 2.1　求集合元素的平均值

而对于求中位数 Median(S,N) 问题则相对比较复杂,没法用一个循环简单地实现。有两种基本的解决思路。

方法 1:基于排序

首先将集合 S(数组)中的元素从大到小排序,取第 $\lceil N/2 \rceil$(大于等于 $N/2$ 的最小整数)处的元素就是中位数。

方法 2:基于问题分解

求集合中位数问题实际上是另一个问题的特殊情况,即求集合中的第 K 大数问题。当 $K = \lceil N/2 \rceil$ 时,集合的第 K 大数就是中位数。这个问题当然也可以用排序解决,但还有另一种更巧妙的方法,基本思路是:用一个基准数 e 将集合 S 分解为不包含 e 在内的两个小集合 S_1 和 S_2,其中 S_1 的任何元素均大于等于 e,S_2 的任何元素均小于 e。记 |S| 代表集合 S 元素的个数,这样,如果 $|S_1| \geq K$,则说明第 K 大数在 S_1 中;如果 $|S_1|$ 正好等于 K-1,说明 e 是第 K 大数;否则第 K 大数在 S_2 中,并且是 S_2 中的第 $K-|S_1|-1$ 大数。然后,可以用类似的思路继续在 S_1 或 S_2 中查找。

[**例 2.2**] 利用问题分解思想,求集合{6 5 9 8 2 1 7 3 4} 的中位数。

由于该集合有 9 个元素,所以中位数应该是集合从大到小排序后的第 $\lceil 9/2 \rceil = 5$ 个元素。首先,选取集合的第一个元素 6,根据这个元素从集合中分解出 $S_1 = \{9,8,7\}$,$S_2 = \{5,2,1,3,4\}$。

由于 $|S_1| = 3<5$ 且不等于 4,所以该中位数应该在集合 S_2 中,且是 S_2 中第 5-3-1=1 大数。继续选取 S_2 中的第一个整数 5,将 S_2 分解出两个集合 $S'_1 = \{\}$,$S'_2 = \{2,1,3,4\}$。由于 $|S'_1| = 0$,所以 5 就是 S_2 集合的第 1 大数,也就是集合{6 5 9 8 2 1 7 3 4} 的中位数。

上述思路是一种将大问题分解为小问题的求解方法。由于小问题的求解采用与大问题相同的思路，所以可以采用函数递归的程序设计方法实现。代码 2.2 给出了基于函数递归的求第 K 大数的算法。

```
ElementType FindKthLargest(ElementType S[], int K)
{ /* 此为伪代码 */
    选取 S 中的第一个元素 e；
    根据 e 将集合 S(不包含 e)分解为大于等于 e 的元素集合 S₁ 和小于 e 的元素集合 S₂；
    if( |S₁|≥K )          return FindKthLargest(S₁, K);
    else if( |S₁| < K-1 ) return FindKthLargest(S₂, K-|S₁|-1);
    else return e;
}
```

代码 2.2　求第 K 大数的算法

上述方法应用函数递归比较简洁地实现了算法流程的控制。今后大家可以了解到递归是数据结构算法设计的很重要的手段。

本章后面两节跟大家一起回顾一下 C 语言程序设计中数据存储的实现基础，包括数组、结构、指针、链表；以及流程实现的主要方法，包括分支控制、循环控制、函数以及递归。重点是进一步巩固链表和递归中的相关内容。

2.2　数据存储基础

变量是数据存储的基本单位，而变量是有类型的。C 语言事先定义了几种基本的数据类型，供程序员直接使用，如整型、实型(浮点型)、字符型等。为了使程序员能更充分地表达各种复杂的数据，C 语言还提供了构造复杂数据类型的手段，如数组、结构、指针等，为有限能力的程序设计语言表达客观世界中多种多样的数据提供了良好的基础。

2.2.1　数组

数组是最基本的构造类型，它是一组相同类型数据的有序集合。数组中的元素在内存中连续存放，每个元素都属于同一种数据类型，用数组名和下标可以唯一地确定数组元素。

一维数组定义的一般形式为：

　　类型名　数组名[数组长度]

例如，下列语句定义了大小为 10 的整型数组 a。

　　int　a[10];

数组元素的引用要指定下标，形式为：

2.2 数据存储基础

数组名[下标]

数组元素的使用方法与同类型的变量完全相同。C 语言的编译器不检查数组下标是否越界,因此在编程时不要让下标越界。因为,一旦发生下标越界,就会把数据写到其他变量所占的存储单元中,有可能造成不可预料的运行结果。

和简单变量的初始化一样,在定义数组时,也可以对数组元素赋初值。其一般形式为:

类型名 数组名[数组长度]={初值表};

初值表中依次放着数组元素的初值。

C 语言支持多维数组,最常见的多维数组是二维数组,主要用于表示二维表和矩阵。

二维数组的定义形式为:

类型名 数组名[行长度][列长度]

引用二维数组的元素要指定 2 个下标,即行下标和列下标,形式为:

数组名[行下标][列下标]

二维数组的元素在内存中按行优先方式存放,即先存放第 0 行的元素,再存放第 1 行的元素……其中每一行的元素再按照列的顺序存放。

数组的应用离不开循环。在程序实现中,往往将数组的下标作为循环变量,通过循环,就可以对数组的所有元素逐个进行处理。对二维数组,可以将行下标和列下标分别作为循环变量,通过二重循环,就可以遍历二维数组,即访问二维数组的所有元素。由于二维数组的元素在内存中按行优先方式存放,将行下标作为外循环的循环变量,列下标作为内循环的循环变量,可以提高程序的执行效率。

数组具有随机存取元素效率较高的优点,即存取第 i 个元素只需常数时间。也就是说,存取 A[i] 所需时间与下标 i 无关。

[例 2.3] 求集合元素的最大值。集合元素存放在数组 A 中,数组大小为 N。

代码 2.3 给出的函数在类型为 ElementType 的数组 A 中查找最大的元素。这里的 ElementType 并不是 C 语言提供的数据类型。这样写法的好处是通用,我们不需要对每个具体的数据类型(如 int、float、double 等)都实现一个求最大值的函数,读者在使用这个函数解决具体问题之前,只要把 ElementType 定义成自己需要的类型就可以了。

函数参数是 2 个,即数组 A 和数组大小 N。这也是 C 语言传递数组的基本形式,因为 A 代表了数组的第一个元素的地址,并不包含数组元素个数的信息,因此还需要传递一个参数 N。该函数以数组第一个元素为基准(作为当前最大值 CurMax),通过循环控制变量 i 从数组的第二个元素(下标为 1)开始逐个查找,每次都与当前已知的最大值进行比较,当发现更大值时更新 CurMax。

```
ElementType Max(ElementType S[],  int N)
{ /*求 N 个集合元素 S[]中的最大值 */
    int i;
    ElementType CurMax=S[0];
```

```
   for(i=1;  i<N;  i++)
      if(S[i]> CurMax)    /* 若 S[i]比当前最大值还要大 */
         CurMax = S[i];   /* 则更新当前最大值 */
   return CurMax;
}
```

代码 2.3　求 N 个元素数组(集合)中的最大值

2.2.2　类型定义 typedef

在编程过程中,除了使用 C 语言提供的标准类型和自己定义的一些结构体、枚举等类型外,还可以用 typedef 语句来建立已经定义好的数据类型的别名:

  typedef 原有类型名　新类型名

利用 typedef 来建立基本数据类型的别名能够使得程序具有更好的可阅读性和移植性。比如在上述求集合元素最大值问题中,当我们需要求整数集合的最大值时,就可以利用 typedef 定义代码 2.3 中的 ElementType:

  typedef int ElementType;

把上述语句写在函数之前,我们就可以直接使用代码 2.3,而不需要把代码中的每个 ElementType 换成 int 去编译运行。

2.2.3　指针

指针是 C 语言中一个非常重要的概念,也是 C 语言的特色之一。使用指针可以对复杂数据进行处理,能对计算机的内存进行分配控制,在函数调用中使用指针还可以返回多个值。

定义指针变量的一般形式为:

  类型名　*指针变量名

例如,下列语句定义了指向 float 类型的指针变量 p。

  float *p;

指针变量用于存放变量的地址。由于不同类型的变量在内存中占用不同大小的存储单元,所以如果只知道内存地址,还不能确定该地址上的对象。因此在定义指针变量时,除了指针变量名,还需要说明该指针变量(如 p)所指向的内存空间上所存放数据的类型(如 float)。

指针被定义后,必须将指针和一个特定的变量进行关联后,才可以使用指针,也就是说,指针变量也要先赋值再使用,当然指针变量被赋的值应该是地址。

1. 指针的基本运算

如果指针的值是某个变量的地址,通过指针就能间接访问那个变量。这些操作由取地址运算符 & 和间接访问运算符 * 完成。此外,相同类型的指针还能进行赋值和比较。

指针可以同整数进行加、减操作。例如,如果变量 p 是指向 float 类型变量的指针,那么表达式 p+i 代表了从 p 这个位置开始的第 i 个 float 类型变量的地址。

两个类型相同的指针也可进行相减操作,表示两个指针之间相隔的变量个数。两个相同类型指针还可以使用关系运算符比较大小。

2. 指针与数组

在 C 语言中,数组名本身就是数组的基地址,即第 1 个元素(下标为 0)的地址。

在访问内存方面,指针和数组几乎是相同的,当然也有不同:指针是以地址作为值的变量,而数组名的值是一个特殊的固定地址,可以把它看作是指针常量,不能改变指针常量(数组名)的值。

在函数定义中,被声明为数组的形参实际上是一个指针。当传递数组时,按值调用传递它的基地址,数组元素本身不被复制。

数组名作为函数的实参,在被调用函数中,就能访问实参数组所在的存储单元,不但可以引用,还能改变这些单元的内容。返回主调函数后,相应数组元素的值就改变了。

3. 用指针实现内存动态分配

变量在使用前必须被定义且安排好存储空间(包括内存中起始地址和存储单元大小)。比如,在定义数组时就需要声明数组的大小。但有些情况下,运行中的存储要求在写程序时无法确定,因此需要一种可以根据运行时的实际存储需求来动态分配适当存储区的机制。C 语言为此提供了动态存储管理,允许程序动态申请和释放存储空间。

在动态存储分配方面,C 语言提供了一组标准函数,定义在 alloc.h 里面,主要有:

(1) 动态存储分配函数 void * malloc(unsigned size):在内存的动态存储区中分配一连续空间,其长度为 size。若申请成功,则返回一个指向所分配内存空间的起始地址;若申请内存空间不成功,则返回 NULL(值为 0)。该函数的返回值为(void *)类型,在具体使用中,需要将 malloc 的返回值转换到特定指针类型,并赋给一个指针变量。

(2) 动态存储释放函数 void free(void * ptr):释放由动态存储分配函数申请到的整块内存空间,ptr 为指向要释放空间的首地址。

为了保证动态存储区的有效利用,在动态分配的存储块不再使用时,就应及时将它释放。特别注意:

(1) 指针只有在被赋值以后才能被正确使用。指针如果没有被赋值,它的值是不确定的,即它指向一个不确定的单元,使用这样的指针,可能会出现难以预料的结果,甚至导致系统操作错误。例如,下列语句中,指针 p 没有被事先赋值(如指向一个字符数组),函数调用 strcpy 可能会出现难以预料的结果。

  char　* p;
  strcpy(p,"This is Wrong!");

(2) 在 C 语言中,指针的算术运算只包括两个相同类型的指针相减以及指针加上或减去一个整数,其他的操作如指针相加、相乘和相除,或指针加上和减去一个浮点数都是非法的。

2.2.4 结构

结构类型是一种允许程序员把一些数据分量聚合成一个整体的数据类型,它能够把有内在联系的不同类型的数据统一成一个整体,使它们相互关联。同时,结构又是一个变量的集合,可以按照与成员类型变量相同的操作方法单独使用其变量成员。结构与数组的区别在于,数组的所有元素必须是相同类型的,而结构的成员可以是不同的数据类型。

结构类型定义的一般形式为:

  struct 结构名{

    类型名 结构成员名 1;

    类型名 结构成员名 2;

    ……

    类型名 结构成员名 n;

  };

在定义结构成员时所用的数据类型也可以是结构类型,这样就形成了结构类型的嵌套。

在 C 语言中定义结构体变量的一种方式是:先定义一个结构类型,再定义一个具有这种结构类型的变量,基本形式是:

  struct 结构名 结构变量名表;

当然也可以在定义结构类型的同时定义结构变量。另外,也允许在定义结构变量时省略结构名。要注意的是,这种方式由于没有给出结构名,在以后无法再定义这个类型的其他结构变量,除非把定义过程再写一遍。

结构变量也可以初始化,即在定义时对其赋初值。结构变量的初始化采用初始化表的方法,大括号内各数据项间用逗号隔开,将大括号内的数据项对应地赋给结构变量的各个成员,要求数据类型一致。

1. 结构变量的使用

使用结构变量主要就是对其成员进行操作。在 C 语言中,使用结构成员操作符"."来引用结构成员,格式为:

  结构变量名.结构成员名

对嵌套结构成员的引用方法和一般成员的引用方法类似,也是采用结构成员操作符"."进行的,每个成员按从左到右、从外到内的方式引用。

由于结构成员运算符的优先级属最高级别,所以一般情况下都是优先执行,即和一般运算符混合运算时,结构体成员运算符优先。

结构变量不仅可以作为函数参数,也可以作为函数的返回值。此外,结构成员变量也能作为函数参数,与普通变量作为函数参数一样。

2. 结构数组

可以将具有相同结构类型的变量组织起来,形成一个结构数组。结构数组是结构与数组的结合，与普通数组的不同之处在于每个数组元素都是一个结构类型的数据，包括各个成员项。

结构数组的定义方法与普通数组的定义方法相同，此时的类型是结构。在定义结构数组时，也可以同时对其进行初始化，其格式与二维数组的初始化类似。

对结构数组元素成员的引用是通过使用数组下标与结构成员操作符"."相结合的方式来完成的，其一般格式为：

  结构数组名[下标].结构成员名

3. 结构指针

结构指针就是指向结构类型变量的指针。有了结构指针，既可以通过该指针访问结构，也可以通过指针直接访问结构成员。具体有两种形式：

（1）用 * 方式访问，形式：

  (* 结构指针变量名).结构成员名

（2）用指向运算符"->"访问指针指向的结构成员，形式：

  结构指针变量名->结构成员名

结构指针也可以作为函数参数传递。相比于通过参数直接传递结构，将结构指针作为参数传递不仅可以在函数中修改结构指针所指向的内容，而且参数传递的效率会更高。

4. 共用体

共用体同结构体在声明形式和访问方式上有些类似，但是它和结构体是完全不同的。所谓共用体类型是指将不同的数据项组织成一个整体，它们在内存中占用同一段存储单元。其定义形式为：

  union 共用体名
  {
    类型名 成员名1;
    类型名 成员名2;
    ……
    类型名 成员名n;
  };

由于各个成员变量在内存中都使用同一段存储空间，因此共用体变量的长度等于最长的成员的长度。共用体的访问方式同结构体类似。

下面是一个共用体的例子：

```
union key {
    int  k;
    char ch[2];
} u;
```

该共用体变量占用空间是 int 类型占用空间与 2 字节的最大值。读者可以运行一下代码 2.4，看看输出结果是什么？为什么？

```
#include <stdio.h>

int main()
{
    union key {
        int  k;
        char ch[2];
    } u;

    u.k = 258;
    printf("%d %d\n", u.ch[0], u.ch[1]);

    return 0;
}
```

代码 2.4　共用体的一个例子

2.2.5　链表

　　链表是一种常见而重要的基础数据结构,也是实现复杂数据结构的重要手段。它不按照线性的顺序存储数据,而是由若干个同一结构类型的"结点"依次串接而成的,即每一个结点里保存着下一个结点的地址(指针)。

　　使用链表结构可以克服数组需要预先知道数据大小的缺点,可以充分利用计算机内存空间,实现灵活的内存动态管理。但链表失去了数组方便随机存取的优点,同时链表由于增加了结点的指针域,空间开销比较大。

　　链表有很多种不同的类型:单向链表、双向链表以及循环链表。

1. 单向链表的结构

　　单向链表的组成如图 2.1 所示。一个表头变量 head,用来存放链表首结点的地址,链表中每个结点由数据部分和下一个结点的地址部分组成,即每个结点都包含指向下一个结点的指针。链表中的最后一个结点称为表尾,其下一个结点的地址部分的值为 NULL(表示为空地址)。链表的各个结点在内存中可能是不连续存放的,具体存放位置由系统分配。

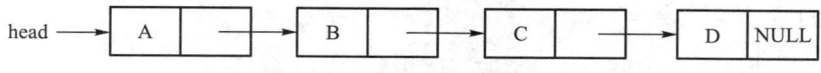

图 2.1　单向链表的组成示意图

　　通常使用结构的嵌套来定义单向链表结点的数据类型。如:
　　　　typedef struct Node * PtrToNode;

```
struct Node {
    ElementType Data;   /* 存储结点数据 */
    PtrToNode   Next;   /* 指向下一个结点的指针 */
};
```

结构类型 Node 中的 Next 分量又是该结构类型的指针,称之为结构的递归定义。为了阅读方便,我们将指针重命名为 PtrToNode,即"指向 Node 的指针"之意。除了 Next 分量外还有其他表示结点信息的分量(如本例中的 Data)。

通常我们说"给定一个单链表",就是给定一个指向该链表头结点的指针,所以"单链表类型"List 可以定义为链表结点结构的指针,即:

```
typedef PtrToNode List;
```

链表是一种动态数据结构。在进行动态存储分配的操作中,C 语言提供了几个常用的函数:malloc()、free()。例如,要申请大小为 struct Node 结构的动态内存空间,可由下面语句实现:

```
PtrToNode p = (PtrToNode)malloc(sizeof(struct Node));
```

若申请成功,p 指向被分配内存空间的起始地址;若未申请到内存空间,则 p 的值为 NULL。

2. 单向链表的常见操作

(1) 插入结点。

在单向链表 head 的某个结点 p 之后插入一新结点的基本过程是:首先找到正确位置 p,然后申请新结点 t 并对 t 的结点信息赋值,最后将 t 插在 p 之后,如图 2.2 所示。

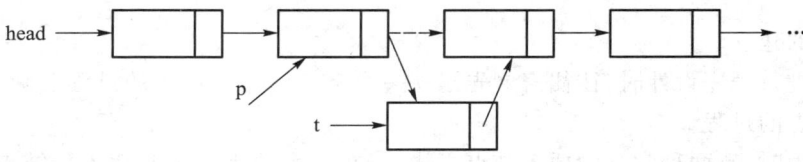

图 2.2　p 之后插入新结点 t

将结点 t 插在结点 p 之后的语句为:

```
t->Next = p->Next;
p->Next = t;
```

注意:上述两个语句的顺序不能颠倒。

如果需要在链表的头上插入一个结点 t,其基本语句是:

```
t->Next = head;
head = t;
```

(2) 删除结点。

从单向链表 head 中删除一个结点的基本过程是:首先找到被删除结点的前面一个结点 p,然后删除 p 之后的那个结点。基本语句为:

```
t = p->Next;
```

```
p->Next = t->Next;
free(t);
```

注意:删除一个结点后必须释放该结点的空间,为此在上述语句中首先将待删除结点保留在 t 中,最后再释放 t。

如果删除的是链表的第一个结点,其基本语句是:
```
t = head;
head = head->Next;
free(t);
```

(3) 单向链表的遍历。

对单向链表最常见的处理方式是逐个查看链表中每个结点的数据并进行处理,因此,链表的遍历是非常基础的链表程序设计方法。

单向链表遍历的基本程序结构为:
```
p = head;
while(p! = NULL){
    ……
    对 p 所指的结点信息进行处理;
    ……
    p = p->Next;
}
```

(4) 链表的建立。

应用链表进行程序设计时,往往需要先建立一个链表。建立链表的过程实际上就是不断在链表中插入结点的过程。

在构建链表时,有两种常见的插入结点方式:①在链表的头上不断插入新结点;②在链表的尾部不断插入新结点。如果是后者,一般需要有一个临时的结点指针一直指向当前链表的最后一个结点,以方便新结点的插入。

前面提到的单向链表都是一种不带头结点的单向链表。有时为了程序处理方便,比如在删除结点时希望不需要特别区分是否是链表的第一个结点还是其他结点,可以在单向链表的头上加一个"空结点",该结点的 Data 空置,而 Next 指向链表的第一个真正结点。这种链表叫带头结点的单向链表。

3. 双向链表

单向链表的构成使得结点访问要按链的指向进行,某一单元的后继单元可以直接通过链指针(Next 指针)找到,而要找到其前驱单元,必须从链头开始查找。如果结点增加一个指针域指向其前驱结点,将在牺牲空间代价的前提下,减少操作的代价。这种在单向链表基础上增加指向前驱单元指针(Previous 指针)的链表叫做双向链表。图 2.3 是双向链表的图示表示形式。

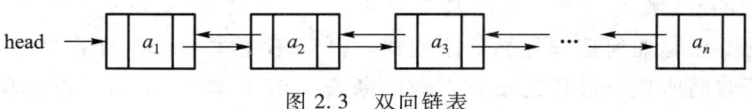

图 2.3　双向链表

双向链表结点的数据类型与单向链表相似，只是多了一个前驱单元指针：

typedef struct DNode *PtrToDNode;
struct DNode {
　　ElementType　Data;　　　/* 存储结点数据 */
　　PtrToDNode　Next;　　　/* 指向下一个结点的指针 */
　　PtrToDNode　Previous;　/* 指向前一个结点的指针 */
};
typedef PtrToDNode DList;

如果将双向链表最后一个单元的 Next 指针指向链表的第一个单元，而第一个单元的 Previous 指针指向链表的最后一个单元，这样构成的链表称为双向循环链表（图 2.4 所示）。

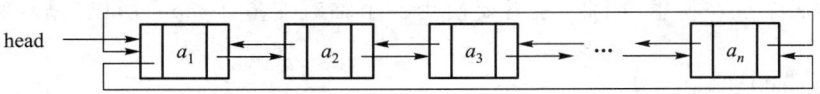

图 2.4　双向循环链表

对双向链表的插入、删除和遍历基本思路与单向链表相同，但需要同时考虑前后两个指针。比如，在图 2.5 所示的双向链表的 p 指向的 a_2 结点后插入新结点 t 的方法是：

　　t->Previous = p;
　　t->Next = p->Next;
　　p->Next->Previous = t;
　　p->Next = t;

同样，这其中 4 个语句之间也需要保持一定的执行顺序，否则可能得不到正确结果。

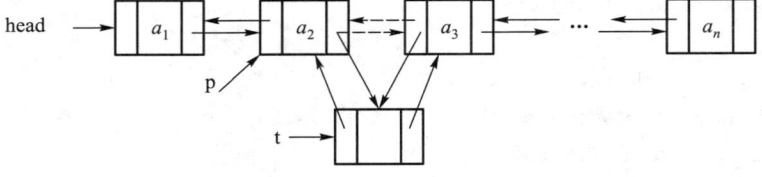

图 2.5　双向链表的插入

[**例 2.4**]　给定一个单链表 L，请设计函数 Reverse 将链表 L 就地逆转，即不需要申请新的结点，将链表的第一个元素转为最后一个元素，第二个元素转为倒数第二个元素，以此类推。

[**分析**] 比较明显,解决这个问题的基本思路是:利用循环,从链表头开始逐个处理。循环设计中,最核心的要点是如何把握住**循环不变式**。循环不变式表示一种在循环过程进行时不变的性质,不依赖于前面所执行过程的重复次数的断言。对于本题,我们可以想象到的场景是:在每轮循环开始前我们都面临两个链表,其中 Old_head 是一个待逆转的链表(即"旧"的链表头),而 New_head 是一个已经逆转好的链表(即"新"的链表头),如图 2.6 所示。每轮循环的目的是把 Old_head 中的第一个元素插入到 New_head 的头上,这轮循环执行好后,Old_head 和 New_head 还是分别指向新的待逆转链表和已经逆转好的链表。

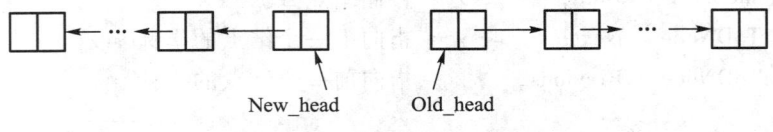

图 2.6 单向链表的逆转

循环程序的主体部分就是将 Old_head 的第一个元素插入到 New_head 头上,同时更新 Old_head、New_head 值。当将 Old_head 的第一元素插入到 New_head 头上后,我们需要知道 Old_head 链表新的头结点在哪里,因此,还需要使用一个临时变量 Temp。所以,循环程序的主体部分是:

  Temp = Old_head->Next;
  Old_head->Next = New_head;
  New_head = Old_head;
  Old_head = Temp;

在循环执行前,Old_head、New_head 应该正确初始化,即:待逆转的链表 Old_head 就是原始链表,已经逆转好的链表 New_head 开始时为空。而循环结束后,需要将逆转后的链表头指针(New_head)返回。单向链表逆转函数如代码 2.5 所示。

```
List Reverse(List L)
{ /*将单链表 L 逆转 */
    PtrToNode Old_head, New_head, Temp;

    Old_head = L;        /*初始化当前旧表头为 L */
    New_head = NULL;     /*初始化逆转后新表头为空 */
    while(Old_head)  {   /*当旧表不为空时 */
        Temp = Old_head->Next;
        Old_head->Next = New_head;
        New_head = Old_head;   /* 将当前旧表头逆转为新表头 */
        Old_head = Temp;       /* 更新旧表头 */
```

```
    }
    L=New_head;    /*更新 L */
    return L;
}
```

代码 2.5　单向链表的逆转

2.3　流程控制基础

程序设计语言除了能表达各种各样的数据外，还必须提供一种手段来表达数据处理的过程，即程序的控制过程。程序的控制过程通过程序中的一系列语句来实现。

按照结构化程序设计的观点，任何程序都可以将程序模块通过三种基本的控制结构进行组合来实现。这三种基本的控制结构是顺序、分支和循环。

顺序结构是一种自然的控制结构，通过安排语句或模块的顺序就能实现。所以，对一般程序设计语言来说，需要提供表达分支控制和循环控制的手段。C 语言为分支控制提供了 if-else 和 switch 两类语句，而为循环控制提供了 for、while 和 do-while 三类语句。

以上 3 种控制方式称为**语句级控制**。它实现了程序在语句间的跳转。

当我们要处理的问题比较复杂时，为了增强程序的可读性和可维护性，常常将程序分为若干个相对独立的子程序。在 C 语言中，子程序的作用由函数完成。函数通过一系列语句的组合来完成某种特定的功能（如求整数 n 的阶乘）。当程序需要相应功能时，不用重新写一系列代码，而是直接调用函数，并根据需要传递不同的参数（如求阶乘函数中的 n）。同一个函数可以被一个或多个函数（包括自己）多次调用。函数调用时可传递零个或多个参数，函数被调用的结果将返回给调用函数。这种涉及函数定义和调用的控制称为**单位级控制**。所以，程序设计语言的另一个功能就是提供单位级控制的手段，即函数的定义与调用手段。

2.3.1　分支控制

1. if-else 语句

if-else 语句的一般形式为：

　　if(表达式)
　　　　语句 1；
　　else
　　　　语句 2；

该语句用于实现分支结构，根据表达式的值选择语句 1 或语句 2 中的一条执行。if-else 语句首先求解表达式，如果表达式的值为"真"，则执行语句 1；如果表达式的值为"假"，则执行语句 2。if-else 语句的 else 部分可以省略。

可以通过多个二路分支语句 if-else 的嵌套组合实现多路选择,其一般形式为:

  if(表达式 1)
    语句 1;
  else **if**(表达式 2)
    语句 2;
    ⋮
  else **if**(表达式 n−1)
    语句 n−1;
  else
    语句 n;

它的执行流程是:首先求解表达式 1,如果表达式 1 的值为"真",则执行语句 1,并结束整个 if 语句的执行,否则,求解表达式 2,……,最后的 else 处理给出的条件都不满足的情况,即表达式 1、表达式 2、……和表达式 n−1 的值都为"假"时,执行语句 n。

在嵌套的 if-else 语句中,如果内嵌的 if 省略了 else 部分,会存在后面的 else 与哪个 if 配对的问题。在 C 语言中,else 和 if 的匹配准则是:else 与最靠近它的、没有与别的 else 匹配过的 if 相匹配。

2. switch 语句

switch 语句可以处理多分支选择问题,典型的形式是:

  switch(表达式){
    case 常量表达式 1:语句段 1;break;
    case 常量表达式 2:语句段 2;break;
      … …
      … …
    case 常量表达式 n:语句段 n;break;
    default: 语句段 n+1;break;
  }

该 switch 语句首先求解表达式,如果表达式的值与某个常量表达式的值相等,则执行该常量表达式后的相应语句段,如果表达式的值与任何一个常量表达式的值都不相等,则执行 default 后的语句段。当碰到 break 语句时,跳出 switch 语句。

在 switch 语句中,表达式和常量表达式的值一般是整型或字符型,所有的常量表达式的值都不能相等。每个语句段可以包括一条或多条语句,也可以为空。

switch 语句中 default 可以省略,如果省略了 default,当表达式的值与任何一个常量表达式的值都不相等时,就什么都不执行。

break 语句在 switch 语句中是可选的。如果在 switch 语句中不使用 break,那么该 switch 语句的执行流程将会不一样:求解表达式后,如果表达式的值与某个常量表达式的值相等,则执行该常量表达式后的所有语句段(包括别的常量表达式后面的语句段),如果表达式的值与任何一个常量表达式的值都不相等,则执行 default 后的所有语句段。

由此可见,在 switch 语句所有语句段的末尾使用 break,可以简单清晰地实现多分支选择,这也是 switch 语句的主要使用方法。

2.3.2 循环控制

在程序设计中,如果需要重复执行某些操作,就要用到循环结构。C 语言提供了 3 种循环语句(for,while 和 do-while)。

1. for 语句

在 C 语言中,for 语句是一种常用的循环语句。它的一般形式为:

  for (表达式 1;表达式 2;表达式 3)
    循环体语句;

for 语句先计算表达式 1;再判断表达式 2,若值为"真",则执行循环体语句,并紧着计算表达式 3,然后继续判断表达式 2,如此循环;若值为"假",则结束循环,继续执行 for 的下一条语句。

2. while 语句

while 语句的一般形式为:

  while(表达式)
    循环体语句;

对于 while 语句,当表达式的值为"真"时,循环执行,直到表达式的值为"假",循环中止,并继续执行 while 的下一条语句。

while 语句的构成简单,只有 1 个表达式和 1 条循环体语句,分别对应循环的两个核心要素:循环条件和循环体。

循环的实现一般包括 4 个部分,即初始化、条件控制、重复的操作以及通过改变某些量的值最终改变条件的真假性,使循环能正常结束。这 4 个部分可以直接和 for 语句中的 4 个成分(表达式 1、表达式 2、循环体语句和表达式 3)相对应。当使用 while 语句时,由于它只有 2 个成分(表达式和循环体语句),就需要另加初始化部分,至于第 4 个部分,while 语句的循环体语句可包含 for 语句的循环体语句和表达式 3,所以 while 的循环体语句中必须包含能最终改变循环条件真假性的操作。

可以把 for 语句改写成 while 语句:

  表达式 1;
  while(表达式 2){
    for 的循环体语句;
    表达式 3;
  }

for 语句和 while 语句都能实现循环。一般情况下，如果问题比较明显地蕴含了循环次数，使用 for 语句更清晰，循环的 4 个组成部分一目了然。其他情况下多使用 while 语句。

3. do-while 语句

do-while 语句与上述 2 种循环语句略有不同，它先执行循环体，后判断循环条件。所以无论循环条件的真假如何，至少会执行一次循环体。其一般形式为：

    do｛

        循环体语句；

    ｝**while**（表达式）

do-while 语句第一次进入循环时，首先执行循环体语句，然后再检查循环控制条件，即计算表达式，若值为"真"，继续循环，直到表达式的值为"假"，循环结束，执行 do-while 的下一条语句。

do-while 语句的使用方法和 while 语句类似，语句中的表达式可以是任意合法的表达式，使用时要另加初始化部分，循环体语句必须包含能最终改变条件真假性的操作。

do-while 语句适合于先循环后判断循环条件的情况，一般在循环体的执行过程中明确循环控制条件。它每执行一次循环体后，再判断条件，以决定是否进行下一次循环。

4. break 语句和 continue 语句

break 语句强制循环结束，一旦执行了 break 语句，循环提前结束，不再执行循环体中位于其后的其他语句。break 语句应该和 if 语句配合使用，即条件满足时，才执行 break 跳出循环；不然的话，若 break 无条件执行，意味着永远不会执行循环体中 break 后面的其他语句。

continue 语句的作用是跳过循环体中 continue 后面的语句，继续下一次循环。continue 语句一般也需要与 if 语句配合使用。

continue 语句和 break 语句的区别在于，break 结束循环，而 continue 只是跳过后面语句，继续循环。break 除了可以终止循环外，还用于结束 switch 语句，而 continue 只能用于循环。

5. 嵌套循环

嵌套循环（或多重循环）是指大循环中嵌套了小循环。在处理许多比较复杂问题时经常会使用嵌套循环，三种循环（for、while、do-while）都可以相互嵌套。

［例 2.5］ 求单链表 L 中所有结点 Data 的阶乘和。这里保证所有结点的 Data 值非负。

［分析］ 可以设定两重循环：大循环（外层循环）控制指针 P 遍历单链表的每个结点（用 while 语句），而小循环（内层循环）则用来求每个结点 Data 的阶乘（用 for 语句）。程序结构如代码 2.6 所示。

```
int FactorialSum(List L)
｛   int Fact, Sum, i;
    PtrToNode P=L;

    Sum=0;
```

2.3 流程控制基础

```
while(P){
    Fact=1;
    for(i=2; i<=P->Data; i++)
        Fact *=i;
    Sum+=Fact;
    P=P->Next;
}
return Sum;
}
```

代码 2.6　求单链表 L 中所有结点 Data 的阶乘和

[例 2.6] 基于排序的方法求一组数的中位数。

[分析] 前面提到过,可以先对一组数排序,然后就可以很方便地找出这组数的中位数。目前排序的算法很多,比较简单的有选择排序、插入排序以及冒泡排序。这里我们以简单的选择排序为例。选择排序的基本思路是:从待排序列中找出值最大的元素,然后将该最大值元素跟待排序列的第一个元素交换。一直重复上述过程,使待排序列越来越短,当待排序列只剩一个元素时排序就完成了。我们同样可以使用两重循环来实现上述算法。外循环控制变量 i 代表[i,n-1]为数组中待排序列的下标区间,i 初值为 0,每循环一次 i 加 1;内层循环主要目标是在数组[i,n-1]区间里找出一个最大值。代码 2.7 给出了这个方法的实现。

```
ElementType Median(ElementType A[], int N)
{
    int i, j, MaxPosition;
    ElementType TmpA;

    for(i=0; i<N-1; i++){
        MaxPosition=i;
        for(j=i+1; j<N; j++)/* 内循环找出最大值的下标 MaxPosition */
            if(A[j]> A[MaxPosition])  MaxPosition=j;
        /* 下面将最大值与待排序列的第一个元素 A[i]交换 */
        TmpA=A[i];  A[i]=A[MaxPosition];  A[MaxPosition]=TmpA;
    }/*排序结束 */

    /*数组中下标为(N-1)/2 位置的元素就是序列中第 N/2 个元素 */
    return A[(N-1)/2];
}
```

代码 2.7　基于排序方法求中位数

更多的关于排序的算法将在第 7 章中介绍。

2.3.3 函数与递归

函数是一个完成特定工作的独立程序模块。程序中一旦调用了某个函数,该函数就会完成一些特定的工作,然后返回到调用它的地方。函数包括库函数和自定义函数两种。例如,scanf、printf 等库函数由 C 语言系统提供定义,编程时只要直接调用即可。在程序设计中,往往根据模块化程序设计的需要,需要用户自己定义函数,属于自定义函数。

函数定义的基本形式是:

  函数类型 函数名(形参表) /* 函数首部 */
  {
    函数实现过程;   /* 函数体 */
  }

函数的定义包括函数首部和函数体两部分。其中,函数首部由函数类型、函数名和形参表组成;函数体包括函数实现过程和 return 语句(return 表达式;),体现为一对大括号内的若干条语句。

在函数首部,函数类型指函数返回值的类型,一般与 return 语句中表达式的类型一致;函数名是一个合法的标识符;形参表中给出函数所有形参的名称和类型,它的格式为:

  类型 1 形参 1, 类型 2 形参 2, ……, 类型 n 形参 n

形参表中各个形参之间用逗号分隔,每个形参前面的类型必须分别写明。函数的形参的数量可以是 0~n 个,即根据具体情况,形参可以是 1 个,也可以是多个,或者没有形参。

在函数体中,函数的实现过程是一些完成特定工作的语句,return 语句中的表达式反映了函数运算的结果,通过 return 语句结束该函数的运行并将该结果回送给主调函数。return 语句的作用有两个:一是结束函数的运行;二是带着运算结果(表达式的值)返回主调函数。在函数定义中也可以没有 return 语句,此时函数执行时的最后一个语句的值作为函数的返回值。

return 语句只能返回一个值,如果函数产生了多个运算结果,将无法通过 return 直接全部返回。如果函数要返回多个运算结果,一般有以下几种方法:①通过全局变量;②通过函数参数传递变量地址,在函数中通过这个参数给变量赋值;③把准备返回的多个结果组成一个结构返回。

有些函数可以不返回任何值,仅仅是执行一个过程。这类函数的类型可以说明为 void,其函数体中的 return 语句后面的表达式可以省略。

注意:在函数定义时,若不说明函数类型(即函数类型缺省),该函数的类型被缺省定义为 int。

1. 函数的调用

定义一个函数后,就可以在程序中调用这个函数。调用函数时,将实参传递给形参并执行函数定义中所规定的程序过程,以实现相应的功能。

在 C 语言中,调用标准库函数时,只需要在程序的最前面用#include 命令包含相应的头文件；调用自定义函数时，程序中必须有与调用函数相对应的函数定义。

函数调用的一般形式为：

函数名(实参表)

实参可以是常量、变量和表达式。

计算机在执行程序时，从主函数 main 开始执行，如果遇到某个函数调用，主函数被暂停执行，转而执行相应的函数；该函数执行完后，将返回主函数，然后再从原先暂停的位置继续执行。

函数定义中的参数被称为形参，函数调用时的参数被称为实参。形参和实参必须一一对应，要求两者数量相同、类型一致。在程序运行中，遇到函数调用时，将实参的值按依次传给形参，这就是参数传递。

函数的形参必须是变量，用于接受实参传递过来的值，形参的使用方法和普通变量相同；而实参可以是常量、变量或表达式，其作用是把常量、变量或表达式的值传递给形参。

按照 C 语言的规定，在参数传递过程中，将实参的值复制给形参。这种参数传递是单向的，只允许实参把值复制给形参，而形参的值即使在函数中改变了，也不会反过来影响实参。

[例 2.7] 设计一个函数 Swap 实现两个整数变量值的交换。

代码 2.8 直接将待交换的两个整数传入函数 Swap 中。由于 C 语言的函数参数是值传递，所以尽管函数 Swap 中将形参 X 和 Y 的值进行了交换，但是 main 函数中的 X 和 Y 的值始终没有改变。程序输出结果为：

  X = 10，Y = 20

```c
#include <stdio.h>

void Swap(int X,  int Y)
{ /*错误的交换函数 */
    int tmp;
    tmp = X;   X = Y;   Y = tmp;
}

int main()
{
    int X = 10,  Y = 20;

    Swap(X,Y);
    printf("X = %d,  Y = %d",  X,  Y);

    return 0;
}
```

代码 2.8 无法实现变量值交换的 Swap 函数

为了真正达到交换这两个变量的值,就需要将变量的地址作为函数参数,然后通过访问变量地址来修改变量的值。代码 2.9 可以输出正确结果:

  X = 20, Y = 10

```
#include <stdio.h>

void Swap(int * X,  int * Y)
{ /* 正确的交换函数 */
    int tmp;
    tmp = * X;   * X = * Y;   * Y = tmp;
}

int main()
{
    int X = 10,  Y = 20;

    Swap(&X,&Y);
    printf("X = %d,  Y = %d",  X,  Y);

    return 0;
}
```

代码 2.9 通过传递变量地址实现变量值交换

  Swap 函数之所以能够实现 main 函数中 X 和 Y 的数值交换,是因为 Swap 函数的指针形参接受了实参传送过来的 X 和 Y 的地址,并通过两个指针对换了 main 函数中的 X 和 Y 的数值。

  C 语言要求函数先定义后调用,将主调函数放在被调函数的后面,就像变量先定义后使用一样。如果主调函数放在自定义函数的前面,就需要在函数调用前,加上函数原型声明。如果不声明,编译时会默认调用函数是 int 类型。

  函数声明的目的主要是说明函数的类型和参数的情况,以保证程序编译时能判断对该函数的调用是否正确并进行相应的编译处理。函数声明的一般格式为:

    函数类型 函数名(参数表);

在设计函数时,注意掌握以下原则。

  (1)函数功能的设计原则:结合模块的独立性原则,函数的功能要单一,不要设计多用途的函数,否则会降低模块的聚合度。

  (2)函数规模的设计原则:函数的规模要小,尽量控制在 50 行代码以内,这样可以使得函数更易于维护。

  (3)函数接口的设计原则:结合模块的独立性原则,函数的接口包括函数的参数(入口)和返回值(出口),不要设计过于复杂的接口,合理选择、设置并控制参数的数量,尽量不要使用全局变量,否则会增加模块的耦合度。

2. 递归函数

一个函数除了可以调用其他函数外,C 语言还支持函数直接或间接调用自己。这种函数自己调用自己的形式称为函数的递归调用,带有递归调用的函数也称为递归函数。

从递归函数的程序编写角度看,有两个关键点必须紧紧抓住。

(1) 递归出口:即递归的结束条件,到何时不再递归调用下去。

(2) 递归式子:当前函数结果与准备调用的函数结果之间的关系,如求阶乘函数 Factorial(N)= N * Factorial(N-1)。

递归程序设计是一个非常有用的工具,可以解决一些用其他方法很难解决的问题。但递归程序设计的技巧性要求比较高,对于一个具体问题,要想归纳出递归式子有时是很困难的,并不是每个问题都像求阶乘函数 Factorial 那样直截了当。

当函数调用自己时,每一次调用都会产生一个新的、同先前调用相独立的版本。因此递归调用并不能减少空间消耗,相反大多数情况下采用递归操作会大大消耗内存;同样,递归也无法提高程序运行速度。递归函数的主要优点是可以把算法写的比使用非递归函数时更清晰更简洁,相对其他方法,递归能更加自然的反映问题的解决过程,而且在程序的理解和调试方面,递归也更容易让人接受。

下面我们来看几个有关递归程序的例子。

[例 2.8] 设计函数求 N!

利用递归函数求整数的阶乘是个很经典也很简单的问题。这个问题的递归函数设计相对直接,如代码 2.10 所示。

```
int Factorial(int N)
{
    if(N==0)
        return 1;
    else
        return N * Factorial(N-1);
}
```

代码 2.10 阶乘函数的递归实现

图 2.7 表示了调用 Factorial 求 4! 的过程。从 Factorial(4) 到 Factorial(0) 的各箭头表示递归过程,而从 Factorial(0) 到 Factorial(4) 的箭头是从基础求解返回的过程和结果。

在上述递归过程中,N=0 是递归函数 Factorial 的出口条件,即递归结束条件。

[例 2.9] 汉诺塔(Tower of Hanoi)问题。

汉诺塔问题来自于一个古老的传说。传说印度的主神梵天做了一个汉诺塔,它是在一个黄铜板上插 3 根宝石针,其中一根针上从上到下按从小到大的顺序串上了 64 个金片。梵天要求僧侣们轮流把金片在 3 根针之间移来移去,规定每次只能移动一片,且不许将大金片压在小金片上,并说如果这 64 片金片全部移至另一根针上时,世界就会在一声霹雳之中毁灭。

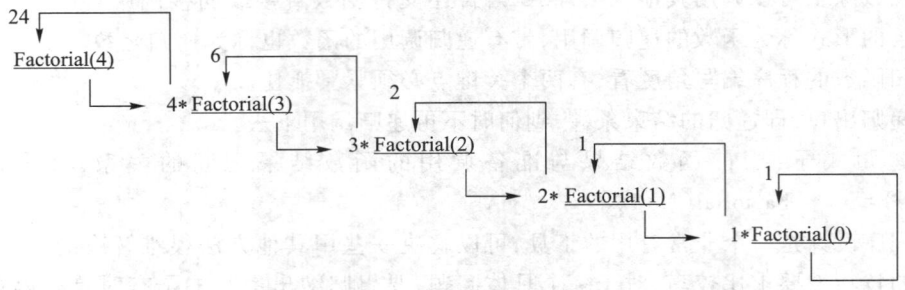

图 2.7 递归求解 4! 的过程

图 2.8(a)表示了有 n 个金片汉诺塔的初始状态,n 个金片串在第一根针上。问题要求将金片从第一根针上挪到第三根针上。

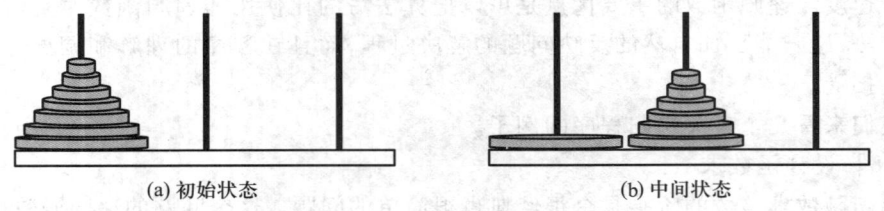

(a) 初始状态　　　　　　　　　　(b) 中间状态

图 2.8 汉诺塔问题

即使金片的片数 n 不大,如果按要求一步步挪动起来,其过程也是十分繁琐的。但从递归的角度考虑,问题将变得简单。我们先不要考虑小金片如何移动,而是看最下面的金片要完成从第一根针(起始位置)到第三根针(目标位置)的移动所必须满足的状态。此时,一定会移成图 2.8(b)所示的情况,即起始位置上只剩一个最大的金片,其余 $n-1$ 个移到第二根针(过渡位置)上,目标位置没有任何金片。这样,n 个金片移动问题变成了,$n-1$ 个金片从起始位置移到过渡位置,然后将起始位置上剩下的一个金片移到目标位置。最大一个金片移好后,问题变成了 $n-1$ 个金片如何从第二个针(被看作新的起始针)移到目标位置的问题了。依次类推,直到完成整个移动为止。

根据上述分析,我们可以用递归方法来求解汉诺塔问题,也就是将 n 个金片的移动问题转换为 2 个 $n-1$ 个金片的移动问题。首先需要考虑的是函数参数的设计。当然,金片个数肯定是一个参数;金片移动涉及到起始位置和目标位置,所以这些位置也应该是参数。另外,在将 n 个金片的移动问题转换为 $n-1$ 个金片的移动问题时还需要一个过渡针,所以过渡针也需要作为参数。这三类针我们可以用整数 1、2、3 来表示。因此,拟设计的递归函数 Move 应该由四个整型变量作为参数,即:

```
void Move(int n,int start,int goal,int temp)
```

其中,n 代表金片个数,start、goal 和 temp 分别代表当前的起始针、目标针和过渡针。这样,汉诺塔问题实际上就是求解:

Move(64,1,3,2);/* 将 64 个金片从 1 号针移到 3 号针,2 号针为过渡针 */

按上述递归分析过程,这个问题可以转变为:

Move(63,1,2,3);/* 将 63 个金片从 1 号针移到 2 号针,将 3 号针为过渡针 */
printf("Move disk 64 from tower 1 to tower 3. \n");
Move(63,2,3,1);/* 将 63 个金片从 2 号针移到 3 号针,1 号针为过渡针 */

此时,问题已变成比原始问题少一个金片的汉诺塔移动问题了。照此递归地求解下去,当 $n=0$ 时,就不需要再递归了。代码 2.11 给出了递归求解汉诺塔问题的函数。

```
void Move(int n,  int start,  int goal,  int temp)
{
    if(n >= 1){
        Move(n-1,  start,  temp,  goal);
        printf("Move disk %d from %d to %d.\n",  n,  start,  goal);
        Move(n-1,  temp,  goal,  start);
    }
    /* else 当 n==0 时不需要做任何事 */
}
```

代码 2.11 汉诺塔问题的递归函数

为了加深对递归的理解,我们跟踪一下 $n=3$ 时,函数的执行过程。

设金属片数为 3,在主程序中用语句 Move(3,1,3,2)调用递归函数,程序的执行过程可用图 2.9 所示的递归树表示。在图 2.9 中,函数 Move 用一个黑盒子表示,我们称之为树的结点,第一次进入 Move 函数的点称为树的根结点,在函数内部再次调用进入 Move 的点称为子结点,反过来引起子结点调用的函数点是父结点,它们之间边表示这种父子(或调用和被调用)关系。可以看出,除了根结点外,每个结点都有父结点。

每次递归调用进入一个黑盒子表示的结点,在结点内执行程序可能的行为为:

(1) 当 $n>1$ 时,执行函数中的第一个递归调用语句,递归层次加深。图 2.9 中用有向实线表示进入其子结点,并在相应的边的右侧用函数调用形式 Move(a,b,c,d)标识出参数的具体值。

(2) 当 $n=1$ 时,程序不执行任何语句,递归返回上一层。图 2.9 中用有向虚线表示进入其父结点。

(3) 每当递归返回,紧接着执行 printf 语句输出一次移动金片结果。图 2.9 中用输出图形符号 ▭ 列出输出结果,并在其旁边用带圈的数字标识出输出的顺序。

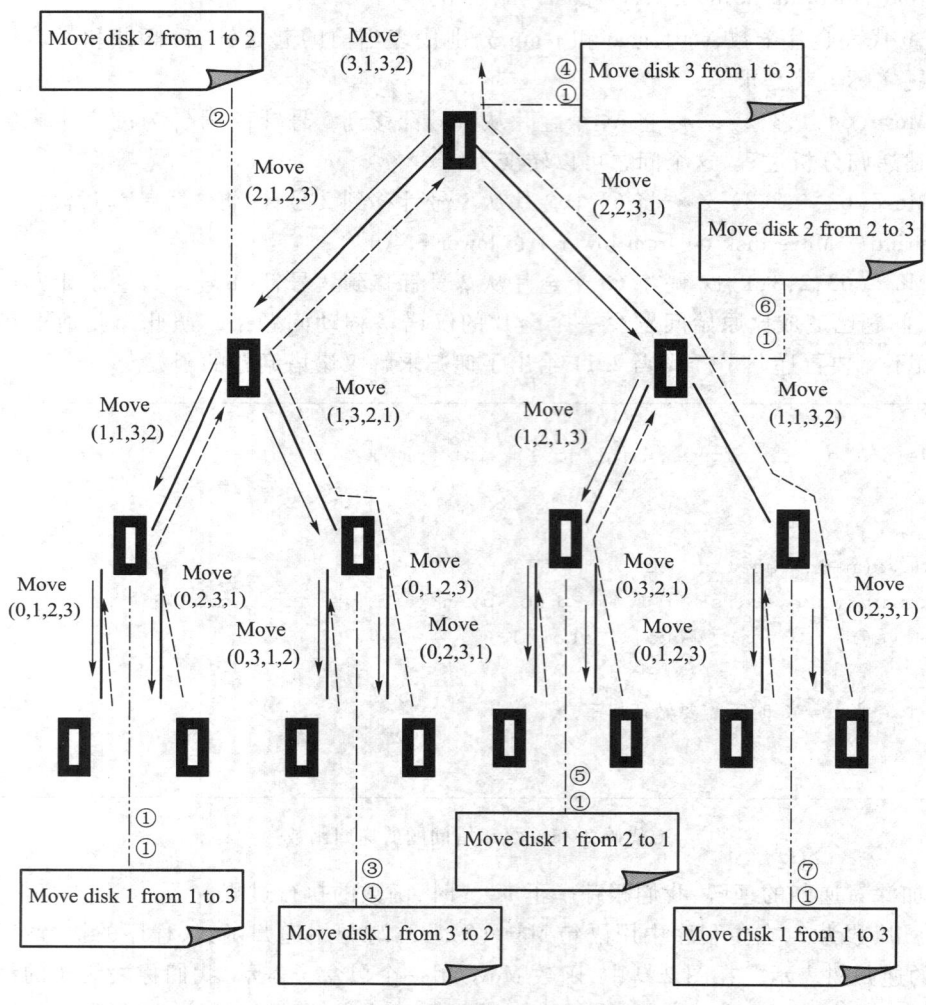

图 2.9 Move(3,1,3,2)的递归树

[例 2.10] 用递归方法求集合的中位数。

在本章开头的基本统计问题中,有一个操作是求集合的中位数。这个问题可以建立在求集合第 K 大元素问题上,也就是当 K 等于集合大小一半时,第 K 大元素就是中位数。

在 2.1 节中我们也给出求集合 S 中第 K 大数的基本算法思路,也就是:选取 S 中的第一个元素 e,根据 e 将集合 S 分解为{e}和大于等于 e 的元素集合 S_1、小于 e 的元素集合 S_2;然后通过判别集合 S_1 的大小,将从 S 集合中找第 K 大数问题转换为在 S_1 或 S_2 中的查找问题。由于 S_1 或 S_2 的集合规模都比 S 小,这样就将复杂问题转换为规模相对小的问题,这也是递归函数设计的基础。

在我们确定好用递归方法解决上述问题时，还需要解决以下两个关键问题：

（1）如何根据元素 e 将集合 S 分解为 S_1 和 S_2 两个集合？一种简单的方法是，应用一个临时数组，对集合 S（也存放在数组中）的元素进行遍历，如果当前元素比 e 大（或值相等，但不是 e），则放到临时数组的一头，否则放到临时数组的另一头。这种方法思路比较简单且分解集合的时间复杂性是 $O(n)$，但需要一个额外的数组空间。而代码 2.12 给出了一种保持时间复杂性是 $O(n)$ 且不需要额外数组空间的集合分解方法：先从数组左边扫描，如果发现比 e 小的元素则暂停；再从数组右边扫描，遇到大于等于 e 的元素则暂停。此时左右两个暂停点的元素是错位的，把它们交换一下。然后从左右暂停点开始重复上述步骤，直到左右扫描在中间某处相会。此时相会的位置就是基准 e 把两个集合分开的位置，把 e 换到这个位置上，S_1 中的元素就被放在 e 的左边，S_2 中的元素就被放在 e 的右边。

（2）如何设计递归函数的参数？如果我们用数组 S 来存储集合，当然 S 需要作为参数，K 也是个参数；在递归过程中，我们将集合 S 分解为 S_1 和 S_2 两个集合，而这两个集合也是存放在数组 S 中，所以我们需要用集合 S 在数组中的左右边界来表示当前处理的集合。

代码 2.12 给出了求第 K 大数的递归函数。

```c
void Swap(ElementType *X, ElementType *Y)
{ /* 交换 X 和 Y 两个元素 */
    ElementType tmp;
    tmp = *X;  *X = *Y;  *Y = tmp;
}

ElementType FindKthLargest(ElementType S[], int K, int Left, int Right)
{ /* 在 S[Left]...S[Right] 中找第 K 大元素 */
    ElementType e = S[Left];   /* 简单取首元素为基准 */
    int L = Left,  R = Right;

    while(1){ /* 将序列中比基准大的移到基准左边，小的移到右边 */
        while((Left<=Right)&&(e <=S[Left]))  Left++;
        while((Left<Right)&&(e > S[Right]))  Right--;
        if(Left < Right)
            Swap(&S[Left], &S[Right]);
        else  break;
    }
    Swap(&S[Left-1], &S[L]);  /* 将基准换到两集合之间 */
    if((Left-L-1)>=K)/*(Left-L-1)代表了集合 S1 的大小 */
        return FindKthLargest(S, K, L, Left-2);  /* 在集合 S1 中找 */
    else if((Left-L-1)< K-1)/* 在集合 S2 中找 */
```

```
            return FindKthLargest(S, K-(Left-L-1)-1, Left, R);
    else
        return e;/* 找到,返回 */
}
```

代码 2.12 求第 K 大数的递归函数

求集合 S 的中位数就可以简单调用代码 2.12 中的函数实现,如代码 2.13 所示。

```
ElementType Median(ElementType S[], int N)
{
    return FindKthLargest(S, (N+1)/2, 0, N-1);
}
```

代码 2.13 通过调用第 K 大数的函数求中位数

本 章 小 结

  本章回顾了作为本课程重要基础的 C 语言程序设计的一些重点内容,包括数据存储、流程控制、函数及递归等方面的基础知识。

  C 语言除提供标准数据类型外,还提供了数组、结构、指针等构造复杂数据类型的方法。数组是同类数据在存储空间上的连续有序组织,是实现数据结构的重要存储手段。结构可以将不同类型的数据组织在一起形成一个整体。结构与指针的结合是构成链表的基础。链表不仅在存储有序序列方面具有动态、灵活的特点,而且也是实现更复杂数据结构(比如树、图)的重要方法。

  程序设计语言的流程控制是算法实现的基本依赖。按照结构化程序设计的观点,任何程序都可以将模块通过顺序、分支和循环这三种基本的控制结构组合来实现。一般程序设计语言都提供了表达分支控制和循环控制的手段。程序设计语言还提供了描述程序独立模块的方法,即函数。函数通过一系列语句的组合来完成某种特定的功能,并可以被一个或多个函数(包括自己)多次调用。其中,自己直接或者间接调用自己的函数称为递归函数。递归是一项非常重要的编程技巧,将在数据结构的后继内容中大量出现。递归函数设计时需要注意:递归的出口、每次调用应该是更接近于解。另外,每次递归时,递归函数会占用一些资源(如系统内存、系统堆栈空间)。当递归函数退出时,这些资源才会被释放。所以,当函数的递归层次过多时,就有可能会用尽所有可用的资源。

  通过本章学习,重点是要深入掌握链表和递归方面的内容,从而为后继内容的学习打下基础。

习 题

  2.1 请编写程序模拟简单运算器的工作。假设计算器只能进行加减乘除运算,运算数和结果都是整数,4

种运算符的优先级相同,按从左到右的顺序计算。

2.2 请编写程序将一个大小为 n 的整数数组循环左移 m 位。如:1,2,3,4,5,6,7,8 循环左移三位后结果是:4,5,6,7,8,1,2,3。

2.3 请编写程序,输入整数 n 和 a,输出 $S=a+aa+aaa+\cdots+aa\cdots a(n 个 a)$的结果。

2.4 请编写函数在递增的整数序列链表中插入一个新整数,并保持该序列的有序性。

2.5 请编写函数将两个链表表示的递增整数序列合并为一个递增的整数序列。请直接使用原序列中的结点。

2.6 请编写一个递归函数计算下列式子:
$$f(x,n) = x - x^2 + x^3 - x^4 + \cdots + (-1)^{n-1}x^n, (n>0)$$

2.7 设有一个球从高度为 h 米的地方落下,碰到地面后又弹到高度为原来 0.9 倍的位置,然后又落下,再弹起,再落下……请编写递归和非递归函数,求初始高度为 h 的球下落后到基本停下来(高度小于 10^{-6} 米)时在空中所经过的路程总和。

2.8 请编写递归函数,输出 $1,2,3,\cdots,n$ 的全排列(n 小于 10),并观察 n 逐步增大时程序的运行时间。

2.9 请思考一下,是否可以设计一个递归过程,实现对 n 个整数的排序。可以考虑两种不同的递归过程:(1)将 n 个整数的排序问题转换为对 $n-1$ 个整数排序问题的递归;(2)将 n 个整数的排序问题转换为对两个 $n/2$ 个整数排序问题的递归。

第 3 章
线性结构

3.1 引子

在数据的逻辑结构中,有种常见而且简单的结构是**线性结构**,即数据元素之间构成一个有序的序列。下面我们先看一个例子。

[**例 3.1**] 一元多项式及其运算。

一元多项式的标准表达式可以写为: $f(x) = a_0 + a_1 x + \cdots + a_{n-1} x^{n-1} + a_n x^n$。与一元多项式相关的主要运算是:多项式相加、相减、相乘等。如何在计算机中表示一元多项式并实现相关的运算?

[**分析**] 首先,我们考虑一下如何表示多项式的问题。可以看出,决定一个多项式的关键数据是:多项式项数 n、每一项的系数 a_i(当然也涉及相应指数 i)。如果能直接或间接地保存这些数据,那就意味着在计算机里保存了一个一元多项式。我们来讨论 3 种不同的方法。

方法 1:采用顺序存储结构直接表示一元多项式。

用一个数组 a 存储多项式的相关数据:数组分量 $a[i]$ 表示项 x^i 的系数 a_i,即用数组分量下标对应相应项的指数,而数组分量值就是系数。数组中非零的分量个数就等于多项式的项数。

例如,$4x^5 - 3x^2 + 1$ 可以用图 3.1 中的数组表示。

下标 i	0	1	2	3	4	5	…
$a[i]$	1	0	-3	0	0	4	…

图 3.1 多项式的数组直接表示法

这种表示方法,在一般情况下对实施多项式运算还是比较方便的。比如,要实现两个多项式相加,只要把两个数组对应分量项相加就可以了,显然程序很容易编写。但它存在着重大的问题,即在多项式比较稀疏*的情况下,时间和空间效率都会比较差。比如表示 $1 + 2x^{30000}$ 这样的多项式,就必须采用一个大小至少为 30001 的数组,而在这个数组中绝大部分数据为 0,只有两项不为 0,显然空间浪费很厉害。而要将之与多项式 $x + 3x^{2000}$ 加在一起,则必须遍历 30001+2001 个数组元素,虽然这两个多项式一共只有 4 个非零项,可见时间效率也很低。

因此,在多项式比较稀疏的情况下,最好只存储非零项的信息,其他项不用为之浪费空间。

---

* 指多项式有比较高的阶,但只有很少非零项。

于是有了第二种表示方案。

方法 2:采用顺序存储结构表示多项式的非零项。

每个非零项 $a_i x^i$ 涉及两个信息:指数 i 和系数 a_i。因此,可以将一个多项式看成是一个 (a_i,i) 二元组的集合。为了以后多项式运算方便,我们可以按照指数下降的顺序组织这个二元组。所以,可以把多项式看成是 (a_i,i) 二元组的有序序列 $\{(a_n,n),(a_{n-1},n-1),\cdots,(a_0,0)\}$。

我们可以用一个结构数组来存储以上系数非零项二元组的有序序列。数组的大小可以根据非零项的最多个数来确定,而不是根据多项式的阶数来确定。显然,这样的表示方法,对于稀疏多项式的情况能节省大量空间。但是如果多项式不是很稀疏,则空间节省的优势就没有了,甚至需要的空间更多。

图 3.2 给出了用结构数组表示两个给定多项式 $P_1(x) = 9x^{12}+15x^8+3x^2$ 和 $P_2(x) = 26x^{19}-4x^8-13x^6+82$ 的例子。

数组下标 i	0	1	2	…
系数	9	15	3	-
指数	12	8	2	-

(a) $P_1(x)=9x^{12}+15x^8+3x^2$

数组下标 i	0	1	2	3	…
系数	26	-4	-13	82	-
指数	19	8	6	0	-

(b) $P_2(x)=26x^{19}-4x^8-13x^6+82$

图 3.2 多项式非零项的结构数组表示

当多项式的存储采用方法 2 时,相应的运算实现(如多项式相加)显然就比方法 1 更加复杂一些。

例如,实现两个多项式相加,可采用以下策略:分别从头开始查看两个多项式中的每一项,如果当前两项的指数不一样,那就将指数大的那一项"拷贝"到结果多项式中;如果它们的指数一样而且对应系数和不为 0,那么就在结果多项式中增加一个系数为它们之和的新项。

对于图 3.2 中的例子,这两个多项式的相加过程基本是这样:
(1) 比较 (9,12) 和 (26,19),将 (26,19) 移到结果多项式;
(2) 继续比较 (9,12) 和 (-4,8),将 (9,12) 移到结果多项式;
(3) 比较 (15,8) 和 (-4,8),15+(-4)= 11,不为 0,将新的一项 (11,8) 增加到结果多项式;
(4) 比较 (3,2) 和 (-13,6),将 (-13,6) 移到结果多项式;
(5) 比较 (3,2) 和 (82,0),将 (3,2) 移到结果多项式;
(6) 将 (82,0) 直接移到结果多项式。最后得到的结果多项式是:((26,19),(9,12),(11,8),(-13,6),(3,2),(82,0)),即多项式:

$$P_2(x) = 26x^{19} + 9x^{12} + 11x^8 - 13x^6 + 3x^2 + 82$$

用数组表示的一个问题是灵活性不够。由于事先无法知道多项式可能的非零项数,因此我们只能根据可能的最大值事先确定数组大小;如果实际非零项数比较小时,空间的浪费同样严重。更进一步的解决方法是利用链表存储一维的有序序列,相比于数组表示,更具有灵活性。

方法 3：采用链表结构来存储多项式的非零项。

用链表表示多项式时，每个链表结点存储多项式中的一个非零项，包括系数和指数两个数据域以及一个指针域，其结点结构可以表示为：

| Coef | Expon | Next |

对应的数据结构定义为：

```
typedef struct PolyNode * PtrToPolyNode;
struct PolyNode {
    int Coef;
    int Expon;
    PtrToPolyNode Next;
};
typedef PtrToPolyNode Polynomial;
```

例如，前面提到的两个多项式 $P_1(x) = 9x^{12} + 15x^8 + 3x^2$ 和 $P_2(x) = 26x^{19} - 4x^8 - 13x^6 + 82$ 的链表存储形式如图 3.3 所示。

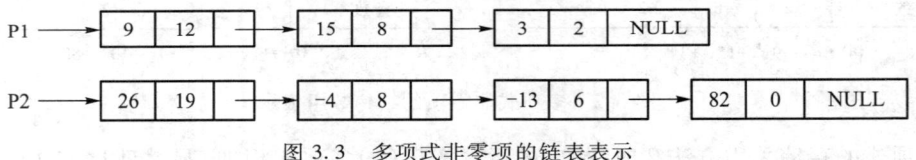

图 3.3　多项式非零项的链表表示

如果要实现链表表示的两个多项式相加，采用的方法与结构数组表示的方法非常相似，具体实现见本章最后一节。

从前面例子中，读者应该能感受到，数据结构的操作与数据结构的存储方式是密切相关的。不同的数据存储方式，相应的操作实现方法是不一样的。比如，如果用数组直接存储，那么多项式的加法运算通过简单的数组相加就可以实现，而如果采用链表来记录非零项，那么多项式的相加运算就要复杂得多。这两种方式比较起来，在多项式非零项相对较少的情况下，前者实现简单，但时间和存储空间浪费大；后者实现起来复杂，但时间和空间效率较高。所以，数据结构的设计往往需要在算法可理解性与时间、空间效率之间做出折中，针对具体问题选择合适的数据结构及设计相应的算法。

[例 3.2] 前面我们分析了一元多项式的表示，更进一步地，二元多项式该如何表示？比如，给定二元多项式：$9x^{12}y^2 + 4x^{12} + 15x^8y^3 - x^8y + 3x^2$。

[分析] 可以拓展一元多项式的表示方法来表示二元多项式，即我们可以把二元多项式按照一元多项式方法来组织。比如，可以将上述二元多项式看成关于 x 的一元多项式：$(9y^2 + 4)x^{12} + (15y^3 - y)x^8 + 3x^2$。其中，一元多项式中的常量系数在这里就成了关于 y 的一元多项式。同样，我们可以采用链表结点表示多项式的各个非零项，原来结点中的表示系数的域就成了指向关于 y 的一元多项式链表的指针域。所以，上述二元多项式可以用链表表示如图 3.4 所示。

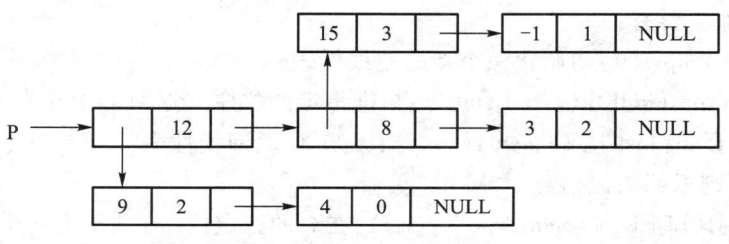

图 3.4 二元多项式非零项的链表表示

上述二元多项式是按照 x 的指数组织的一个有序序列。在该序列中,既包含纯粹的"(系数,指数)"项,也有包含一元多项式(当然也是个有序序列)的项。类似这种可能包含子序列的有序序列就是一种广义表,本章第 2 节中将有进一步介绍。

在前面关于多项式的例子中,我们将多项式问题抽象为由系数和指数所构成的二元组有序序列的存储与操作问题。有序序列的存储与操作问题,是一类比较有共性的问题,如:银行等候队列的管理、班级学生的管理、计算机中空闲内存的管理等。

我们可以研究更一般的有序的对象序列的组织与管理方法,其基本操作包括:插入元素、删除元素等,这类问题就是我们本章要研究的线性表,也是一类典型的数据结构。

本章将介绍线性表的抽象定义,并分别讨论基于顺序存储和链式存储的线性表的实现方法。同时将介绍两种典型且应用广泛的线性表:堆栈和队列。线性表的基本操作是插入和删除,堆栈是插入和删除操作只发生在同一端的线性表,而队列的插入和删除操作则分别发生在有序序列的两端,即一端只做插入,另一端只做删除。

3.2 线性表的定义与实现

3.2.1 线性表的定义

线性表(Linear List)是由同一类型的数据元素构成的有序序列的线性结构。线性表中元素的个数称为线性表的长度;当一个线性表中没有元素(长度为 0)时,称为空表;表的起始位置称表头,表的结束位置称表尾。

线性表的抽象数据类型描述为:

类型名称:线性表(List)

数据对象集:线性表是 $n(n \geq 0)$ 个元素构成的有序序列 $(a_1, a_2, \cdots, a_n)$,其中 a_1 是表的第一个元素(表头),a_n 是表的最后一个元素(表尾);a_{i+1} 称为 a_i 的直接后继,a_{i-1} 为 a_i 的直接前驱;直接前驱和直接后继反映了元素之间一对一的邻接逻辑关系。

操作集:对于一个具体的线性表 $L \in List$,一个表示位序的整数 i,一个元素 $X \in ElementType$,

线性表的基本操作主要有：

（1）List MakeEmpty( )：初始化一个新的空线性表；

（2）ElementType FindKth(List L, int i)：根据指定的位序 i，返回 L 中相应元素 a_i；

（3）Position Find(List L, ElementType X)：已知 X，返回线性表 L 中与 X 相同的第一个元素的位置；若不存在则返回错误信息；

（4）bool Insert(List L, ElementType X, int i)：在 L 的指定位序 i 前插入一个新元素 X；成功则返回 true，否则返回 false；

（5）bool Delete(List L, int i)：从 L 中删除指定位序 i 的元素；成功则返回 true，否则返回 false；

（6）int Length(List L)：返回线性表 L 的长度。

3.2.2 线性表的顺序存储实现

线性表的顺序存储是指在内存中用地址连续的一块存储空间顺序存放线性表的各元素。在程序设计语言中，一维数组在内存中占用的存储空间就是一组连续的存储区域，因此，用一维数组来表示顺序存储的数据区域是再合适不过的。

考虑到线性表的运算有插入、删除等，即表的长度是动态可变的，因此，数组的容量需设计得足够大。假设用 Data[MAXSIZE]来表示，其中 MAXSIZE 是一个根据实际问题定义的足够大的整数，线性表中的数据从 Data[0] 开始依次顺序存放。由于当前线性表中的实际元素个数可能未达到 MAXSIZE 多个，因此需用一个变量 Last 记录当前线性表中最后一个元素在数组中的位置，即 Last 起一个指针（实际是数组下标）的作用，始终指向线性表中最后一个元素。表空时 Last=−1。

这样表示的顺序表如图 3.5 所示。当前表长为 Last+1，数据元素 $a_1, a_2, \cdots, a_n$ 分别存放在 Data[0] 到 Data[Last] 中。

i	0	1	...	i−1	i	...	n−1	...	MAXSIZE−1
Data	a_1	a_2	...	a_i	a_{i+1}	...	a_n	...	

Last

图 3.5 线性表的顺序存储示意

为了体现数据组织的整体性，通常将数组 Data 和变量 Last 封装成一个结构作为顺序表的类型：

```
typedef int Position;
/*这里的位置就是数组的整型下标，从 0 开始。前面提到的位序是指第几个，从 1 开始*/
typedef struct LNode * PtrToLNode;
struct LNode {
    ElementType Data[MAXSIZE];
    Position Last;
};
```

typedef PtrToLNode List;

由于 LNode 是一个包含数组的结构,当我们实现各种针对顺序表的操作时,直接将该结构作为函数参数传递显然不是个好方法,使用结构指针传递效率更高,所以我们把 List 定义为结构指针。这样,我们可以利用 List 定义线性表 L:

List L;

通过 L 我们可以访问相应线性表的内容。比如下标为 i 的元素可以通过 L->Data[i] 访问,线性表的长度可以通过 L->Last+1 得到。

下面将介绍在上述存储方式基础上相应主要操作的实现。

1. 初始化

顺序表的初始化即构造一个空表。首先动态分配表结构所需要的存储空间,然后将表中 Last 指针置为 −1,表示表中没有数据元素。具体实现如代码 3.1 所示。

```
List MakeEmpty()
{   List L;
    L=(List)malloc(sizeof(struct LNode));
    L->Last = -1;
    return L;
}
```

代码 3.1 顺序表的初始化

2. 查找

顺序存储的线性表中,查找主要是指在线性表中查找与给定值 X 相等的数据元素。由于线性表的元素都存储在数组 Data 中,所以这个查找过程实际上就是在数组里的顺序查找:从第一个元素 a_1 起依次和 X 比较,直到找到一个与 X 相等的数据元素,返回它在顺序表中的存储下标;或者查遍整个表都没有找到与 X 相等的元素,则返回错误信息 ERROR。顺序表的查找如代码 3.2 所示。

```
#define ERROR -1  /*将错误信息 ERROR 的值定义为任一负数都可以 */

Position Find(List L, ElementType X)
{   Position i=0;
    while(i <=L->Last && L->Data[i]!=X)
        i++;
    if(i > L->Last)  return ERROR;  /*如果没找到,返回错误信息 */
    else   return i;  /*找到后返回的是存储位置 */
}
```

代码 3.2 顺序表的查找

在 Find 函数中的主要运算是比较。显然比较的次数与 X 在表中的位置有关,也与表长有关。当 a_1 恰好等于 X 时,比较一次成功;当 a_n 等于 X 时比较 n 次成功。查找成功的平均比较次数为 $(1+2+\cdots+n)/n = (n+1)/2$,即平均时间复杂度为 $O(n)$。

3. 插入

顺序表的插入是指在表的第 $i(1 \leqslant i \leqslant n+1)$ 个位序上插入一个值为 X 的新元素(也可以理解为在第 i 个元素之前插入新元素),插入后使原长度为 n 的数组元素系列 $(a_1, a_2, \cdots, a_{i-1}, a_i, a_{i+1}, \cdots, a_n)$ 成为长度为 n+1 的序列 $(a_1, a_2, \cdots, a_{i-1}, X, a_i, a_{i+1}, \cdots, a_n)$。当插入位序 i 为 1 时,代表插入到序列最前端;为 n+1 时,代表插入到序列最后。

顺序表的插入如代码 3.3 所示,完成这一运算是通过以下步骤进行的:

(1) 将 $a_i \sim a_n$ 顺序向后移动(移动次序是从 a_n 到 a_i),为新元素让出位置;

(2) 将 X 置入空出的第 i 个位序;

(3) 修改 Last 指针(相当于修改表长),使之仍指向最后一个元素。

```
bool Insert(List L, ElementType X, int i)
{ /*在 L 的指定位序 i 前插入一个新元素 X;位序 i 元素的数组位置下标是 i-1*/
    Position j;

    if(L->Last==MAXSIZE-1) {
        /*表空间已满, 不能插入*/
        printf("表满");
        return false;
    }
    if(i<1 || i>L->Last+2) {
        /*检查插入位序的合法性:是否在 1~n+1。n 为当前元素个数,即 Last+1 */
        printf("位序不合法");
        return false;
    }
    for(j=L->Last;  j>=i-1;  j--) /*Last 指向序列最后元素 a_n */
        L->Data[j+1]=L->Data[j];   /*将位序 i 及以后的元素顺序向后移动*/
    L->Data[i-1]=X;   /*新元素插入第 i 位序,其数组下标为 i-1*/
    L->Last++;         /*Last 仍指向最后元素*/
    return true;
}
```

代码 3.3 顺序表的插入

本函数中注意以下问题:

(1) 顺序表中数据区域有 MAXSIZE 个存储单元,所以在向顺序表中做插入时先检查表空间是否满了,在表满的情况下不能再做插入,否则产生溢出错误。

(2) 要检验插入位序的合法性,这里 i 是指元素序号而非数组中的下标,有效范围是 $1 \leq i \leq n+1$,其中 n 为原表长。所以,代码 3.3 中 i 检查的是 1 到 L->Last+2 这个范围(L->Last 值是 $n-1$),当 i 为 $n+1$ 时代表插入到现有表的表尾。

(3) 注意数据的移动次序和方向。

顺序表上的插入运算,时间主要消耗在数据的移动上。在第 i 个位序上插入 X,从 a_i 到 a_n 都要向后移动一个位置,共需移动 $n-i+1$ 个元素,而 i 的取值范围为 $1 \leq i \leq n+1$,即有 $n+1$ 个位置可插入。设在第 i 个位置上做插入的概率为 p_i,则平均移动数据元素的次数为 $\sum_{i=1}^{n+1} p_i(n-i+1)$。

在等概率情况下,即 $p_i = 1/(n+1)$ 时,平均移动次数则为 $\sum_{i=1}^{n+1} p_i(n-i+1) = \frac{1}{n+1} \sum_{i=1}^{n+1}(n-i+1) = \frac{n}{2}$。

这说明:在顺序表上做插入操作平均需移动表中一半的数据元素,显然时间复杂度为 $O(n)$。

4. 删除

顺序表的删除运算是指将表中位序为 $i(1 \leq i \leq n)$ 的元素从线性表中去掉,删除后使原长度为 n 的数组元素序列 $(a_1, a_2, \cdots, a_{i-1}, a_i, a_{i+1}, \cdots, a_n)$ 成为长度为 $n-1$ 的序列 $(a_1, a_2, \cdots, a_{i-1}, a_{i+1}, \cdots, a_n)$。

顺序表的删除如代码 3.4 所示,完成这一运算的步骤如下:

(1) 将 $a_{i+1} \sim a_n$ 顺序向前移动,a_i 元素被 a_{i+1} 覆盖;

(2) 修改 Last 指针(相当于修改表长)使之仍指向最后一个元素。

```
bool Delete(List L, int i)
{ /*从 L 中删除指定位序 i 的元素,该元素数组下标为 i-1*/
    Position j;

    if(i<1 || i>L->Last+1) {/*检查空表及删除位序的合法性*/
        printf("位序%d不存在元素", i);
        return false;
    }
    for(j=i; j<=L->Last; j++)
        L->Data[j-1]=L->Data[j];  /*将位序 i+1 及以后的元素顺序向前移动*/
    L->Last--;  /*Last 仍指向最后元素*/
    return true;
}
```

代码 3.4 顺序表的删除

本函数中注意以下问题:

(1) 删除位序为 i 的元素,i 的取值必须为 $1 \leq i \leq n$,否则该元素不存在,因此,要检查删除位置的合法性。代码 3.4 中的 i 检查的是 1 到 L->Last+1 这个范围的值。

(2) 当表空时不能做删除,因表空时 L->Last 的值为 -1,条件 (i<1 || i>L->Last+1) 也包括了对表空的检查。

(3) 删除 a_i 之后,该数据已不存在。如果需要用,可先取出 a_i,再做删除。

与插入运算相同,其时间主要消耗在了移动表中元素上,删除位序为 i 的元素时,其后面的元素 $a_{i+1} \sim a_n$ 都要向前移动一个位置,共移动了 $n-i$ 个元素,所以平均移动数据元素的次数为 $\sum_{i=1}^{n} p_i(n-i)$。在等概率情况下,即 $p_i = 1/n$ 时,平均移动次数则为 $\sum_{i=1}^{n} p_i(n-i) = \frac{1}{n}\sum_{i=1}^{n}(n-i) = \frac{n-1}{2}$。

这说明顺序表上作删除运算时平均需要移动表中一半的元素,显然该算法的时间复杂度为 $O(n)$。

3.2.3 线性表的链式存储实现

由于顺序表的存储特点是用物理上的相邻实现了逻辑上的相邻,它要求用连续的存储单元顺序存储线性表中各元素,因此,对顺序表插入、删除时需要通过移动数据元素来实现,影响了运行效率。本节介绍线性表链式存储结构,它不需要用地址连续的存储单元来实现,因为它不要求逻辑上相邻的两个数据元素物理上也相邻,它是通过"链"建立起数据元素之间的逻辑关系,因此对线性表的插入、删除不需要移动数据元素,只需要修改"链"。

用链表结构可以克服数组表示线性表的缺陷。图 3.6 为单向链表的图示表示形式,它有 n 个数据单元,每个数据单元由数据域和链接域两部分组成。数据域用来存放数值,图中用 $a_1, a_2, \cdots, a_n$ 表示。链接域是线性表数据单元的结构指针,用一带箭头的线段表示,线性表的顺序是用各结点上指针构成的指针链实现的。

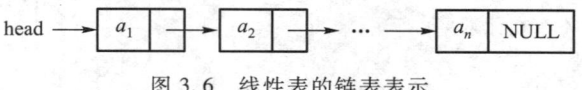

图 3.6 线性表的链表表示

为了访问链表,必须先找到链表的第一个数据单元,因此实际应用中常用一个称为"表头(Header)"的指针指向链表的第一个单元,并用它表示一个具体的链表。

在第 2 章中我们已经定义过单链表的结构,线性表的链式存储其实就是单链表结构,这里为了跟顺序存储结构的接口样式保持一致,我们重新将结点的结构定义如下:

```
typedef struct LNode * PtrToLNode;
struct LNode {
```

　　　　ElementType Data;
　　　　PtrToLNode Next;
　　};
　　typedef PtrToLNode Position;/* 这里的位置是结点的地址 */
　　typedef PtrToLNode List;
同样也可以用 List 定义具体的表头结点指针,该指针就代表了一个链式表:
　　　　List L;
注意到,无论是用顺序存储还是链式存储,我们都用一致的接口(例如都命名为 LNode、List、Position 等)定义线性表,因为这两种具体的存储方式都是对同一个抽象概念的实现。

1. 求表长

在顺序存储表示的线性表中求表长是容易的事,直接返回 Last+1 值就可以了。但在链式存储表示中,需要将链表从头到尾遍历一遍:设一个移动指针 p 和计数器 cnt,初始化后,p 从表的第一个结点开始逐步往后移,同时计数器 cnt 加 1。当后面不再有结点时,cnt 的值就是结点个数,即表长。具体实现如代码 3.5 所示,函数的时间复杂度为 $O(n)$。

```
int Length(List L)
{   Position p;
    int cnt = 0;   /* 初始化计数器 */
    p = L;   /* p 指向表的第一个结点 */
    while(p) {
        p = p->Next;
        cnt++;   /* 当前 p 指向的是第 cnt 个结点 */
    }

    return cnt;
}
```

代码 3.5　求链式表的表长

2. 查找

在线性表抽象类型说明中,我们提到线性表的查找有两种,即按序号查找(FindKth)和按值查找(Find)两种。

(1) 按序号查找 FindKth。

对于顺序存储,按序号查找是很直接的事情,要得到第 K 个元素的值,直接取 L->Data[K-1] 就可以了。但对于链式存储则需要采用跟求表长类似的思路:从链表的第一个元素结点起,判断当前结点是否是第 K 个;若是,则返回该结点的值,否则继续后一个,直到表结束为止。如果没有第 K 个结点则返回错误信息。函数实现如代码 3.6 所示。

```
#define ERROR -1  /*一般定义为表中元素不可能取到的值*/

ElementType FindKth(List L, int K)
{ /*根据指定的位序K,返回L中相应元素*/
    Position p;
    int cnt = 1;  /*位序从1开始*/
    p = L;   /*p指向L的第1个结点*/
    while( p && cnt<K ) {
        p = p->Next;
        cnt++;
    }
    if((cnt == K) && p)
        return p->Data;   /*找到第K个*/
    else
        return ERROR;   /*否则返回错误信息*/
}
```

代码 3.6　链式表的按序号查找

（2）按值查找，即定位 Find。

按值查找的基本方法也是从头到尾遍历，直到找到为止：从链表的第一个元素结点起，判断当前结点其值是否等于 X；若是，返回该结点的位置，否则继续后一个，直到表结束为止。找不到时返回错误信息。函数实现如代码 3.7 所示。

```
#define ERROR NULL  /*用空地址表示错误*/

Position Find(List L, ElementType X)
{  Position p = L;   /*p指向L的第1个结点*/

    while(p && p->Data!=X)
        p = p->Next;

    /*下列语句可以用 return p; 替换*/
    if(p)
        return p;
    else
        return ERROR;
}
```

代码 3.7　链式表的按值查找

上述两种查找算法的时间复杂度均为 $O(n)$。

3. 插入

线性表的插入是在指定位序 $i(1 \leqslant i \leqslant n+1)$ 前插入一个新元素 X。当插入位序 i 为 1 时，代表插入到链表的头；i 为 $n+1$ 时，代表插入到链表最后。其基本思路是：如果 i 不为 1，则找到位序为 $i-1$ 的结点 pre；若存在，则申请一个新结点并在数据域填上相应值 X，然后将新结点插入到结点 pre 之后，返回结果链表；如果不存在则返回错误信息。函数实现如代码 3.8 所示。

```c
#define ERROR NULL /*用空地址表示错误*/

List Insert(List L, ElementType X, int i)
{   Position tmp, pre;

    tmp=(Position)malloc(sizeof(struct LNode));  /*申请、填装结点*/
    tmp->Data=X;
    if(i==1){/*新结点插入在表头*/
        tmp->Next=L;
        return tmp; /*返回新表头指针*/
    }
    else{
        /*查找位序为 i-1 的结点*/
        int cnt=1;  /*位序从 1 开始*/
        pre=L;      /*pre 指向 L 的第 1 个结点*/
        while(pre && cnt<i-1){
            pre=pre->Next;
            cnt++;
        }
        if(pre==NULL || cnt!=i-1){/*所找结点不在 L 中*/
          printf("插入位置参数错误\n");
          free(tmp);
          return ERROR;
        }
        else {/*找到了待插结点的前一个结点 pre*/
            /*插入新结点，并且返回表头 L*/
            tmp->Next=pre->Next;
            pre->Next=tmp;
            return L;
```

```
        }
    }
}
```

代码 3.8　链式表的插入

注意：在上述函数中表头指针 L 的值可能会发生变化——当插入发生在表头结点时，L 需要指向新的表头结点（可利用函数返回值对 L 重新赋值）；其他情况下 L 值不变。所以，在本函数中我们将 L 既作为函数参数，同时也作为函数返回值，保证新的 L 值能够被带回来。但是因为当插入操作不成功时，返回的指针为 NULL，所以我们不能直接用 "L = Insert(L, X, i)" 来调用函数，而是必须用一个临时指针接收插入函数的返回值，根据该指针的值判断应该进行什么样的处理。

但是，这样插入函数的接口就跟顺序表的插入函数（见代码 3.3）不一致了，也不符合第 3.2.1 节中线性表的定义。那么如何与定义的风格保持一致，避免将表头插入作为一种特殊情况处理呢？一种解决的方法是为链表增加一个空的"头结点"，真正的元素链接在这个空结点之后。这样做的好处是，无论在哪里插入或者删除，L 的值一直指向固定的空结点，不会改变。代码 3.9 给出了带头结点的链式表的插入函数，插入算法的时间复杂度为 $O(n)$。

```
bool Insert(List L, ElementType X, int i)
{ /*这里默认L有头结点*/
    Position tmp, pre;
    int cnt = 0;

    /*查找位序为 i-1 的结点*/
    pre = L;        /*pre 指向表头*/
    while(pre && cnt<i-1) {
        pre = pre->Next;
        cnt++;
    }
    if(pre == NULL || cnt!=i-1) {/*所找结点不在 L 中*/
        printf("插入位置参数错误\n");
        return false;
    }
    else {/*找到了待插结点的前一个结点 pre；若 i 为 1，pre 就指向表头*/
        /*插入新结点*/
        tmp = (Position)malloc(sizeof(struct LNode));  /*申请、填装结点*/
        tmp->Data = X;
        tmp->Next = pre->Next;
        pre->Next = tmp;
```

```
        return true;
    }
}
```

代码 3.9　带头结点的链式表的插入

4. 删除

在单向链表中删除指定位序 i 的元素，首先需要找到被删除结点的前一个元素，然后再删除结点并释放空间。代码 3.10 是带头结点的链式表的删除。函数的时间复杂度为 $O(n)$。

```
bool Delete(List L, int i)
{ /*这里默认 L 有头结点*/
    Position tmp, pre;
    int cnt = 0;

    /*查找位序为 i-1 的结点*/
    pre = L;    /*pre 指向表头*/
    while(pre && cnt<i-1){
        pre = pre->Next;
        cnt++;
    }
    if(pre ==NULL || cnt!=i-1 || pre->Next ==NULL){
        /*所找结点或位序为 i 的结点不在 L 中*/
        printf("删除位置参数错误\n");
        return false;
    }
    else{ /*找到了待删结点的前一个结点 pre*/
        /*将结点删除*/
        tmp = pre->Next;
        pre->Next = tmp->Next;
        free(tmp);
        return true;
    }
}
```

代码 3.10　带头结点的链式表的删除

从链式线性表的插入、删除的程序实现中可以看出：
（1）在单链表上插入、删除一个结点，必须知道其前驱结点。
（2）单链表不具有按序号随机访问的特点，只能从头指针开始一个个顺序进行。

前面我们讨论的主要是以单向链表的形式存储线性表,这样的结构可以使每个结点找到其后继结点很容易,但要找到其前驱结点,必须从链表头开始查找。如果我们需要前后查找都很容易,则可以采用双向链表表示,但它占用的空间也相对多些,因为每个结点都需要两个指针域。

3.2.4 广义表与多重链表

1. 广义表

首先我们来看一个例子,就是如何表示一个单位的人员情况。一种简单的表示方法是用一个线性表来表示,其先后顺序按照进单位的时间顺序排列:

(张三,李四,王五,钱六,孙七,……)

但如果这些人又分布在同一单位的三个不同部门,比如办公室、生产部、销售部,我们又希望表示每个人与哪些人是一个部门的,那么可以用三个有序序列的子表构成的线性表来表示:

((张三,……),(李四,孙七,……),(王五,钱六,……))

如果想突出表示这个单位的负责人是谁,可将负责人作为表的第一元素:

(丁一,(张三,……),(李四,孙七,……),(王五,钱六,……))

上述这类表就是一种广义表(Generalized List)。广义表是线性表的推广。广义表与线性表一样,也是 n 个元素组成的有序序列。其不同点在于,对于线性表而言,n 个元素都是基本的单元素;而在广义表中,这些元素不仅可以是单元素也可以是另一个广义表。广义表在人工智能、文本处理等领域有广泛的应用。例如,人工智能领域中的表处理语言 LISP 的实现就是将广义表作为基本的数据结构。广义表不仅跟线性表一样可以表达简单的线性顺序关系,而且可以表达更复杂的非线性多元关系。比如,以后我们会讲到的树,就可以用广义表的方式来表示。

广义表一般记为:GList = $(a_1, a_2, \cdots, a_{i-1}, a_i, a_{i+1}, \cdots, a_n)$,其中,$a_i$ 可以是单元素,也可以是广义表。

由于广义表中的元素可以有不同的结构(单元素或者广义表),因此不适合采用顺序存储方式表示,通常采用链式存储结构,也就是用由结点组成的链表来表示广义表,结点对应每个元素;如果该元素还是一个广义表,则通过该结点引申出另一个链表。

广义表中的结点可能有两种情况:

(1) 单元素,需要有一个域来存储该单元素的值;

(2) 广义表,需要有一个域来指向另一个链表。对于每个结点来说,上述两个域只可能需要其中的一种,所以,我们可以利用 C 语言中的共用体(Union)来实现这两个域的复用。

这样,广义表的数据结构可以定义如下:

```
typedef struct GNode * PtrToGNode;
typedef PtrToGNode GList;
struct GNode {
```

```
        int Tag;/*标志域:0 表示该结点是单元素;1 表示该结点是广义表*/
        union {
            /*子表指针域 Sublist 与单元素数据域 Data 复用,即共用存储空间*/
            ElementType Data;
            GList      Sublist;
        } URegion;
        PtrToGNode Next;/*指向后继结点*/
    };
```

图 3.7(a)表示上述结点结构,图 3.7(b)表示了前面提到的单位员工情况的链表表示方式。

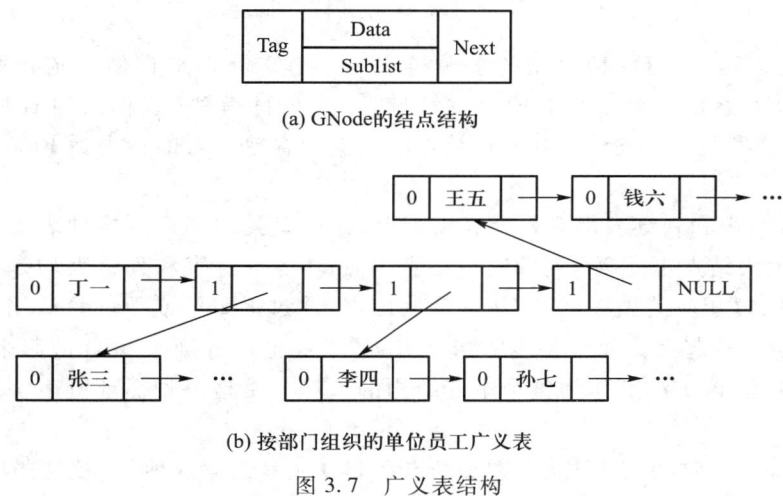

(a) GNode的结点结构

(b) 按部门组织的单位员工广义表

图 3.7　广义表结构

2. 多重链表

在图 3.7 的例子中,广义表采用链表存储的方式实现,其中代表子表的元素结点(如指向"张三",以及指向"李四"、"王五"的结点),不仅是这个广义链表中的一个结点,而且还是它所代表的子表的起点。像这种存在结点属于多个链的链表叫"多重链表"。一般来说,多重链表中每个结点的指针域会有多个,如前面的例子包含了 Next 和 Sublist 两个指针域;但包含两个指针域的链表并不一定是多重链表,比如在双向链表中每个结点都包含了向前和向后的两个指针域,但由于每个结点还是都属于同一个链表,所以双向链表尽管结点有多个指针域,但不是多重链表。

多重链表在数据结构实现中有广泛的用途,基本上如树、图这样相对复杂的数据结构都可以采用多重链表的方式实现存储。

下面,我们以稀疏矩阵的表示为例,来进一步说明多重链表的实现方式。

[例 3.3] 矩阵最直观的表示方法是用二维数组,但二维数组表示有两个缺陷:一是数组的大小需要事先确定,另一个是当矩阵包含许多 0 元素时,要存储这些"意义不大"的 0 元素,将造成大量的存储空间浪费。例如,图 3.8(a)和(b)即为两个 0 元素占多数的矩阵 A 和 B。对于 A 和 B 这样的稀疏矩阵[*]最好是只存储非 0 元素。如何用多重链表方式实现存储?

$$A = \begin{bmatrix} 18 & 0 & 0 & 2 & 0 \\ 0 & 27 & 0 & 0 & 0 \\ 0 & 0 & 0 & -4 & 0 \\ 23 & -1 & 0 & 0 & 12 \end{bmatrix} \qquad B = \begin{bmatrix} 0 & 2 & 11 & 0 & 0 & 0 \\ 3 & -4 & -1 & 0 & 0 & 0 \\ 0 & 0 & 0 & 9 & 13 & 0 \\ 0 & -2 & 0 & 0 & 10 & 7 \\ 6 & 0 & 0 & 5 & 0 & 0 \end{bmatrix}$$

(a)   (b)

图 3.8   稀疏矩阵

[分析] 我们可以采用一种典型的多重链表——十字链表来存储稀疏矩阵。链表中用于存放矩阵非 0 元素的每个结点有两个指针域,一个是行指针(或称为向右指针)Right,另一个是列指针(或称为向下指针)Down,结点的数据域存放元素的行坐标 Row、列坐标 Col 和数值 Value。

对应每个行链表和列链表都有一个表头结点,在这里我们将行列两种表头结点合并成一个,即第 i 行的表头结点也是第 i 列的表头结点 Head。各行链表和列链表均是一个带头结点的单向循环链表,以相应的表头结点 Head 为头结点,通过 Right(或 Down)域用循环链表将各行(或列)的结点连接起来。而且各表头结点 Head 本身也用链接域 Next 链起来,构成一个带头结点的循环链表,该头结点作为整个矩阵结构的入口。由这三种循环链表实现了矩阵的多重链表表示。

在稀疏矩阵的十字链表实现中,存在头结点和非 0 元素结点两种不同结构的结点。我们同样也可以考虑用 union 来融合不同类型的结点。为了区分头结点和非 0 元素结点,可以使用一个标识域 Tag,头结点的标识值为 Head,矩阵非 0 元素结点的标识值为 Term。图 3.9(a)是 union 后的结点总体结构,图 3.9(b)给出了两种结点的组成示意图。

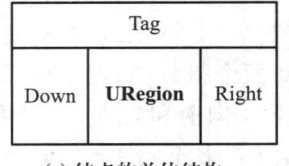
(a) 结点的总体结构

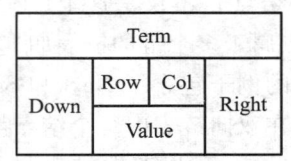
(b) 矩阵非0元素结点

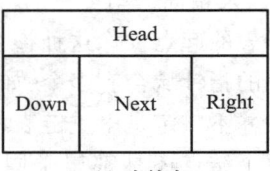
(c) 头结点

图 3.9   稀疏矩阵多重链表结点结构

---

[*] 指大部分元素为零的矩阵。

稀疏矩阵的数据结构可定义为：
　　typedef enum ｛Head,Term｝ NodeTag;

　　struct TermNode ｛/＊非零元素结点＊/
　　　　int Row,Col;
　　　　ElementType Value;
　　｝;

　　typedef struct MNode ＊ PtrToMNode;
　　struct MNode ｛/＊矩阵结点定义＊/
　　　　PtrToMNode Down,Right;
　　　　NodeTag Tag;
　　　　union ｛/＊Head 对应 Next 指针；Term 对应非零元素结点＊/
　　　　　　PtrToMNode Next;
　　　　　　struct TermNode Term;
　　　　｝URegion;
　　｝;
　　typedef PtrToMNode Matrix;/＊稀疏矩阵类型定义＊/
　　Matrix　HeadNode［MAXSIZE］;
　　/＊MAXSIZE 是矩阵最大规模，即行数、列数的最大值/
　　/＊HeadNode 是为了能快速指向各行或列链表头结点的指针数组＊/

上述定义中用结点标识 Tag 和一个共用体 URegion 将两种结点统一在一起定义。对于某一个具体结点，当它是头结点时，其结点标识域 Tag 赋值为 Head，相应的共用体 URegion 为结点指针 Next；否则是一个非 0 元素结点，结点标识域赋值为 Term，相应的共用体 URegion 取元素项 Term。

图 3.10 为图 3.8(a)中矩阵 **A** 的多重链表表示形式。头结点 Head 的个数为矩阵行列数的较大者，这里为 5。需要一提的是，头结点链表的头结点（图 3.10 中 **A** 所指结点），它指向并代表了一个具体的稀疏矩阵，而且它的结构与非 0 元素结点是一样的，但它的 Row、Col 和 Value 域的值分别为矩阵的行数、列数和非 0 元素总个数。

为了表示清晰起见，图 3.10 中画出了两组头结点，用水平排列的头结点表示列链表，它们的 Down 域指向每个列链表的第一个元素结点；而垂直排列的头结点表示行链表，它们的 Right 域指向每个行链表的第一个元素结点。其实，水平和垂直的两组头结点是同一组头结点，它们的 Down 域和 Right 域分别链接列链表和行链表，Next 域则链接头结点本身。

微视频 3-1
稀疏矩阵的多重链表表示

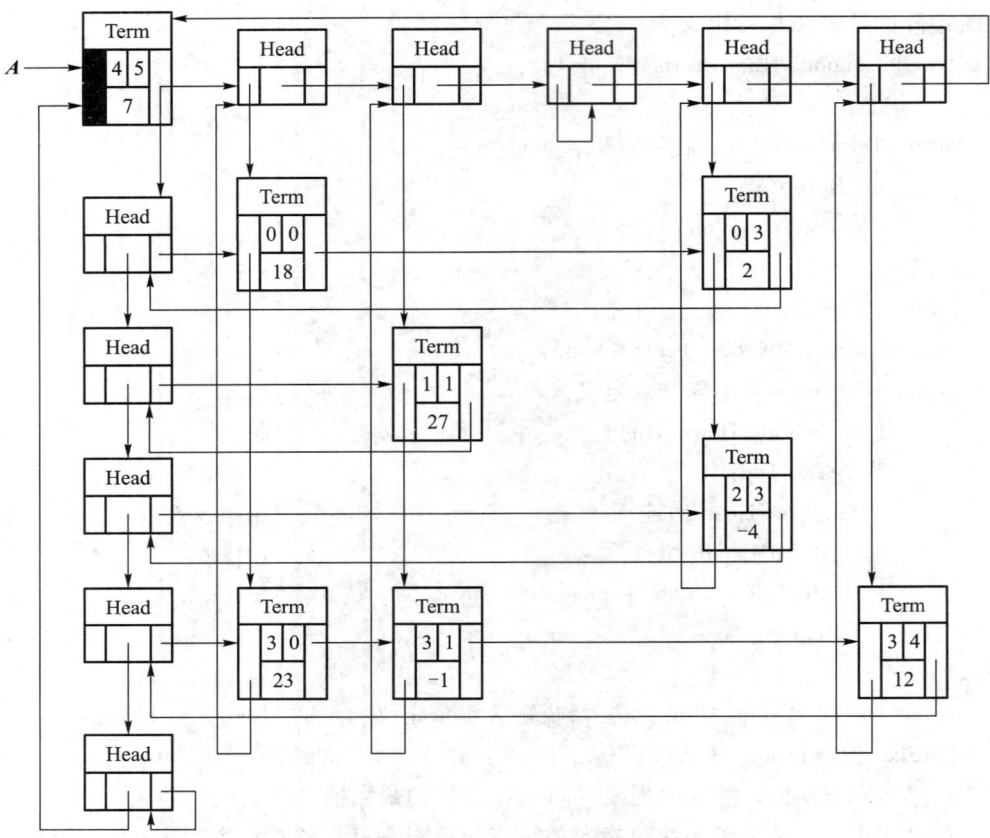

图 3.10　图 3.8(a)中矩阵 A 的多重链表(十字链表)表示

3.3　堆栈

3.3.1　堆栈的定义

表达式求值是程序设计语言编译中的一个基本问题,即编译程序要将源程序中描述的表达式转换为正确的机器指令序列或直接求出常量表达式的值。要实现表达式求值,首先需要正确理解一个表达式,主要是运算的先后顺序。

[例 3.4]　对于算术表达式来说,其基本规则是:先乘除,后加减;先括号内,再括号外;相同优先级情况下从左到右。比如,5+6/2-3*4 就是一个算术表达式,它的正确理解应该是:5+6/2-3*4=5+3-3*4=8-3*4=8-12=-4。可以看到这类表达式主要由两类对象构成的,即运算数(如 2、3、4 等)和运算符号(如+、-、*、√等)。不同运算符号优先级是不一样的,而且运算符号

均位于两个运算数中间。那么,计算机编译程序如何才能自动地理解这样的表达式?

[**分析**] 我们先来分析一类仅由两种运算符号和三个运算数构成的相对简单的算术表达式,比如 2+3*4 或 2*3+4,其基本形式是 $a_1\ op_1\ a_2\ op_2\ a_3$,其中 a_i 为运算数、op_i 为运算符号。

当计算机编译程序分析这样的表达式时,一般就是从左到右扫描。当扫描了 $a_1\ op_1\ a_2$ 找到两个运算数一个运算符号后,并没法做出是否马上进行运算的决定。因为还需要看 op_2 的优先级是否比 op_1 高。所以,编译程序从左往右扫描时,需要根据前后运算优先级的情况决定:先保留当前数据和运算符号,还是马上进行计算。比如,对于 2+3*4,当扫描了 2+3 后还不能做出计算 2+3 的决定,因为后面"*"的优先级比"+"高,所以必须先将 2、3 以及"+"保留起来,等到后面合适机会时再将这些数据和运算符号拿来运算。所以,需要有一种数据结构能够很好地实现对等待运算或数据的组织。

为了更容易理解表达式的求值方法,我们分析一下更简单的一种表达式:后缀表达式。平常我们经常使用的表达式是中缀表达式,即运算符号位于两个运算数之间的表达式。而在后缀表达式中,运算符号位于两个运算数之后。比如,前面提到常量表达式 5+6/2-3*4 的后缀形式就是:5 6 2 / + 3 4 * -。还有一种表达式形式叫前缀表达式,运算符号位于两个运算数之前。比如,5+6/2-3*4 的前缀形式就是: - + 5 / 6 2 * 3 4。

可见,后缀表达式运算数出现的顺序与相应中缀表达式一样,但运算符号出现在不同的位置。

后缀表达式相对比中缀表达式的求值要容易得多。我们先来看一下,后缀表达式 5 6 2 / + 3 4 * - 如何求解。

微视频 3-2
后缀表达式
的求解过程

同样,我们还是从左到右扫描这个表达式,求解过程如下。

(1) 遇见运算数 5 6 2 时均不做计算,同时记住这个序列 5 6 2。

(2) 当遇见运算符号"/"时,把最近遇到的两个数 6 和 2 从序列中取出作运算,并把结果 3 放到刚才那个序列的后面,即当前序列为:5 3。

(3) 当遇见运算符号"+"时,把序列的最后两个数 5 和 3 取出作运算,并把结果 8 放到当前序列的后面,因而当前序列为:8。

(4) 遇见 3 4 时均不做计算,把这两个数放到当前序列的后面,因而当前序列 8 3 4。

(5) 当遇见运算符号"*"时,把当前序列的最后两个数 3 和 4 取出作运算,并把结果 12 放到当前序列的后面,因而当前序列为:8 12。

(6) 当遇见运算符号"-"时,把当前序列的最后两个数 8 和 12 取出作运算,并把结果 -4 放到当前序列的后面,因而当前序列为:-4。

(7) 当输入中不再有符号时,当前序列中的值(-4)就是表达式的结果值。

大家可以看到,上述方法很简单也很巧妙,关键问题是需要管理一个序列,对该序列的主要操作是在序列的末尾插入元素和删除(取出)元素。有这类操作要求的序列我们称之为"堆栈"。

堆栈(Stack)可以认为是具有一定约束的线性表,插入和删除操作都作用在一个称为栈顶(Top)的端点位置。其实,我们日常生活中也可以看到堆栈的例子,比如,我们厨房中叠放的盘子,使用盘子(删除操作)时我们是从顶端拿走盘子,用完放回(插入操作)时也是放到顶端。

正是堆栈所具有的这种特性,通常把数据插入称为压入栈(Push),而数据删除可看作从堆栈中取出数据,叫做弹出栈(Pop)。也正是由于这一特性,最后入栈的数据将被最先弹出,所以堆栈也被称为后入先出(Last In First Out,LIFO)表。

堆栈的抽象数据类型定义为:

类型名称:堆栈(Stack)。

数据对象集:一个有 0 个或多个元素的有穷线性表。

操作集:对于一个具体的长度为正整数 MaxSize 的堆栈 S ∈ Stack,记堆栈中的任一元素 X ∈ ElementType,堆栈的基本操作主要有:

(1) Stack CreateStack(int MaxSize):生成空堆栈,其最大长度为 MaxSize;

(2) bool IsFull(Stack S):判断堆栈 S 是否已满。若 S 中元素个数等于 MaxSize 时返回 true;否则返回 false;

(3) bool Push(Stack S,ElementType X):将元素 X 压入堆栈。若堆栈已满,返回 false;否则将数据元素 X 插入到堆栈 S 栈顶处并返回 true;

(4) bool IsEmpty(Stack S):判断堆栈 S 是否为空,若是返回 true;否则返回 false。

(5) ElementType Pop(Stack S):删除并返回栈顶元素。若堆栈为空,返回错误信息;否则将栈顶数据元素从堆栈中删除并返回。

图 3.11 表示了堆栈的数据存储及其操作。为了形象起见,我们将数据表示为带字符标志的小球,堆栈用带底的小筒表示。图 3.11(a)表示字符 ABCD 的压栈过程,图 3.11(b)是栈内元素依次弹出栈的过程,Top 指向当前操作的元素(称为栈顶元素)。

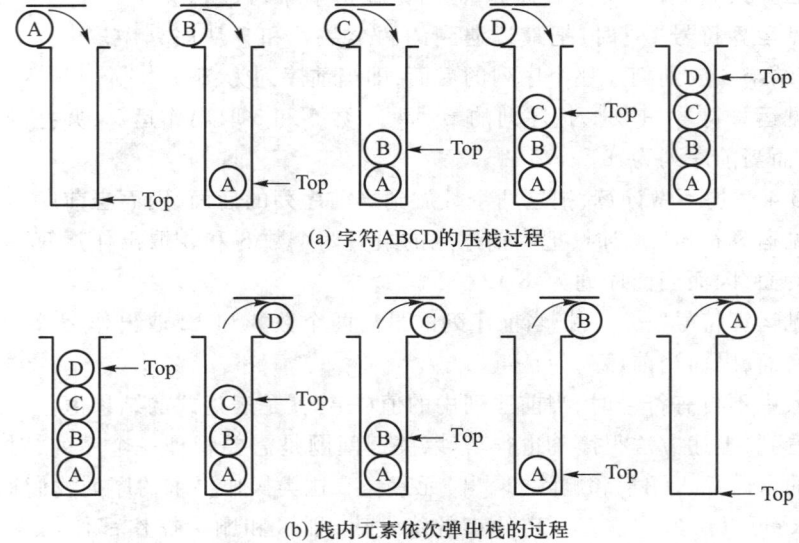

(a) 字符ABCD的压栈过程

(b) 栈内元素依次弹出栈的过程

图 3.11 堆栈的出入栈操作过程

[例 3.5] 如果将 ABCD 四个字符按顺序压入堆栈,是不是 ABCD 的所有排列都可能是出栈的序列? 可以产生 CABD 这样的序列吗?

[分析] 我们先来看一下简单的情况。

(1) 当只有一个字符出入栈时,显然只有一种可能,即 A 入栈也只有 A 出栈。

(2) 当有两个字符 AB 出入栈时,如果进栈顺序为 AB,那么出栈的系列 AB、BA 都有可能,即可以 A 进栈、A 出栈、B 进栈、B 出栈,产生输出序列 AB;也可以 A 进栈、B 进栈、B 出栈、A 出栈,产生输出序列 BA。这两个可能的序列也是正好是两个字符的全排列。

(3) 如果有三个字符 ABC 出入栈时,全排列有 3!=6 种可能,但其中的 CAB 是没法生成的。因为,先输出 C,需要 C 进栈再出栈,而要求按照 ABC 这样的顺序进栈,所以 C 出栈时 AB 必然还在栈里,而且 A 还压在 B 下面。因此,CAB 的序列是没法生成的,而其他 5 种排列都可以生成。

(4) 如果有四个字符 ABCD 出入栈时,同样不是所有排列都有可能是出栈的序列,象 CABD 这样的序列是产生不了的。ABCD 的全排列有 4!=24 种可能,那么这样四个字符出栈的所有可能序列有几种? 这是一个很有趣的计数问题,读者可以在已知 n=1~3 的出栈序列个数的基础上推算出 n=4 时的序列个数。

3.3.2 堆栈的实现

由于栈是线性表,因而栈的存储结构可采用顺序和链式两种形式。顺序存储的栈称为顺序栈,链式存储的栈称为链栈。

1. 栈的顺序存储实现

栈的顺序存储结构通常由一个一维数组和一个记录栈顶元素位置的变量组成,另外我们还可以用一个变量来存储堆栈的最大容量 MaxSize,这样方便判断什么时候堆栈是满的。我们用一维数组 Data[MaxSize](下标 0~MaxSize-1)存储一个栈的元素。习惯上将栈底放在数组下标小的那端,栈顶位置用一个整型变量 Top 记录当前栈顶元素的下标值。当 Top 指向 -1 时,表示空栈;当 Top 指向 MaxSize-1 时,表示满栈。用 C 语言描述顺序栈类型 Stack 如下:

```
typedef int Position;
typedef struct SNode * PtrToSNode;
struct SNode {
    ElementType * Data;    /*存储元素的数组*/
    Position Top;          /*栈顶指针*/
    int MaxSize;           /*堆栈最大容量*/
};
typedef PtrToSNode Stack;
```

结构中的数组的长度是由 MaxSize 决定的。代码 3.11 给出了创建一个给定容量的空堆栈的函数。

```
Stack CreateStack(int MaxSize)
{
    Stack S=(Stack)malloc(sizeof(struct SNode));
    S->Data=(ElementType * )malloc(MaxSize * sizeof(ElementType));
    S->Top=-1;
    S->MaxSize=MaxSize;
    return S;
}
```

代码 3.11　顺序栈的创建

下面我们来看一下，堆栈的两个最主要操作"入栈"和"出栈"是如何实现的。

（1）入栈操作 Push。

在执行堆栈 Push 操作时，首先判别栈是否满；若不满，Top 加 1，并将新元素放入 Data 数组的 Top 位置中。具体实现如代码 3.12 所示。

```
bool IsFull(Stack S)
{
    return(S->Top==S->MaxSize-1);
}

bool Push(Stack S,  ElementType X)
{
    if(IsFull(S)){
        printf("堆栈满");
        return false;
    }
    else{
        S->Data[++(S->Top)]=X;
        return true;
    }
}
```

代码 3.12　顺序栈的入栈操作

（2）出栈操作 Pop

执行 Pop 操作时首先判别栈是否空；若不空，返回 Data[Top]，同时将 Top 减 1；否则要返回一个 ElementType 类型的特殊错误标志，即代码 3.13 中的 ERROR——这个值一般根据具体问题做定义，必须是正常的栈元素数据不可能取到的值。

```c
bool IsEmpty(Stack S)
{
    return(S->Top==-1);
}

ElementType Pop(Stack S)
{
    if(IsEmpty(S)){
        printf("堆栈空");
        return ERROR;    /* ERROR 是 ElementType 的特殊值，标志错误 */
    }
    else
        return(S->Data[(S->Top)--]);
}
```

代码 3.13　顺序栈的出栈操作

下面举一个用一个数组实现两个堆栈的例子。

[**例 3.6**] 请用一个数组实现两个堆栈，要求最大可能地利用数组空间，使数组只要有空间入栈操作就可以成功。写出相应的入栈和出栈操作函数。

[**分析**] 这个问题有多种解决方案，例如可以先将数组空间一分为二地分配给两个堆栈使用，一个堆栈的底在数组的起始位置，另一个底在数组中间的位置，两个 Top 指针都沿同一个方向增长。这时如果其中一个堆栈先满了，而另外一个堆栈还有空，我们可以顺序移动数据，为满的那个堆栈腾出空位来。但是这种方法显然不太聪明，因为可能涉及很多数据的移位，而这些麻烦其实是不必要的。

一种聪明的方法是使这两个栈分别从数组的两头开始向中间生长；当两个栈的栈顶指针相遇时，表示两个栈都满了。此时，最大化地利用了数组空间。

双堆栈的结构只比标准堆栈多了一个栈顶指针：

```c
    typedef int Position;
    typedef struct SNode * PtrToSNode;
    struct SNode {
        ElementType * Data;    /* 存储元素的数组 */
        Position Top1;         /* 堆栈 1 的栈顶指针 */
        Position Top2;         /* 堆栈 2 的栈顶指针 */
        int MaxSize;           /* 堆栈最大容量 */
    };
    typedef PtrToSNode Stack;
```

对双堆栈的创建也与代码 3.11 是相似的,只是需要初始化两个栈顶指针,方法是令 Top1=-1, Top2=MaxSize。相关的主要操作实现方法如代码 3.14 所示。

```
bool Push(Stack S, ElementType X, int Tag)
{ /*Tag 作为区分两个堆栈的标志,取值为 1 和 2*/
    if(S->Top2-S->Top1==1){/*堆栈满*/
        printf("堆栈满\n");
        return false;
    }
    else{
        if(Tag==1) /*对第一个堆栈操作*/
            S->Data[++(S->Top1)]=X;
        else            /*对第二个堆栈操作*/
            S->Data[--(S->Top2)]=X;
        return true;
    }
}

ElementType Pop(Stack S, int Tag)
{ /*Tag 作为区分两个堆栈的标志, 取值为 1 和 2*/
    if(Tag==1){/*对第一个堆栈操作*/
        if(S->Top1==-1){/*堆栈 1 空*/
            printf("堆栈 1 空\n");
            return ERROR;
        }
        else return S->Data[(S->Top1)--];
    }
    else{/*对第二个堆栈操作*/
        if(S->Top2==S->MaxSize){/*堆栈 2 空*/
            printf("堆栈 2 空\n");
            return ERROR;
        }
        else  return S->Data[(S->Top2)++];
    }
}
```

代码 3.14　在一个数组中实现两个堆栈

注意:在上述问题中,不能用(S->Top2+S->Top1==MaxSize)来判别堆栈是否满(想想为什么?)。

2. 堆栈的链式存储实现

栈的链式存储结构(链栈)与单链表类似,但其操作受限制,插入和删除操作只能在链栈的栈顶进行。栈顶指针 Top 就是链表的头指针。有时为了简便算法,链栈也可以带一空的表头结点,表头结点后面的第一个结点就是链栈的栈顶结点,栈中的其他结点通过它们的指针 Next 链接起来,栈底结点的 Next 为 NULL。

用 C 语言描述链栈如下:

```
typedef struct SNode * PtrToSNode;
struct SNode {
    ElementType Data;
    PtrToSNode Next;
};
typedef PtrToSNode Stack;
```

代码 3.15 给出了带头结点的链栈主要操作的实现。

```
Stack CreateStack()
{ /*构建一个堆栈的头结点, 返回该结点指针*/
    Stack S;

    S=(Stack)malloc(sizeof(struct SNode));
    S->Next=NULL;
    return S;
}

bool IsEmpty(Stack S)
{ /*判断堆栈 S 是否为空, 若是返回 true; 否则返回 false*/
    return(S->Next==NULL);
}

bool Push(Stack S, ElementType X)
{/*将元素 X 压入堆栈 S*/
    PtrToSNode TmpCell;

    TmpCell=(PtrToSNode)malloc(sizeof(struct SNode));
    TmpCell->Data=X;
    TmpCell->Next=S->Next;
    S->Next=TmpCell;
```

```
    return true;
}


ElementType Pop(Stack S)
{ /*删除并返回堆栈 S 的栈顶元素*/
    PtrToSNode FirstCell;
    ElementType TopElem;

    if(IsEmpty(S)){
      printf("堆栈空");
      return ERROR;
    }
    else{
      FirstCell=S->Next;
      TopElem=FirstCell->Data;
      S->Next=FirstCell->Next;
      free(FirstCell);
      return TopElem;
    }
}
```

代码 3.15　带头结点的链栈操作实现

3.3.3　堆栈应用:表达式求值

在 3.3.1 节中,我们给出了后缀表达式计算的基本过程,在这个计算过程中我们需要暂存还不能马上参与运算的运算数,对这些运算数的管理方法基本是先入后出的原则,即需要使用一个堆栈对这些暂存的运算数在求值过程中进行管理。

根据 3.3.1 节中后缀表达式的求值方法,我们可以很容易总结出应用堆栈实现表达式求值的基本过程:从左到右读入后缀表达式的各项,并根据读入的对象判断执行操作。操作分下列 3 种情况:

(1) 当读入的是一个运算数时,把它被压入栈中;

(2) 当读入的是一个运算符时,就从堆栈中弹出适当数量的运算数,对该运算进行计算,计算结果再压回到栈中;

(3) 处理完整个后缀表达式之后,堆栈顶上的元素就是表达式的结果值。

下面我们给出了利用堆栈求后缀表达式值的完整程序。为了简便起见,我们假设后缀表达式的对象(运算数或运算符号)之间用空格分割开来,运算数为正实数,比如:

        1.2   1.3   +   2   4.2   *   -

程序中的堆栈采用数组存储方式,入栈和出栈的操作实现见代码3.12和3.13。这里根据实际问题需要将堆栈的元素类型(ElementType)具体化为double类型,见代码3.16。

```c
#include <stdio.h>
#include <stdlib.h>
#include <ctype.h>

#define MAXOP 100 /*操作数序列可能的最大长度*/
#define INFINITY 1e9 /*代表正无穷*/
typedef double ElementType;   /*将堆栈的元素类型具体化*/
/*类型依次对应运算数、运算符、字符串结尾*/
typedef enum {num, opr ,end} Type;

/*关于顺序堆栈的代码请参见顺序堆栈的定义和代码3.11至3.13,在此略去*/

Type GetOp(char * Expr, int * start, char * str)
{ /*从*start开始读入下一个对象(操作数或运算符),并保存在字符串str中*/
    int i = 0;

    /*跳过表达式前空格*/
    while((str[0] = Expr[(* start)++]) == ' ');

    while(str[i] != ' ' && str[i] != '\0')
        str[++i] = Expr[(* start)++];
    if(str[i] == '\0') /*如果读到输入的结尾*/
       (* start)--;       /** start指向结束符*/
    str[i] = '\0';       /*结束一个对象的获取*/

    if(i == 0) return end;/*读到了结束*/
         /*如果str[0]是数字、或是符号跟个数字*/
    else if(isdigit(str[0]) || isdigit(str[1]))
        return num;         /*表示此时str中存的是一个数字*/
    else                 /*如果str不是空串,又不是数字*/
        return opr;         /*表示此时str中存的是一个运算符*/
}

ElementType PostfixExp(char * Expr)
```

```
{   /* 调用 GetOp 函数读入后缀表达式并求值 */
    Stack S;
    Type T;
    ElementType Op1, Op2;
    char str[MAXOP];
    int start = 0;

    /* 申请一个新堆栈 */
    S = CreateStack(MAXOP);

    Op1 = Op2 = 0;
    while((T = GetOp(Expr, &start, str)) != end) {
            /* 当未读到输入结束时 */
      if(T == num)
        Push(S, atof(str));
      else{
        if(!IsEmpty(S)) Op2 = Pop(S);
        else Op2 = INFINITY;
        if(!IsEmpty(S)) Op1 = Pop(S);
        else Op2 = INFINITY;
        switch(str[0]) {
        case '+': Push(S, Op1 + Op2); break;
        case '*': Push(S, Op1 * Op2); break;
        case '-': Push(S, Op1 - Op2); break;
        case '/':
          if(Op2 != 0.0) /* 检查除法的分母是否为 0 */*
            Push(S, Op1/Op2);
          else {
            printf("错误:除法分母为零 \n");
            Op2 = INFINITY;
          }
          break;
        default:
            printf("错误:未知运算符% s \n", str);
```

---

* 事实上，人们一般不直接判断两个 double 型实数是否相等或不等，因为从不同渠道获得的两个理论上相等的实数很可能因为不同的舍入过程而产生微小的误差。一般以两个实数差的绝对值是否小于某给定阈值来判断两数是否相等。在这里，我们可以用"fabs(Op2)>ZERO"来判断 Op2 不等于 0，其中 ZERO 可以定义为一个充分小的数字,例如 1.0E-10。

```
                Op2 = INFINITY;
                break;
            }
            if(Op2 >= INFINITY) break;
        }
    }
    if(Op2<INFINITY)            /*如果处理完了表达式*/
        if(!IsEmpty(S))         /*而此时堆栈正常*/
            Op2 = Pop(S);       /*记录计算结果*/
        else Op2 = INFINITY;    /*否则标记错误*/
    free(S);                    /*释放堆栈*/
    return Op2;
}

int main()
{
    char Expr[MAXOP];
    ElementType f;

    gets(Expr);
    f = PostfixExp(Expr);
    if(f < INFINITY)
        printf("%.4f\n", f);
    else
        printf("表达式错误\n");

    return 0;
}
```

代码 3.16 利用堆栈求后缀表达式

很明显,在计算后缀表达式的过程中,不需要判别运算的优先级。程序运行时间跟问题规模是线性关系,即时间复杂度为 $O(n)$。

在中缀表示的算术表达式(简称中缀表达式)中,由于不同运算符间存在优先级,同一优先级的运算间又存在着运算结合顺序的问题(即左结合,还是右结合),所以简单地从左到右的计算是不可行的。

我们也可以应用堆栈将中缀表达式转换为后缀表达式。注意到转换前后运算数的顺序是不改变的,改变的是运算符的顺序,所以此时堆栈里要保存的是运算符。而在后缀表达式计算中,堆栈里保存的是运算数。

微视频 3-3
如何将中缀表达式转换为后缀表达式

应用堆栈将中缀表达式转换为后缀表达式的基本过程为:从头到尾读取中缀表达式的每个对象,对不同对象按不同的情况处理。对象分下列 6 种情况:

(1) 如果遇到空格则认为是分隔符,不需处理;

(2) 若遇到运算数,则直接输出;

(3) 若是左括号,则将其压入至堆栈中;

(4) 若遇到的是右括号,表明括号内的中缀表达式已经扫描完毕,将栈顶的运算符弹出并输出,直到遇到左括号(左括号也出栈,但不输出);

(5) 若遇到的是运算符,若该运算符的优先级大于栈顶运算符的优先级时,则把它压栈;若该运算符的优先级小于等于栈顶运算符时,将栈顶运算符弹出并输出,再比较新的栈顶运算符,按同样处理方法,直到该运算符大于栈顶运算符优先级为止,然后将该运算符压栈;

(6) 若中缀表达式中的各对象处理完毕,则把堆栈中存留的运算符一并输出。

上述处理过程的一个关键是不同运算符优先级的设置。在程序实现中,可以用一个数来代表运算符的优先级,优先级数值越大,它的优先级越高,这样优先级的比较就转换为了两个数大小的比较。

表 3.1 表示了利用堆栈将中缀表达式"2 * (9+6/3−5) +4"转换为后缀表达式"2 9 6 3 / + 5 − * 4 +"的过程。

表 3.1 中缀表达式"2 * (9+6/3−5) +4"转换为后缀表达式的过程

步骤	待处理表达式	堆栈状态 (底←…→顶)	输出状态
1	2 * (9+6/3−5) +4		
2	* (9+6/3−5) +4		2
3	(9+6/3−5) +4	*	2
4	9+6/3−5) +4	* (	2
5	+6/3−5) +4	* (	2 9
6	6/3−5) +4	* (+	2 9
7	/3−5) +4	* (+	2 9 6
8	3−5) +4	* (+ /	2 9 6
9	−5) +4	* (+ /	2 9 6 3
10	5) +4	* (−	2 9 6 3 / +
11	) +4	* (−	2 9 6 3 / + 5
12	+4	*	2 9 6 3 / + 5 −
13	4	+	2 9 6 3 / + 5 − *
14		+	2 9 6 3 / + 5 − * 4
15			2 9 6 3 / + 5 − * 4 +

3.4 队列

3.4.1 队列的定义

在现实生活中,我们经常会遇到为了得到某种服务而排队的情况,比如,食堂买饭时需要排队,银行存款时也需要排队。在计算机资源管理中也有类似的情景,比如,计算机的 CPU 资源是有限的(早先计算机只有一个 CPU),但同时有许多程序(进程)需要 CPU 来运行,这些准备运行的进程就需要排队。

在许多应用中,排队的基本规则是:新来者排在队伍末尾,排在队伍前面的人先得到服务,期间不允许插队。对于这类排队问题,需要有一种能解决共性问题的数据序列的管理组织方式,在这个方式中,多个数据构成一个有序序列,而对这个序列的操作(比如插入、删除)有一定要求:只能在一端插入,而在另一端删除。这样的数据组织方式就是"队列"。

"队列"(Queue)也是一个有序线性表,但队列的插入和删除操作是分别在线性表的两个不同端点进行的。比如,人们在银行排队等待服务,后来的人要排在队尾(插入队伍),而先来的排在头前并先接受服务(从队伍中删除)。

设一个队列 $Q = (a_1, a_2, \cdots, a_n)$,那么 a_1 称为队头元素,而 a_n 称为队尾元素,a_i 排在 a_{i-1} 的后面($1 < i \leq n$)。如果将元素 A、B、C、D 依次插入队列,第一个从队列中删除的元素将是 A,即先插入的将被率先删除,因此队列通常又被称为"先进先出"表(Fist In First Out,FIFO)。

队列的抽象数据类型定义为:

类型名称:队列(Queue)。

数据对象集:一个有 0 个或多个元素的有穷线性表。

操作集:对于一个长度为正整数 MaxSize 的队列 Q ∈ Queue,记队列中的任一元素 X ∈ ElementType,队列的基本操作主要有:

(1) Queue CreateQueue(int MaxSize):生成空队列,其最大长度为 MaxSize;

(2) bool IsFull(Queue Q):判断队列 Q 是否已满。若是返回 true;否则返回 false;

(3) bool AddQ(Queue Q, ElementType X):将元素 X 压入队列 Q。若队列已满,返回 false;否则将数据元素 X 插入到队列 Q 并返回 true;

(4) bool IsEmpty(Queue Q):判断队列 Q 是否为空,若是返回 true;否则返回 false;

(5) ElementType DeleteQ(Queue Q):删除并返回队列头元素。若队列为空,返可错误信息;否则将队列头数据元素从队列中删除并返回。

3.4.2 队列的实现

1. 队列的顺序存储实现

队列最简单的表示方法是用数组。用数组存储队列有许多种具体的方法。一般可以选择将队列头放数组下标小的位置,而将队列尾放在数组下标大的位置,并用两个变量 Front 和 Rear 分别指示队列的头和尾,如图 3.12(a)。一般 Front 和 Rear 先初始化为-1。当有元素入队,Rear 向右移动一格(加 1),放入队尾元素;当有元素出队,先将 Front 向右移动一格(加 1),再删除队头元素。所以,入队和出队操作实现都相对简单。

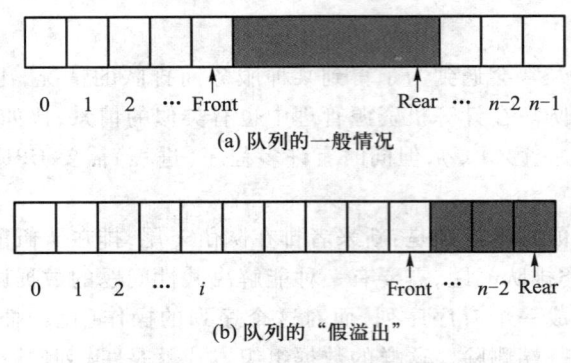

(a) 队列的一般情况

(b) 队列的"假溢出"

图 3.12　队列的一种数组表示

随着入队出队的进行,会使整个队列整体向后移动,这样就出现了图 3.12(b)的现象:队尾指针已经移到了最后,再有元素入队就会出现溢出,而事实上此时队中并未真的"满员",这种现象称为"假溢出"。

为了解决队尾溢出而实际上数组仍然有空余空间的问题,一般在队列的顺序存储结构中采用循环队列的方式:Rear 和 Front 到达数组端点时,能折回到数组开始处,即相当于将数组头尾相接,想象成环状,如图 3.13 所示。当插入和删除操作的作用单元达到数组的末端后,用公式"Rear(或 Front)%数组长度"取余运算就可以实现折返到起始单元。

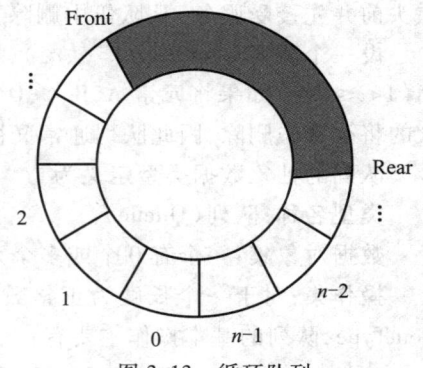

图 3.13　循环队列

微视频 3-4
循环队列的空满判断问题

采用循环队列解决了我们前面提到的假溢出问题,但在循环队列中,Front 和 Rear 如何初始化却并不是一个十分显然的问题,如何根据 Front 和 Rear 值判别当前队列是否空或者满?

如果队列初始化时,将 Front 和 Rear 都初始化为 0,当插入一个元素时 Rear 加 1,删除一个元素时 Front 加 1,则当 Front 和 Rear 相等的时候队列为空,如图 3.14(a)所示。当 Front 在 Rear 前面一个位置时表示队列中只有一个元素,如图 3.14(b)所示。在这种设置方式中,Rear 指向的是队尾元素的位置,而 Front 则是指向队头的前一个位置。

当数组中有 $n-1$ 个元素时(即数组剩最后一个空位时)状态如图 3.14(c),此时如果再插入一个元素,Rear 加 1,Front 和 Rear 值就相等了。但我们知道,队列为空的时候 Front 和 Rear 值也是相等的。因而,按照目前的操作方式,当 Front 和 Rear 值相等时,队列可能为空或者为满,我们无法判别。其根本原因是:我们是根据 Rear 和 Front 之间的差距来判别队列元素个数的,而 Rear 和 Front 之间的差距最多只有 n 种情况(n 为数组大小),而队列元素个数总共有 $n-1$ 种情况(0, $1,2,\cdots,n$ 个元素),所以仅依靠 Front 和 Rear 是没办法区分 $n+1$ 种情况的。

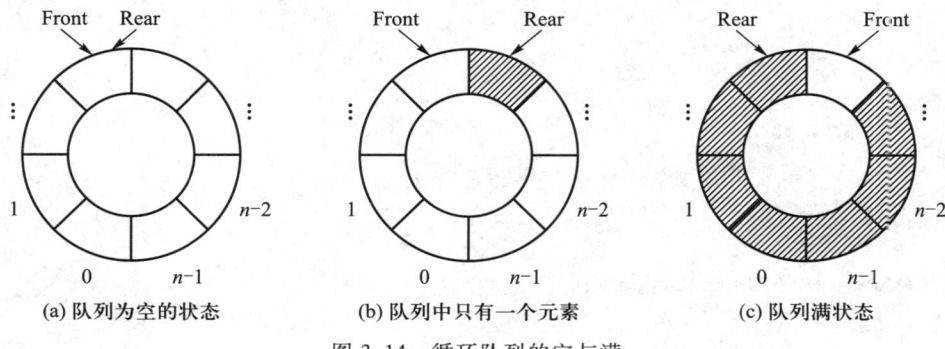

(a) 队列为空的状态　　　(b) 队列中只有一个元素　　　(c) 队列满状态

图 3.14　循环队列的空与满

可见,无法区分队列满还是空的原因是 Front 和 Rear 提供的信息量不够。解决方法有两种:

方法之一是另外增设一个变量,比如:记录当前队列元素个数的变量 Size,或者用一个变量 Flag 记录最后一次操作是入队还是出队。根据变量 Size,我们就可以直接判断队列是满还是空;根据变量 Flag,就可以知道当 Front 等于 Rear 时是满还是空。

方法之二是少用一个元素空间,把图 3.14(c)所示的情况就视为队列满。此时的状态是队尾指针加 1 就会从后面赶上队头指针,因此,队满的条件是:(Rear+1)%数组长度等于 Front。队空的条件仍然是:Rear 等于 Front。

下面我们采用方法二实现循环队列。队列的顺序存储实现结构可以定义为:

```
typedef int Position;
typedef struct QNode * PtrToQNode;
struct QNode {
    ElementType * Data;        /*存储元素的数组*/
    Position Front, Rear;      /*队列的头、尾指针*/
    int MaxSize;               /*队列最大容量*/
};
typedef PtrToQNode Queue;
```

循环队列的创建与插入和删除操作实现由代码 3.17 给出。

```
Queue CreateQueue(int MaxSize)
{
    Queue Q = (Queue)malloc(sizeof(struct QNode));
```

```c
    Q->Data=(ElementType*)malloc(MaxSize*sizeof(ElementType));
    Q->Front=Q->Rear=0;
    Q->MaxSize=MaxSize;
    return Q;
}

bool IsFull(Queue Q)
{
    return((Q->Rear+1)%Q->MaxSize==Q->Front);
}

bool AddQ(Queue Q, ElementType X)
{
    if(IsFull(Q)){
      printf("队列满");
      return false;
    }
    else {
      Q->Rear=(Q->Rear+1)%Q->MaxSize;
      Q->Data[Q->Rear]=X;
      return true;
    }
}


bool IsEmpty(Queue Q)
{
    return(Q->Front==Q->Rear);
}

ElementType DeleteQ(Queue Q)
{
    if(IsEmpty(Q)){
      printf("队列空");
      return ERROR;
    }
    else {
      Q->Front=(Q->Front+1)%Q->MaxSize;
```

```
        return  Q->Data[Q->Front];
    }
}
```

代码 3.17　循环队列的创建与入队和出队操作

2. 队列的链式存储实现

队列与堆栈一样,也可以采用链式存储结构,但队列的头(Front)必须指向链表的头结点,队列的尾(Rear)指向链表的尾结点(反过来行不行?为什么?)。

用 C 语言描述链式队列结构如下:

```
    typedef struct Node * PtrToNode;
    struct Node {/*队列中的结点*/
        ElementType Data;
        PtrToNode Next;
    };
    typedef PtrToNode Position;

    typedef struct QNode * PtrToQNode;
    struct QNode {
        Position Front, Rear;     /*队列的头、尾指针*/
        int MaxSize;              /*队列最大容量*/
    };
    typedef PtrToQNode Queue;
```

采用链式存储的入队和出队操作实际就是在一个链表的尾部插入结点或者在头部删除结点。下面代码 3.18 是不带头结点的链式队列出队操作的一个示例:

```
bool IsEmpty(Queue Q)
{
    return(Q->Front==NULL);
}

ElementType DeleteQ(Queue Q)
{
    Position FrontCell;
    ElementType FrontElem;

    if(IsEmpty(Q)){
```

```
        printf("队列空");
        return ERROR;
    }
    else {
        FrontCell = Q->Front;
        if(Q->Front == Q->Rear)          /* 若队列只有一个元素 */
            Q->Front = Q->Rear = NULL;   /* 删除后队列置为空 */
        else
            Q->Front = Q->Front->Next;
        FrontElem = FrontCell->Data;

        free(FrontCell);                 /* 释放被删除结点空间    */
        return  FrontElem;
    }
}
```

代码 3.18　链式存储队列的出队操作

3.5　应用实例

3.5.1　多项式加法运算

在本章第一节,我们分析了一元多项式的三种可能的存储实现方法。本节我们将给出采用链表结构来存储多项式的非零项的实现方法。

前面提到,用链表表示多项式时,每个链表结点存储多项式中的一个非零项,包括系数和指数两个数据域以及一个指针域,其结点结构已在 3.1 节的方法 3 中给出。

微视频 3-5
链式存储多项式的相加过程

我们准备采用不带头结点的单向链表结构表示一元多项式,并按照指数递减的顺序排列各项(示例如图 3.3 所示)。

对链表存放的两个多项式进行加法运算可以使用两个指针 P1 和 P2。初始时 P1 和 P2 分别指向这两个多项式第一个结点(指数最高的项)。通过循环不断比较 P1 和 P2 所指的各结点,比较结果为以下 3 种情况之一,并做不同处理。

（1）两数据项指数相等。系数相加,若结果不为 0,则作为结果多项式对应项的系数,连同指数一并存入结果多项式。沿两结点的链域,使 P1 和 P2 都分别指向两个多项式的下一项,再进行新一轮的比较和处理。

（2）P1 中的数据项指数较大。P2 不变,将 P1 的当前项存入结果多项式,并使 P1 指向下一项,再进行新一轮的比较和处理。

（3）P2 中的数据项指数较大。P1 不变,将 P2 的当前项存入结果多项式,并使 P2 指向下一项,再进行新一轮的比较和处理。

当某一多项式最后一个结点处理完时,停止上述求和过程,将未处理完的另一个多项式的所有结点依次复制到结果多项式中去。

代码 3.19 是链表存储的两个多项式加法运算的具体实现,其中函数 Attach(coef,expon,&PtrRear)将系数 coef 和指数 expon 构成的新的项加入结果多项式的末端,同时改变当前结果多项式末尾项指针 PtrRear 值；Compare(P1->expon,P2->expon)比较两个指数的大小,根据大于、小于、等于三种情况分别返回 1,-1,0；PolyAdd(P1,P2)将多项式 P1 和 P2 相加,并返回结果多项式。注意:相加并不改变原有的多项式 P1 和 P2。

```
int Compare(int e1,int e2)
{/*比较两项指数 e1 和 e2,根据大、小、等三种情况分别返回 1, -1, 0*/
    if(e1 > e2) return 1;        /*e1 大,返回 1*/
    else if(e1 < e2) return -1;  /*e2 大,返回-1*/
    else    return 0;            /*e1 和 e2 相等,返回 0*/
}

void Attach(int coef,  int expon,  Polynomial * PtrRear)
{  /*由于在本函数中需要改变当前结果表达式尾项指针的值, */
   /*所以函数传递进来的是尾项结点指针的地址,* PtrRear 指向尾项*/
    Polynomial P;

    /*申请新结点, 并赋值*/
    P=(Polynomial)malloc(sizeof(struct PolyNode));
    P->coef=coef;
    P->expon=expon;
    P->link=NULL;
    /*将 P 指向的新结点插入到当前结果表达式尾项的后面*/
    (*PtrRear)->link=P;
    *PtrRear=P;      /*修改 PtrRear 值*/
}

Polynomial PolyAdd(Polynomial P1,  Polynomial P2)
{
    Polynomial front,  rear,  temp;
    int sum;
```

```c
   /*为方便表头插入，先产生一个临时空结点作为结果多项式链表头*/
   rear=(Polynomial)malloc(sizeof(struct PolyNode));
   front=rear;   /*由front记录结果多项式链表头结点*/
   while(P1 && P2)   /*当两个多项式都有非零项待处理时*/
      switch(Compare(P1->expon, P2->expon)) {
         case 1: /* P1 中的数据项指数较大*/
            Attach(P1->coef, P1->expon, &rear);
            P1 = P1->link;
            break;
         case -1: /* P2 中的数据项指数较大*/
            Attach(P2->coef, P2->expon, &rear);
            P2 = P2->link;
            break;
         case 0:  /*两数据项指数相等*/
            sum = P1->coef + P2->coef;
            if(sum) Attach(sum, P1->expon, &rear);
            P1 = P1->link;
            P2 = P2->link;
            break;
      }
   /*将未处理完的另一个多项式的所有结点依次复制到结果多项式中去*/
   for(; P1; P1 = P1->link) Attach(P1->coef, P1->expon, &rear);
   for(; P2; P2 = P2->link) Attach(P2->coef, P2->expon, &rear);
   rear->link=NULL;
   temp=front;
   front=front->link;   /*令front指向结果多项式第一个非零项*/

   free(temp);    /*释放临时空表头结点*/
   return front;
}
```

代码 3.19　链式存储的一元多项式加法运算

*3.5.2　迷宫问题

作为堆栈应用的一个比较有挑战性的例子，我们介绍一下迷宫问题的求解。迷宫问题要求从一个入口出发，经过若干连通的格子达到指定的出口。

首先，我们需要考虑如何在程序中表示迷宫。假定用 $n \times m$ 的二维矩阵表示迷宫，位置 $(0,0)$ 为入口，位置 $(n-1, m-1)$ 为出口。迷宫中的任一位置可以用其行列坐标来指定。某一位置有障碍，其对应的矩阵元素 (i,j) 的值为 1，否则其值为 0。图 3.15 是某个给定迷宫的矩阵表示形式。

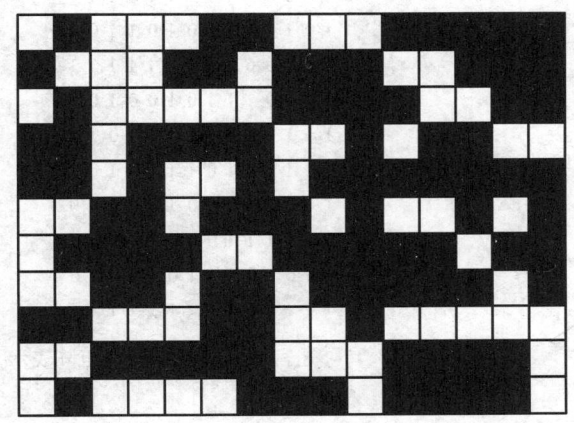

```
0100011000111111
1000110111100111
0100000111110011
1101111001011000
1101001011111111
0011011101001001
0111100111110111
0011011011111101
1100110001000000
0011110001111100
0100001110111110
```

图 3.15 迷宫的矩阵表示

这时迷宫求解问题转换成从矩阵的起始位置 $(0,0)$ 到结束位置 $(n-1, m-1)$ 寻找一条连通路径，路径是由一组两两相邻（每个位置与它周围的 8 个方向的位置都相邻）的位置构成，这一组位置的矩阵元素值都为 0。

求解迷宫问题的基本思路是"穷尽法"，即从入口出发尝试各种可能，直到找到出口。在从一个位置尝试走到下一个位置时，有 8 种可能的走法，图 3.16 用方向东（E）、西（W）、南（S）、北（N）、东南（SE）、东北（NE）、西南（SW）、西北（NW）表示这 8 种情况。

实际上并非每个位置上都有 8 个可移动的方向，处于迷宫边缘上的位置只有 5 个可移动方向，而处于四角的位置只有 3 个可移动方向。为了一致起见，使得程序设计不必考虑这些边缘和角落特殊情况，可以人为地环绕迷宫增加一圈障碍。改变后迷宫所对应的矩阵表示见图 3.17，增加部分用涂灰的且值为 1 的边框表示。

扩大的矩阵并不影响算法寻找通路，只是入口下标为 $(1,1)$，出口下标为 $(n-2, m-2)$，而不是原来的左上角和右下角了。n、m 为带边界的二维数组大小。

设在迷宫中走到某一位置 [Row][Col]，Row 表示纵坐标，Col 表示横坐标。如果下一步朝北走，相对于当前位置将步入位置 [Row-1][Col]；若朝东南走，下一步将步入位置 [Row+1][Col+1]。以此类推，可得到每一个方向的坐标变化情况。相对于当前位置 [Row][Col]，下一位置纵横坐标的偏移量为 0、1 或者 -1。

表 3.2 列出了下一位置在 8 个方向中的具体下标偏移量。为了程序实现简单起见，8 个方向从北开始顺时针依次从 0 到 7 编号。

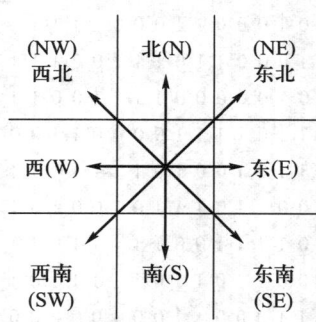

图 3.16 任一位置的 8 个方向

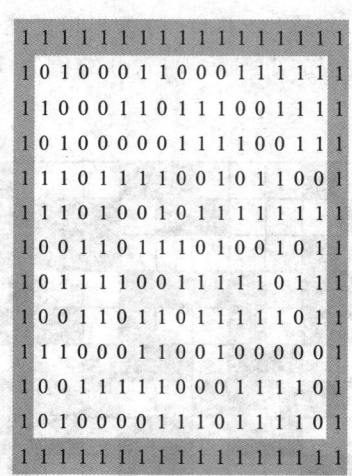

图 3.17 迷宫增加一圈障碍的矩阵表示

表 3.2 迷宫中的方向、编号及坐标偏移量

方向	编号	row 偏移	col 偏移
北(N)	0	-1	0
东北(NE)	1	-1	1
东(E)	2	0	1
东南(SE)	3	1	1
南(S)	4	1	0
西南(SW)	5	1	-1
西(W)	6	0	-1
西北(NW)	7	-1	-1

求解迷宫路径可以从入口开始尝试各个方向以找到下一个位置,并进而在新的位置再尝试所有可能找下一个位置。当在某个位置尝试所有可能找不到新位置时,说明进入了"死胡同"需要返回,即"回溯"。为了记住回溯的位置,需要采用一种数据结构来保存和恢复从前尝试过的潜在路径的位置信息,这个数据结构应该具有"后入先出"的特点,因而就是堆栈。

应用堆栈求解迷宫路径的基本思路如下。

(1) 将初始入口坐标和起始方向信息放入堆栈中。

(2) 从堆栈中弹出(上次)位置信息,设定当前位置和当前尝试方向;若堆栈为空而出口尚未找到,则该迷宫没有解,程序退出。

(3) 在当前位置,从当前方向起按顺序尝试剩余方向上的可通性:
① 若某一方向可通,则将当前位置信息及目前方向信息存入堆栈;
② 若该可通位置是出口,则成功退出,堆栈中的从栈底到栈顶的各位置顺序构成迷宫路径;
③ 若该可通位置不是出口,将该可通位置设为当前位置,并将第一个方向设为当前方向;转第 3 步。

(4) 若 8 个方向均不可通,则转第 2 步。

相应的数据结构为:

```
#define MAXMATRIXSIZE 100 /*迷宫矩阵最大行列数*/
#define MAXSTACKSIZE   100 /*堆栈最大规模*/

struct Offsets { /*偏移量结构定义*/
    short int Vert;   /*纵向偏移*/
    short int Horiz;  /*横向偏移*/
};

struct MazePosition { /*迷宫中的位置结构*/
    short int Row;/*行号*/
    short int Col;/*列号*/
    short int Dir;/*对应偏移量数组的方向号*/
};

typedef struct MazePosition ElementType;/*堆栈元素类型*/
```

堆栈的创建及入栈和出栈的函数已经在代码 3.11 至 3.13 给出,在此不再赘述。代码 3.20 给出了寻找迷宫路径的函数 Path。调用该函数时,假设迷宫已经给出,用带边界的二维数组 Maze[ ][ ]表示;入口位置为(1,1),出口位置为(EXITROW,EXITCOL)。若迷宫无解,该函数将输出"该迷宫无解。";若有解,则将顺序输出从入口到出口的路径上每个位置的横、纵坐标。

为了不重复访问已经走过的路线,我们还需要用一个二维数组 Mark[MAXMATRIXSIZE][MAXMATRIXSIZE]来标记已经走过的位置,如果位置[Row][Col]已经被走过,则 Mark[Row][Col]为 1,否则为 0。

注意:由于从堆栈弹出的路径是反向的,所以我们从出口向入口反向搜索比较方便。从出口向入口反向搜索的方法与从入口正向搜索的方法是一样的。下面的代码 3.20 是从出口反向搜索的迷宫问题路径求解程序。

```
void Path(int Maze[][MAXMATRIXSIZE], int EXITROW, int EXITCOL)
{ /*默认迷宫 Maze 的入口为(1,1),出口为(EXITROW, EXITCOL)*/
    /*迷宫 8 个方向的偏移量数组*/
```

```
struct Offsets Move[8] =
{{-1, 0}, {-1, 1}, {0, 1}, {1, 1}, {1, 0}, {1, -1}, {0, -1}, {-1, -1}};
int Mark[MAXMATRIXSIZE][MAXMATRIXSIZE];   /*标记位置是否走过*/
Stack S;   /*辅助求解的堆栈*/
struct MazPosition P;
short int Row, Col, NextRow, NextCol, Dir;
bool Found=false;


S=CreateStack(MAXSTACKSIZE);   /*初始化空堆栈*/

Mark[EXITROW][EXITCOL]=1;   /*从出口位置开始,标记为走过*/
/*将出口位置及下一个方向放入堆栈*/
P.Row=EXITROW;
P.Col=EXITCOL;
P.Dir=0;
Push(S,P);

while(!IsEmpty(S) && !Found){ /*当栈非空且没找到入口时*/
    P=Pop(S);   /*取出栈顶元素为当前位置*/
    Row=P.Row;  Col=P.Col;  Dir=P.Dir;
    while(Dir < 8 && !Found){ /*当还有方向可探且没找到入口时*/
        /*尝试往下一个方向 Dir 移动*/
        NextRow=Row + Move[Dir].Vert;
        NextCol=Col + Move[Dir].Horiz;
        if(NextRow==1 && NextCol==1)
            /*如果到达入口*/
            Found=true;
        else   /*下一个位置不是入口*/
            /*若下一个位置可通,且没走过*/
            if(!Maze[NextRow][NextCol] &&
              !Mark[NextRow][NextCol]){
                Mark[NextRow][NextCol]=1;   /*标记为走过*/
                /*当前位置和下一个方向存入栈*/
                P.Row=Row;
                P.Col=Col;
                P.Dir=Dir + 1;
                Push(S,P);
                /*更新当前位置,从方向 0 开始*/
```

```
                Row=NextRow; Col=NextCol; Dir=0;
            } /*结束 if */
            else ++Dir;  /*若此路不通,则在当前位置尝试下一个方向*/
        } /*结束 8 方向探测*/
    } /*结束搜索*/
    if(Found) {/*找到一个路径,并输出该路径*/
        printf("找到路径如下 \n");
        printf("行 列 \n");
        printf("1  1\n");   /*打印入口*/
        printf("%d  %d\n", Row, Col);  /*不要忘记最后一步未入堆栈*/
        while(!IsEmpty(S)) {
            P=Pop(S);
            printf("%d  %d\n", P.Row, P.Col);
        }
    }
    else /*若没找到路径*/
        printf("该迷宫无解。\n");
}
```

代码 3.20 迷宫求解

注意到程序中有一个细节,当探测到下一个能走的位置时,我们存入堆栈的是当前的位置,但却不是当前的方向,而是下一个方向——为什么?如果我们在此存入的是当前方向,程序会出错吗?这个问题留给读者自己去思考。

本 章 小 结

在分析一元多项式及其运算问题的基础上,引入线性表的概念及其基于顺序存储和链式存储的两种实现方法。线性表是若干数据元素组成的有序序列,其基本操作有插入、删除、查找等。基于顺序存储的线性表实现方式简单,对元素访问随机,但动态性不够,是实现静态线性数据管理的理想方式。链表存储方式对频繁增删结点且表长有较大变化的应用来说更加适合。

广义表是对一般线性表的推广,是一种"表中有表"的数据元素组织方式。广义表可以采用多重链表方式实现,即多个单向链表的综合,其中存在一些结点属于多个链表。稀疏矩阵的典型实现方式是采用横纵(行列)交错的多重链表(十字链表)。

堆栈是一种只在一端做插入删除的受限的线性表,具有"后进先出"的特点,主要操作包括:入栈、出栈、栈满和栈空判断。堆栈的实现可以采用顺序存储(数组)和链式存储两种方式。在实际应用中,顺序存储实现方式更加常见和方便。堆栈的应用非常广,常见的应月包括:表达式求值、函数调用和递归实现、深度优先搜索等。本章重点分析了表达式求值和迷宫问题。

队列是一种在一端进行插入而在另一端进行删除的受限的线性表，具有"先进先出"的特点，主要操作包括：入队、出队、队满和队空判断。队列的实现也可以采用顺序存储（数组）和链式存储两种方式。顺序存储实现方式主要采用循环数组实现，其中队空和队满的判断需要特别关注。队列的应用也非常广，包括：广度优先搜索、操作系统中各种竞争性资源（如 CPU）的管理、实际应用中服务资源的获得（如银行窗口服务）等。

习　题

3.1　判断正误。

（1）若某线性表最常用的操作是存取任一指定序号的元素和在最后进行插入和删除运算，则利用顺序表存储最节省时间。

（2）若一个栈的输入序列为 $1,2,3,\cdots,N$，输出序列的第一个元素是 i，则第 j 个输出元素一定是 $j-i-1$。

（3）在用数组表示的循环队列中，front 值一定小于等于 rear 值。

3.2　填空题。

（1）数组 $A[1..5,1..6]$ 每个元素占 5 个单元，将其按行优先次序存储在起始地址为 1000 的连续的内存单元中，则元素 $A[5,5]$ 的地址为_____。

（2）带头结点的单链表 L 为空的判定条件是_____。

（3）通过对堆栈 S 操作：Push(S,1), Push(S,2), Pop(S), Push(S,3), Pop(S), Pop(S)。输出的序列为_____。

（4）如果循环队列用大小为 m 的数组表示，且用队头指针 front 和队列元素个数 size 代替一般循环队列中的 front 和 rear 指针来表示队列的范围，那么这样的循环队列可以容纳的元素个数最多为_____。

3.3　给定一个顺序存储的线性表 $L=(a_1,a_2,\cdots,a_n)$，请设计一个算法删除所有值大于 min 而且小于 max 的元素。

3.4　给定一个顺序存储的线性表 $L=(a_1,a_2,\cdots,a_n)$，请设计一个算法查找该线性表中最长递增子序列。例如，(1,9,2,5,7,3,4,6,8,0) 中最长的递增子序列为 (3,4,6,8)。

3.5　请设计时间和空间上都尽可能高效的算法，求链式存储的线性表的倒数第 m 个元素。

3.6　请设计实现两个链式存储的一元多项式乘法运算的算法，并分析该算法的时间复杂性。

3.7　如果有 1、2、3、4、5 按顺序入栈，不同的堆栈操作（pop,push）顺序可得到不同的堆栈输出序列。请问共有多少种不同的输出序列？为什么？

3.8　请编写程序检查 C 语言源程序中下列符号是否配对：/* 与 */、(与)、[与]、{ 与 }。输入为 C 语言源程序文件。

3.9　假设以 S 和 X 分别表示入栈和出栈操作。如果根据一个仅有 S 和 X 构成的序列，对一个空堆栈进行操作，相应操作均可行（如没有出现删除时栈空）且最后状态也是栈空，则称该序列是合法的堆栈操作序列。请编写程序，输入 S 和 X 序列，判断该序列是否合法。

3.10　利用堆栈可以以非递归方式求解汉诺塔问题。请编写非递归方式的汉诺塔问题求解算法。

3.11　请编写程序将中缀表达式转换为后缀表达式。

3.12 如果用一个循环数组表示队列,并且只设队列头指针 Front,不设尾指针 Rear,而是另设 Count 记录队列中元素。请编写算法实现队列的入队和出队操作。

3.13 双端队列(deque,即 double-ended queue 的缩写)是一种具有队列和栈性质的数据结构,即可以(也只能)在线性表的两端进行插入和删除。若以顺序存储方式实现双端队列,请编写例程实现下列操作。

(1) Push(X,D):将元素 X 插入到双端队列的头;

(2) Pop(D):删除双端队列的头元素,并返回;

(3) Inject(X,D):将元素 X 插入到双端队列的尾部;

(4) Eject(D):删除双端队列的尾部元素,并返回。

3.14 在栈的顺序存储实现中,另有一种方法是将 Top 定义为栈顶的上一个位置。请编写程序实现这种定义下堆栈的入栈、出栈操作。如何判断堆栈为空或者满?

第 4 章 树

4.1 引子

4.1.1 问题的提出

我们已学过线性表,并知道,所谓线性是指其任何元素至多有一个前驱或一个后继元素。一般情况下,不管是用数组实现还是用链表实现,对线性表的大多数操作总避免不了线性的时间复杂度,这是由于其逻辑结构是线性的这一本质特性所决定的。

客观世界中许多事物具有层次关系,例如,人类社会的家族谱、各种社会组织机构、图书馆中图书的分类存放等,这些事物中各元素之间有分支、层次关系。图 4.1 部分地表示了图书馆中图

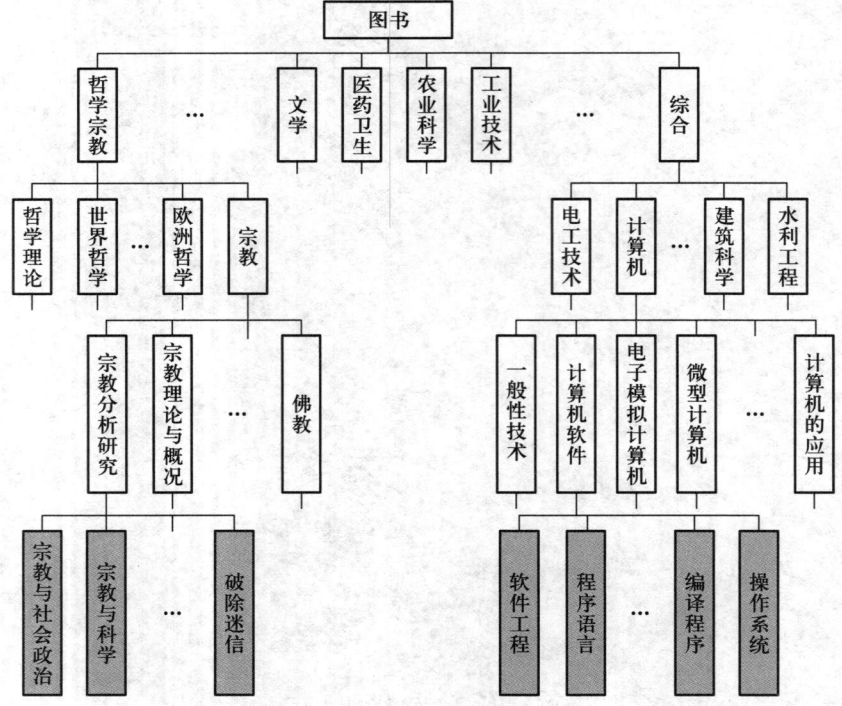

图 4.1 图书分类

书的分类,图 4.1 中省略了绝大多数具体分类,而只是说明一个层次框架。在各分类层次中,具体分类标识在方框(称为结点)内,而它们之间的隶属关系用连线(分支)表示出来。

图 4.1 中灰颜色方框列出了具体类型的图书实体,而白色方框表示的是分类实体隶属关系。如果我们只用线性表来存储图书实体,而忽视隶属关系的话,得到图 4.2 所示的线性存储结构,这相当于将图书实体随机存储在一个线性空间内。

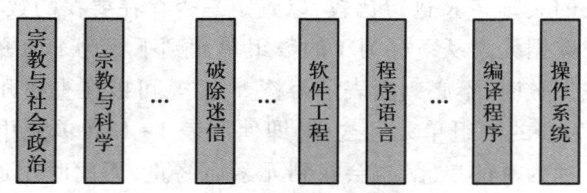

图 4.2 图书实体的线性表存储

试想采用这种丢弃分类线索并按线性表存储的方式,若要查找某一个具体的图书实体,算法的时间复杂度是多少? 如果我们能有一种存储方式将隶属关系也考虑在内,查找某一图书实体的算法是否能有更高的效率?

4.1.2 查找

为了更好地理解树的结构和特性,在正式回答上述问题和介绍树的内容之前,我们首先通过线性表介绍静态查找的概念,并以两个实例详细介绍顺序查找和二分查找的实现过程与算法。在此基础上再给出非线性结构树的概念,以使读者对线性和非线性结构的本质特征有更好的理解。

查找(Searching)在人们日常生活中被频繁使用,例如从字典中查找某个单词的读音与注解,从黄页簿中查找某个单位的地址和电话等。严格的定义为:给定一个记录的集合 R,根据某个给定的关键字 K,从集合 R 中找出关键字与 K 相同的记录,这个过程称为"查找"。若集合中存在这样的记录,则称查找是"成功的",返回该记录的信息或该记录在集合中的位置;若集合中不存在这样的记录,则称查找为"不成功的",返回一个空记录或空指针。

查找可分静态和动态两种情况考虑,又分为利用比较和利用映射两种查找思路。所谓静态查找,是指集合中的记录是固定的,不涉及对记录的插入和删除操作,而仅仅是按关键字查找记录。例如,一本词典中所含的词汇是固定不变的,当人们想了解某一个词汇时,以此词汇作为关键字就可以查到其含义。又如 C 语言编译器工作时就是在静态的关键字表(包括关键词 include、typedef、struct、int、double、for、while、return 等)中查找的。

静态查找的效率主要用"平均查找长度"这一指标来衡量。设查找集合中第 i 个记录的概率是 $p_i(\sum_{i=0}^{N-1} p_i = 1)$,且需要进行 n_i 次比较才能找到,则成功查找的平均查找长度定义为 $\sum_{i=0}^{N-1} p_i n_i$。因为在实际应用中,往往查找成功的可能性比不成功的可能性大得多(如在词典中查找词汇),

故可以重点考察成功查找的平均查找长度。一个好的查找算法应能使平均查找长度最小化。

静态查找通常是从一个线性表中查找数据元素,线性表可以是基于数组的顺序存储或者是线性链表存储,已经在 3.2.2 节及 3.2.3 节中分别给出了定义。下面讨论 2 种静态查找方法。

方法 1:顺序查找

顺序查找是一种最基本、直接的查找方法。它从线性表的一端开始,向另一端逐个取出数据元素的关键字,并与要找的关键字 K 进行比较,以判定是否存在要找的数据元素。

以数组存储为例,设数据元素从下标为 1 的数组单元到下标为 Last 的单元存放。为了简化算法,使得从后向前查找失败时,不必判断表是否检查完毕,可以在查找开始前,作为哨兵将要查找的关键字 K 存入下标为 0 的数组单元。这样,即使原表 1~Last 单元中没有关键字为 K 的记录,算法再多一次查找下标为 0 的单元,也会找到元素而终止,而此时用返回数组下标值 0 表明查找失败。

代码 4.1 给出了顺序查找算法的实现函数 SequentialSearch。

```
Position SequentialSearch(List Tbl, ElementType K)
{  /*在顺序存储的表 Tbl 中查找关键字为 K 的数据元素,使用"哨兵"*/
    Position i;

    Tbl->Data[0]=K;   /*建立哨兵*/
    for(i=Tbl->Last; Tbl->Data[i]!=K; i--);
    return i;   /*查找成功返回数据元素所在单元下标;查找不成功返回 0 */
}
```

代码 4.1 顺序查找

算法复杂度分析:若有 n 个数据元素(Last 为 n),查找从数组下标为 Last 的最后一个单元开始到第一个单元逐个进行数据比对。查找结束时,算法返回一个下标值 i,关键字的比较次数则为 $n-i+1$。因此,顺序查找算法的平均查找长度为 $\sum_{i=0}^{n-1} p_i(n-i+1)$,其中 p_i 是查找第 i 个数据元素的概率。若每个数据元素的查找概率相等,即 $p_i = 1/n$,则等概率情况下的平均查找长度为 $\sum_{i=0}^{n-1} p_i(n-i+1) = \sum_{i=1}^{n} \frac{1}{n}(n-i+1) = \frac{n+1}{2}$;查找不成功时,每个关键字比较一次,直到哨兵为止,共进行了 $n+1$ 次比较。由此可见,顺序查找算法的时间复杂度为 $O(n)$。

方法 2:二分查找

从查找方法 1 我们知道,顺序查找算法的时间复杂度是线性的。而当线性表中数据元素是按大小排列存放时,可以设计一种更高效率的新算法——二分查找。二分查找也称为折半查找,是针对线性表中数据的存放是有序的这一特殊性,而采用的一种有效方法。

假设 n 个数据元素的关键字满足 $k_1<k_2<\cdots<k_n$,试想若要查找的关键字 K 小于线性表中的某

一关键字 k_i，那么接下来是从 k_i 的左边还是右边继续查找？答案是显而易见的，要找的元素只可能是在 k_i 左边的 $i-1$ 个元素中，而一定不会是在 k_i 的右边。因此，利用有序这一特性可以缩小查找的范围，使得接下来的查找总是在上一次查找范围的一个子集中进行。

二分查找是每次在要查找的数据集合中取出中间元素关键字 k_{mid} 与 K 进行比较，根据比较结果确定是否要进一步查找。当 $K = k_{mid}$，查找成功；否则，将在 k_{mid} 的左半部分或者右半部分继续下一步查找。以此类推，每步的查找范围都将是上一次的一半，因此，二分查找也常常被称为折半查找。

[**例 4.1**] 假设有 13 个数据元素，它们的关键字为 51,202,16,321,45,98,100,501,226,39,368,5,444。若按关键字由小到大顺序存放这 13 个数，二分查找关键字为 444 的数据元素过程如下。

第一步：要查找数据集合的左边界(left)为下标为 1 的元素，右边界(right)为下标为 13 的元素，则此范围内中间元素的下标为 $mid = \dfrac{left+right}{2} = 7$。关键字 K 与 mid 单元的关键字相比较，结果为 444>100。下一步的查找将在 mid 的右边继续进行。此时，左边界重新设置为 left=micdle+1，而右边界保持不变。

5	16	39	45	51	98	100	202	226	321	368	444	501
1	2	3	4	5	6	7	8	9	10	11	12	13
↑left						↑mid						↑right

第二步：此时的左边界为 left=8，右边界为 right=13，计算此范围内中间单元的下标为 mid=10。K 与 mid 单元的关键字比较，结果为 444>321。下一步将继续在 mid 单元的右边查找。

5	16	39	45	51	98	100	202	226	321	368	444	501
1	2	3	4	5	6	7	8	9	10	11	12	13
							↑left		↑mid			↑right

第三步：此时的左边界为 left=11，右边界仍然是 13，计算中间单元下标 mid=12。K 与 mid 单元的关键字比较，结果为 444=444，表明已在线性表中找到要查找的元素。

5	16	39	45	51	98	100	202	226	321	368	444	501
1	2	3	4	5	6	7	8	9	10	11	12	13
										↑left	↑mid	↑right

上述过程中灰色单元表示某一步不必考虑(缩小)的查找范围。经过上述三步(三次比较)找到了关键字为 444 的元素。而采用从左到右的顺序查找将需要比较 12 次。

[**例 4.2**] 仍然以上面 13 个数据元素构成的有序线性表为例,二分查找关键字为 43 的数据元素过程如下:

第一步:与例 4.1 相同,left = 1、right = 13、mid = 7。关键字 K 与 mid 单元的关键字相比较,结果为 43<100。

5	16	39	45	51	98	100	202	226	321	368	444	501
1	2	3	4	5	6	7	8	9	10	11	12	13

↑ left   ↑ mid   ↑ right

第二步:查找将在 mid 的左边继续进行。此时,右边界重新设置为 right = middle − 1 = 6,而左边界保持不变。在缩小的范围内,mid = 3。关键字 K 与 mid 单元的关键字相比较,结果为 43>39。

5	16	39	45	51	98	100	202	226	321	368	444	501
1	2	3	4	5	6	7	8	9	10	11	12	13

↑ left   ↑ mid   ↑ right

第三步:查找将在第二步的 mid 的右边继续进行。此时,左边界重新设置为 left = middle + 1 = 4,而右边界保持不变。在缩小的范围内,mid = 5。关键字 K 与 mid 单元的关键字相比较,结果为 43<51。

5	16	39	45	51	98	100	202	226	321	368	444	501
1	2	3	4	5	6	7	8	9	10	11	12	13

                 ↑ left   ↑ mid   ↑ right

第四步:查找将在第三步的 mid 的左边继续进行。此时,右边界重新设置为 right = middle − 1 = 4,而左边界保持不变。在缩小的范围内,mid = 4。此时,查找范围缩小到只有一个单元。关键字 K 与 mid 单元的关键字相比较,结果为 43<45。

5	16	39	45	51	98	100	202	226	321	368	444	501
1	2	3	4	5	6	7	8	9	10	11	12	13

            ↑ left, mid, right

第五步:查找将在上一步的 mid 的左边继续进行。右边界重新设置为 right = middle − 1 = 3,而左边界仍为 4,保持不变。此时,出现了左右边界错位的情况,右边界已小于左边界,表明二分查找结束,没有发现所要找的数据元素。

分析上述例题两个关键值查找的过程,可以得到代码 4.2 所示的二分查找算法。

```
#define NotFound 0 /*找不到则返回 0 */

Position BinarySearch(List Tbl, ElementType K)
{   /*在顺序存储的表 Tbl[1..Last]中查找关键字为 K 的数据元素 */
    Position left, right, mid;

    left=1;              /*初始左边界*/
    right=Tbl->Last;     /*初始右边界*/
    while(left<=right)
    {
        mid=(left+right)/2;    /*计算中间元素坐标*/
        if(K<Tbl->Data[mid])  right=mid-1;   /*调整右边界*/
        else if(K>Tbl->Data[mid])  left=mid+1;  /*调整左边界*/
        else return mid;    /*查找成功,返回数据元素的下标*/
    }
    return NotFound;    /*返回查找不成功的标识*/
}
```

代码 4.2　二分查找

与顺序查找算法不同,我们不必通过在 0 单元增加哨兵来判断查找是否成功,而是通过判断是否还有合理的剩余查找范围。因此,其实可以将表中元素从单元 0 开始存起,那么当查找失败时二分查找算法返回的 NotFound 就应该是一个负数(比如-1)。

算法时间复杂度分析:从算法代码 4.2 可以看出,当线性表中没有所要查找的元素时,算法复杂度达到最大。设经过 k 步,查找范围从 n 减小到 1。因为每步查找范围是上一步的二分之一,可得到关系 $n/2^k=1$,即 $k=\log_2 n$。由此可以得到结论:二分查找算法具有对数的时间复杂度 $O(\log n)$。

至此,我们已知道顺序查找和二分查找都属于静态查找方法,所谓静态是指数据一旦建立起来就基本不添加新的数据元素,也不删除原有的数据元素。因此用数组存放数据并通过下标访问数据元素既方便又高效。但当数据集变化频繁,采用链表存储时,这种基于有序性的二分查找策略还适用吗?在本章后面我们将介绍二叉搜索树,大家还会看到,基于二分查找思路的动态结构方法。

4.2　树的定义、表示和术语

从上一节静态查找算法我们知道,当数据具有有序性时,基于线性表的二分查找算法时间复

杂度可以达到 $O(\log n)$。我们要问的是,当数据组成不具有这种特性时,是否能采用其他的非线性表数据结构,使得算法也具有较好的时间复杂度? 接下来本章的重要内容有关树结构及其应用(二叉搜索树和 AVL 树)将使读者得到答案。

树是一种十分重要的非线性数据结构,它的形式化定义如下:

[定义 4.1] 树(Tree)是 $n(n \geq 0)$ 个结点构成的有限集合。当 $n=0$ 时,称为空树;对于任一棵非空树($n>0$),它具备以下性质:

(1) 树中有一个称为"树根"(Root)的特殊结点,用 r 表示。

(2) 其余结点可以划分为 m 个不相交的子集 $T_1, T_2, \cdots, T_m$。任何子集 $T_i (i \in [1, m])$ 也是一个树,称为根结点 r 的"子树"(SubTree)。每个子树的根结点都与 r 有一条相连接的边,r 是这些子树根结点的"父结点"(Parent)。

由上述树的定义可以看出这是一种递归的定义形式。由于子树是不相交的,那么除了根结点外,树中每条边将某个结点与其父结点连起来。因此,除了根结点外,每个结点有且仅有一个父结点。这隐含着一棵 N 个结点的树有 $N-1$ 条边。

在以下有关树的内容介绍中,树的结点用圆圈表示,圈内用一个数字或字母等符号代表该结点的数据信息(比如,可以是关键字),例如图 4.3 中的字母 A、B、C、… 是树的结点。而树枝(树的边)仍然用结点之间的连线表示。图 4.3(a)是一个具有 13 个结点的树的逻辑表示形式,根结点 A 有 4 个子树,假设命名为 T_{A1}、T_{A2} 和 T_{A3}、T_{A4}(见图 4.3 中的(b)、(c)、(d)、(e)子图),4 个子树的根结点分别是 B、C、D 和 E。B 结点又有两个子树,依此类推,树中的每个结点都是其子树的根结点。

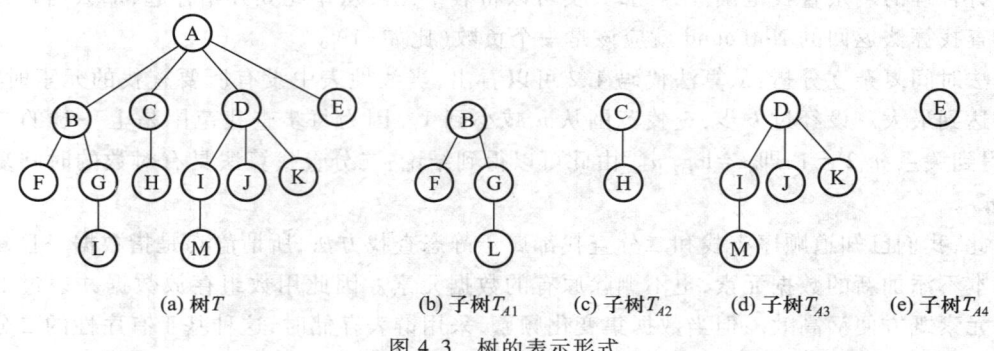

(a) 树 T (b) 子树 T_{A1} (c) 子树 T_{A2} (d) 子树 T_{A3} (e) 子树 T_{A4}

图 4.3 树的表示形式

$m(m \geq 0)$ 棵树的集合称为"森林(Forest)"。对树中每个结点而言,其子树的集合即为森林。例如,对于图 4.3(a)中根结点 A,它的 4 棵子树 T_{A1}、T_{A2} 和 T_{A3}、T_{A4} 就构成了一个森林。因此,任何一棵树可以看作为一个二元组 Tree = (Root, Forest),其中 Root 是根结点,Forest 是这个根结点所有子树构成的森林。

有关树的一些基本术语包括:

(1) 结点的度(Degree):一个结点的度是其子树的个数。例如,图 4.3(a)中结点 D 的度为

3,结点 E 的度为 0。

(2) 树的度:树的所有结点中最大的度数。例如,图 4.3(a)的树中结点 A 有最大的度数 4,所以这棵树的度为 4。

(3) 叶结点(Leaf):是度为 0 的结点。叶结点也可称为端结点,图 4.3(a)中 E、F、H、J、K、L 和 M 等 7 个结点是叶结点。

(4) 父结点(Parent):具有子树的结点是其子树的根结点的父结点。例如,图 4.3(a)中 B 是 F、G 的父结点。

(5) 子结点(Child):与父结点相反,对于某一个结点来讲,其子树的根结点是它的子结点。例如,图 4.3(a)中 F 和 G 是 B 的子结点。

(6) 兄弟结点(Sibling):具有同一父结点的各结点彼此是兄弟结点。例如,图 4.3(a)中 B、C、D、E 有共同的父结点 A,它们彼此是兄弟结点。

(7) 祖先结点(Ancestor):沿树根到某一结点路径上的所有结点都是这个结点的祖先结点。例如,图 4.3(a)中 A、B、G 是 L 的祖先。

(8) 子孙结点(Descendant):某一结点的子树中的所有结点是这个结点的子孙。例如,图 4.3(a)中 F、G、L 是 B 的子孙。

(9) 结点的层次(Level):规定根结点在 1 层,其他任一结点的层数是其父结点的层数加 1。例如,图 4.3(a)中结点 G 在第 3 层。

(10) 树的深度(Depth):树中所有结点中的最大层次是这棵树的深度。例如,图 4.3(a)树 T 的深度为 4。树的高度(Height)跟深度是一样的,只不过是自底向上计数。叶结点的高度规定为 1,其他任一结点的高度层数是其所有子结点的最大高度层数加 1。树的高度就是其根结点的高度。

(11) 分支:树中两个相邻结点的连边称为一个分支。

(12) 路径和路径长度:从结点 n_1 到 n_k 的路径被定义为一个结点序列 $n_1, n_2, \cdots, n_k$,对于 $1 \leq i < k$,n_i 是 n_{i+1} 的父结点。一条路径的长度为这条路径所包含的边(分支)的个数。例如,图 4.3(a)中结点序列(A,D,I,M)是结点 A 到结点 M 的路径,其长度为 3。

根据上述树的定义和逻辑表示形式,很容易判断在图 4.4 中,只有图(a)是棵树。而由于图(b)、(c)、(d)都出现了子树相交、构成了回路的情况,或者说它们不满足 N 个结点的树有 $N-1$ 条边的特性,所以它们都不是树。

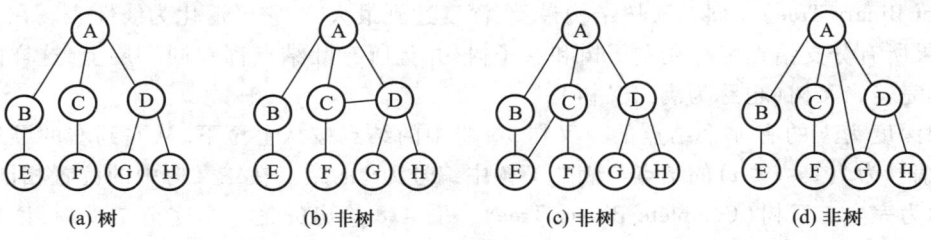

图 4.4 树与非树

4.3 二叉树

4.3.1 二叉树的定义及其逻辑表示

[定义 4.2] 一个二叉树是一个有穷的结点集合。这个集合可以为空，若不为空，则它是由根结点和称为其左子树和右子树的两个不相交的二叉树组成。

根据二叉树的定义，一般来讲，一棵二叉树可以看作为由一个根结点 Root 和其左右两棵子树 T_L 和 T_R 组成。具体可有 5 种基本形态，分别是：① 空二叉树；② 只有根结点的二叉树；③ 只有根结点和左子树 T_L 的二叉树；④ 只有根结点和右子树 T_R 的二叉树；⑤ 具有根结点、左子树 T_L 和右子树 T_R 的二叉树。图 4.5 是这 5 种基本形态二叉树的图示表示形式。

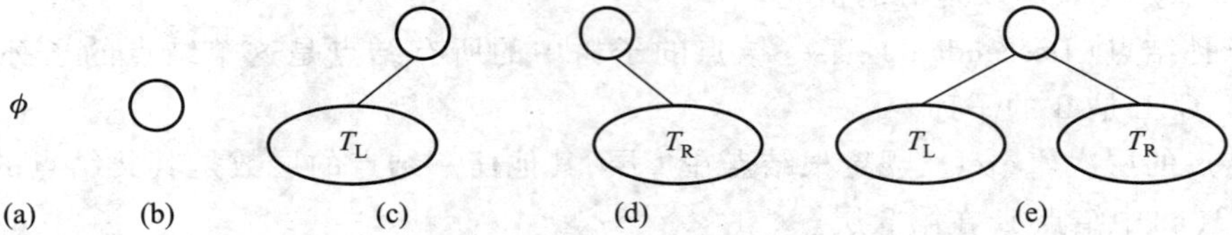

图 4.5 二叉树的五种基本形态

上述二叉树的定义采用了递归定义方法。与树的一般定义不同，除了每个结点至多有两棵子树外，子结点是有左右顺序之分的。例如，图 4.6 中的两个树按一般树的定义它们是同一个树，而对于二叉树来讲，它们是不同的两个树，因为第一个二叉树的右子树为空，而第二个二叉树的左子树为空。

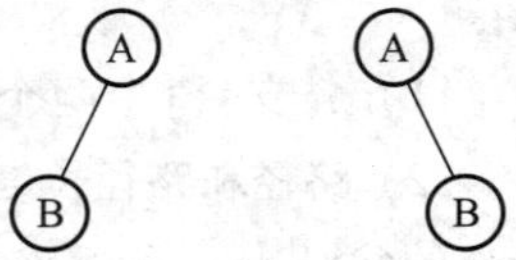

图 4.6 两个不同的二叉树

4.3.2 二叉树的性质

二叉树的深度小于等于结点数 N，可以证明平均深度是 $O(\sqrt{N})$。图 4.7 所示为两个二叉树的特例，图 4.7(a)是斜二叉树(Skewed Binary Tree)(也称为退化二叉树)，图 4.7(b)是完美二叉树(Perfect Binary Tree)。斜二叉树结构最差，深度达到最大 N，它已退化为线性表。在一棵二叉树中，如果所有分支结点都存在左子树和右子树，并且所有叶结点都在同一层上，这样的一棵二叉树称作完美二叉树(也称为满二叉树)。

一棵深度为 k 的有 n 个结点的二叉树，对树中的结点按从上至下、从左到右的顺序进行编号，如果编号为 $i(1 \leqslant i \leqslant n)$ 的结点与满二叉树中编号为 i 的结点在二叉树中的位置相同，则这棵二叉树称为完全二叉树(Complete Binary Tree)。图 4.8 给出的是一个完全二叉树，读者可以对照图 4.8 与图 4.7(b)看到它们的对应关系。完全二叉树的特点是：叶结点只能出现在最下层和

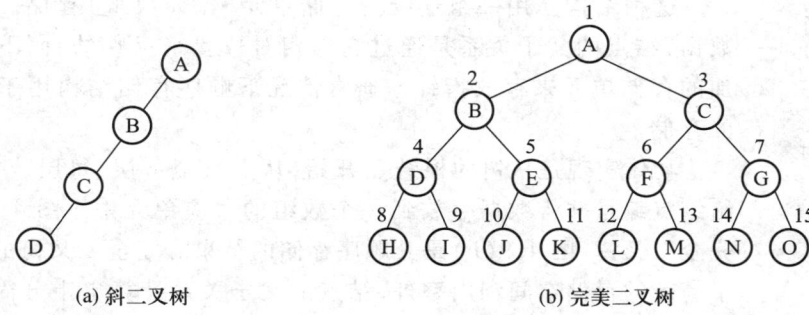

(a) 斜二叉树　　　　　　(b) 完美二叉树

图 4.7　斜二叉树和满二叉树

次下层,且最下层的叶结点集中在树的左部。显然,一棵完美二叉树必定是一棵完全二叉树。完全二叉树是最理想的树结构,很容易证明有 N 个结点的完全二叉树的深度为 $O(\log N)$。

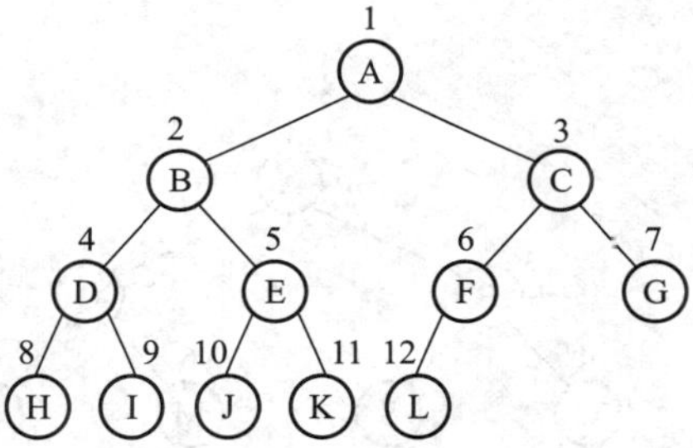

二叉树有很多重要的性质,下面就罗列部分非常有用的性质。

(1) 用数学归纳法容易证明:一个二叉树第 i 层的最大结点数为 $2^{i-1}, i \geq 1$。

(2) 利用等比数列求和公式,容易得到:深度为 k 的二叉树有最大结点总数 $2^k - 1, k \geq 1$。

(3) 对任何非空的二叉树 T,若 n_0 表示叶结点的个数、n_2 是度为 2 的非叶结点个数,那么两者满足关系 $n_0 = n_2 + 1$。

图 4.8　完全二叉树

这个公式看上去有趣的地方是,二叉树中明明有 3 类结点,而公式中却只涉及到度数为 0 和 2 的结点数,那么 n_1 到哪里去了?让我们略花时间仔细看一下各类结点之间的关系。

设 n_1 是二叉树中度为 1 的结点个数、n 是总的结点个数,那么可得到公式 4.1:

$$n = n_0 + n_1 + n_2 \qquad \text{(公式 4.1)}$$

因为除了根结点外,树中每个结点有且仅有一条与其父结点相连的边。结点数 n 与边数 B 满足关系 $B = n - 1$。而 $B = n_1 + 2n_2$,所以有公式 4.2:

$$n = 1 + n_1 + 2n_2 \qquad \text{(公式 4.2)}$$

公式 4.1 减公式 4.2 就得到 $n_0 = n_2 + 1$。

(4) 根据完全二叉树的定义和性质 1 可知:具有 n 个结点的完全二叉树的深度 k 为 $\lfloor \log_2 n \rfloor + 1$。

4.3.3　二叉树的存储结构

在计算机内存中存储二叉树时,除了存储它的每个结点数据外,结点之间的逻辑关系(父子关系)也要得到体现。

微视频 4-1
完全二叉树的顺序存储方法

1. 顺序存储结构

这种结构是用一组连续的存储单元(比如数组)存储二叉树结点的数据,结点的父子关系是通过它们相对位置来反映的,而不需要任何附加的存储单元来存放指针。通常情况下顺序存储结构用于完全二叉树的存储。

具体实现是从树的根结点开始,从上层至下层,每层从左到右,依次给结点编号并将数据存放到一个数组的对应单元中。图 4.9(a)是一个完全二叉树,图 4.9(b)是其顺序存储的结果。完全二叉树的顺序存储除了高效的存储空间利用率外,结点的父子关系计算也十分简单高效。从图 4.9(a)可知,结点 C 的父结点是结点 B,它的左孩子是结点 W,右孩子是结点 K。从图 4.9(b)可知,C 结点存储单元的下标是 4,将其除以 2 得到它的父结点 B 的存储单元下标,而将其乘以 2 则是它的左孩子 W 存储单元的下标,当然将其乘 2 再加 1 则是它右孩子 K 的存储单元下标。

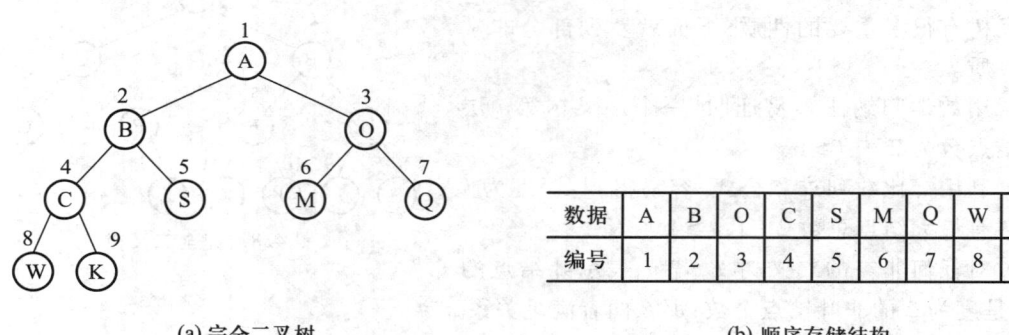

图 4.9 完全二叉树及其顺序存储

概括起来,在 N 个结点的完全二叉树中,对于下标为 i 的结点:

(1) 当 $\lfloor i/2 \rfloor \geq 1$ 时,$\lfloor i/2 \rfloor$ 单元是其父结点;当 $\lfloor i/2 \rfloor = 0$ 时,表明该结点是树的根结点,无父结点。

(2) 当 $2i \leq N$ 时,$2i$ 单元是其左孩子;否则无左孩子。

(3) 当 $2i+1 \leq N$ 时,$2i+1$ 单元是其右孩子;否则无右孩子。

还要特别声明的是,这种下标的简单运算确定父子关系所用的数组起始单元下标是 1,而不是 0。

2. 二叉树的链表存储

虽然完全二叉树的顺序存储具有存储空间利用率高、计算简单的双重优点,但它并不适合于一般的二叉树。比如图 4.10 是一个二叉树及其他的顺序存储结果。

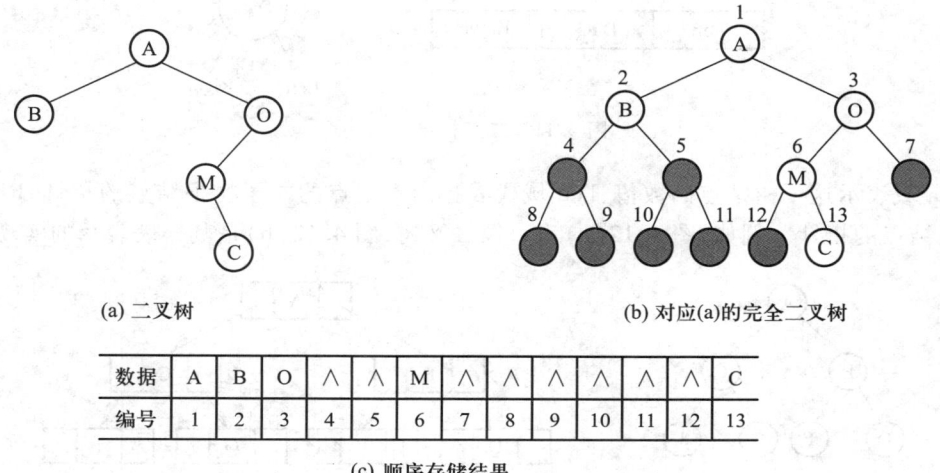

图 4.10 一般二叉树的顺序存储

图 4.10(a)为给定的二叉树。图 4.10(b)给出了从上至下、从左至右的层序存储的对应结点编号,其中灰色结点是为了满足顺序存储要求而增加的"虚"结点,可以在相应的存储单元存放一个特殊的数值,以区别于其他"实结点"。图 4.10(c)则是最终的存储结果。可以看到,5 个结点的二叉树,顺序存储需要 13 个存储单元,超过一半的存储空间浪费掉了。更有甚者,对一个深度为 k 的右斜二叉树来讲,需要 2^k-1 个存储单元,而实际上该斜二叉树只有 k 个结点。

另外,二叉树的顺序存储方式避免不了顺序存储的固有缺点,即不易实现增加、删除操作。因此,二叉树的顺序存储方式适用于一定的条件,对于不需要修改的完全二叉树,是一种较好的选择。

实际上,二叉树的最常用表示方法是用链表表示,每个结点由数据和左右指针三个数据成员组成(如图 4.11 所示),代码 4.3 为其结构定义。

```
typedef struct TNode * Position;
typedef Position BinTree;   /*二叉树类型 */
struct TNode{/*树结点定义  */
    ElementType Data;    /*结点数据 */
    BinTree Left;        /*指向左子树 */
    BinTree Right;       /*指向右子树 */
};
```

代码 4.3 二叉树的链表结构

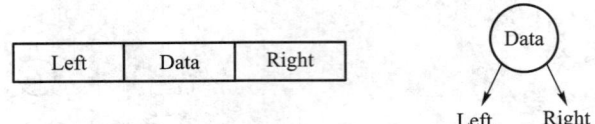

图 4.11 二叉树结点结构

其中,Data 域表示这个树结点的数值,Left 域代表指向本结点的左子树根结点的指针,Right 是其右子树根结点的指针。例如,图 4.12(a)为一棵二叉树,图 4.12(b)是其链表表示的实现。

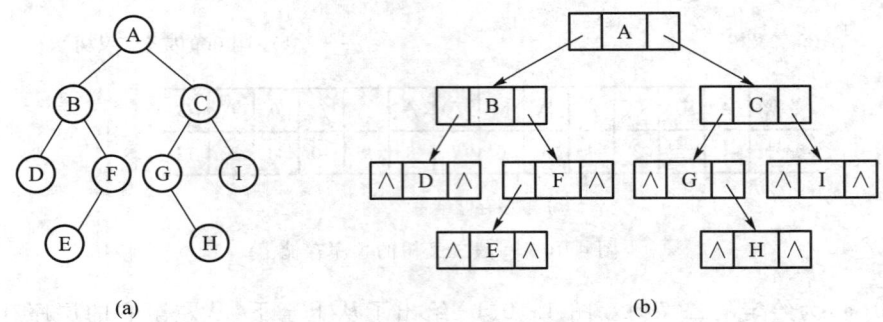

图 4.12 树的链表实现

虽然在图 4.12(a)中每条连线上没有用箭头指定方向,但各连线仍然是有向的,其方向隐含从上而下,即连线的上方结点是下方结点的父结点或称为"前驱结点",下方结点是上方结点的子结点或称为"后继结点"。

4.3.4 二叉树的操作

首先我们给出二叉树的抽象数据类型定义。

类型名称:二叉树(BinTree)

数据对象集:一个有穷的结点集合。这个集合可以为空,若不为空,则它是由根结点和其左、右二叉子树组成。

操作集:对于所有 BT $\in$ BinTree,重要的操作有:

(1) bool IsEmpty(BinTree BT):若 BT 为空返回 true;否则返回 false;

(2) void Traversal(BinTree BT):二叉树的遍历,即按某一顺序访问二叉树 BT 中的每个结点仅一次;

(3) BinTree CreatBinTree( ):创建一个二叉树。

判断二叉树是否为空是比较简单的事。下面我们着重介绍遍历和创建二叉树的操作。

1. 二叉树的遍历

树的遍历是指访问树的每个结点,且每个结点仅被访问一次。访问是一个抽象的概念,实际上可以是对结点数据的各种处理,比如输出结点信息。二叉树的遍历可按二叉树的构成以及访问结点的顺序分为四种方式,即先序遍历、中序遍历、后序遍历和层序遍历。

前三种顺序的命名是依据一个结点和其左右子树被访问的先后次序。我们用 L、V 和 R 分别表示遍历左分支(L)、访问结点(V)和遍历右分支(R),那么可以有六种不同的访问顺序,它们是 LVR、LRV、VLR、VRL、RVL 和 RLV。若再规定对某一结点左子树的遍历总是在右子树之前,则只要考虑三种次序的遍历,即 LVR、LRV 和 VLR。按 V 的位置,它们分别代表中序遍历、后序遍历和先序遍历。这三种遍历的区别在于同一结点在不同时刻访问,在其各自的遍历结果序列中位置不同。

(1)中序遍历。

它是指对树中任一结点的访问是在遍历完其左子树后进行的,访问此结点后,再对其右子树遍历。遍历从根结点开始,遇到每个结点时,其遍历过程为:

① 中序遍历其左子树;

② 访问根结点;

③ 中序遍历其右子树。

这个过程用递归可以很方便地实现,如代码 4.4 所示。在此函数中,"访问结点"定义为用屏幕输出结点的数据。在实际应用中,读者可以根据自己的需要另外定义"访问结点"函数。

```
void InorderTraversal(BinTree BT)
{   if(BT) {
        InorderTraversal(BT->Left);
        /* 此处假设对 BT 结点的访问就是打印数据 */
        printf("%d", BT->Data);  /*假设数据为整型 */
        InorderTraversal(BT->Right);
    }
}
```

代码 4.4 二叉树中序遍历

如果从非递归的角度理解,遍历实际上是从树根结点开始,沿其左孩子域向下移动,直到某一结点再无左孩子为止,访问这个最左边的结点,接下来再从此结点的右孩子结点开始进行中序遍历,当右子树遍历完了以后,退回到上一层的未访问结点继续二叉树的遍历,直到树中所有的结点被访问到为止。

在图 4.13 的举例中,标注出了二叉树中序遍历算法的执行过程及其输出结果。其中,图 4.13(a)从根结点开始,在每条边旁的灰色箭头表示算法执行过程中沿各结点指针的探索过程,而各结点旁的带数字的黑底色圆框给出了结点输出的时刻和顺序。图 4.13(b)列出了最终的输出结果。

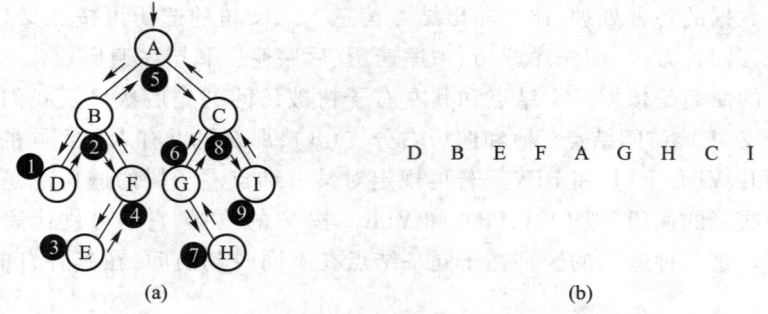

图 4.13　二叉树中序遍历过程及其结果举例

（2）先序遍历。

它是指对结点的访问是在其左、右子树遍历之前进行的。遍历是从根结点开始,遇到每个结点时,其遍历过程为：

① 访问根结点；
② 先序遍历其左子树；
③ 先序遍历其右子树。

递归实现由代码 4.5 给出。

```
void PreorderTraversal(BinTree BT)
{   if(BT) {
        printf("%d", BT->Data);
        PreorderTraversal(BT->Left);
        PreorderTraversal(BT->Right);
    }
}
```

代码 4.5　二叉树先序遍历

同中序遍历的举例类似,图 4.14 中,标注出了先序遍历二叉树的具体过程和遍历结果。

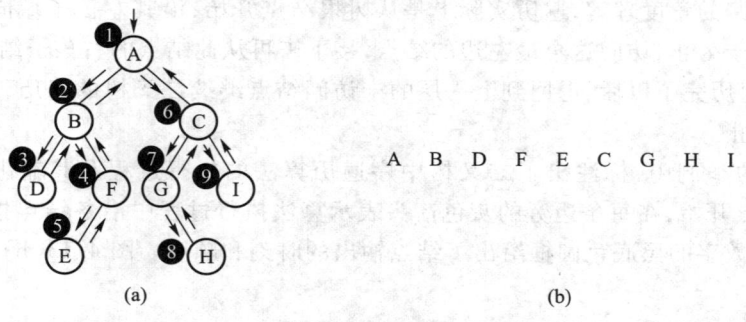

图 4.14　二叉树先序遍历过程及其结果举例

(3) 后序遍历。

它是指结点左右子树的遍历先进行,然后才是对此结点的访问。后序遍历则是从根结点开始,遇到每个结点时,其遍历过程为:

① 后序遍历其左子树;

② 后序遍历其右子树;

③ 访问根结点。

递归实现由代码 4.6 给出。

```
void PostorderTraversal(BinTree BT)
{   if(BT) {
      PostorderTraversal(BT->Left);
      PostorderTraversal(BT->Right);
      printf("%d", BT->Data);
   }
}
```

代码 4.6　二叉树后序遍历

在图 4.15 的举例中,我们标注出了后序遍历二叉树的具体过程和结果。

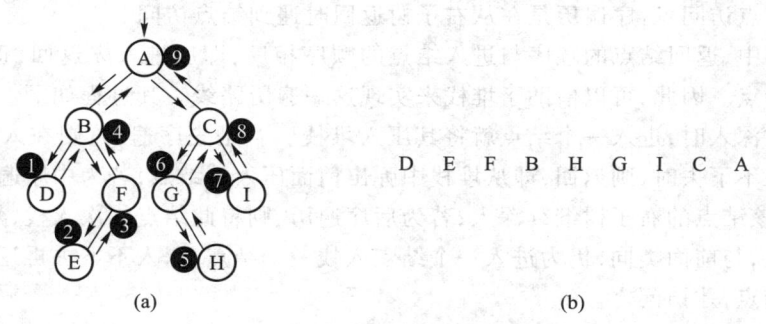

图 4.15　二叉树后序遍历过程及其结果举例

(4) 二叉树的非递归遍历。

上面给出的二叉树先序、中序和后序三种遍历算法都是递归算法。但是,并非所有程序设计语言都支持递归;另一方面,递归程序虽然简洁,但程序执行效率不高——从代码 1.10 与代码 1.9 的运行比较就可以看出。因此,就存在如何把一个递归算法转化为非递归算法的问题。下面,我们再分析、概括一下 3 种遍历方法的具体过程,在此基础上将给出解决这个问题的方法。

从二叉树先序、中序和后序遍历的遍历过程图 4.13、图 4.14 和图 4.15 所标示出的遍历路径来看,都是从根结点 A 开始的,且在遍历过程中经过结点的路线是一样的,只是访问各结点的时机不同而已。在图 4.16 中,我

微视频 4-2
二叉树的遍历路线

们用一围绕此树的连续曲线表示出这一遍历路线,路线从根结点左外侧入口处开始,由根结点右外侧出口处结束。并在从入口到出口的曲线上用⊗、☆和△三种符号分别标记出了先序、中序和后序遍历各结点的时刻。沿着该路线按⊗标记的结点读得的序列为先序序列,按☆标记读得的序列为中序序列,按△标记读得的序列为后序序列。

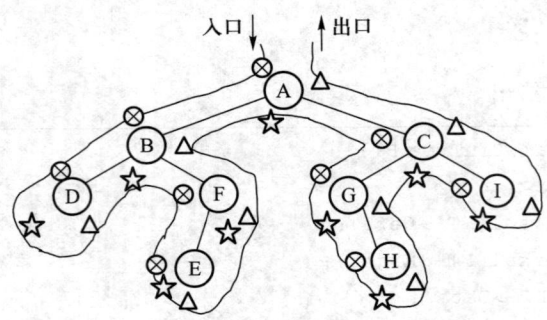

图 4.16 二叉树遍历路线示意图

注意到,这一路线正是从根结点开始沿左子树深入下去,当深入到最左端,无法再深入下去时,则返回刚才深入时遇到的结点,再逐一进入其右子树,进行如此的深入和返回,直到最后从根结点的右子树返回到根结点为止。先序遍历是在深入时遇到结点就访问,中序遍历是在从左子树返回时遇到结点访问,后序遍历是在从右子树返回时遇到结点访问。

在这一过程中,返回结点的顺序与进入结点的顺序相反,即后进入先返回,正好符合堆栈结构后进先出的特点。因此,可以借助于堆栈来实现这一遍历路线。其过程如下。

在沿左子树深入时,进入一个结点就将其压入堆栈。若是先序遍历,则在入栈之前访问之;当沿左分支深入不下去时,则返回,即从堆栈中弹出前面压入的结点;若为中序遍历,则此时访问该结点,然后从该结点的右子树继续深入;若为后序遍历,则将此结点二次入栈,然后从该结点的右子树继续深入,与前面类同,仍为进入一个结点入栈一个结点,深入不下去再返回,直到第二次从栈里弹出该结点,才访问之。

因此,按照上述描述过程,使用堆栈可以直接实现相应的非递归算法。先序和中序算法相对简单些,而后序遍历因为需要两次将一个结点入栈,情况相对复杂些。这里,我们只以中序遍历为例,介绍二叉树遍历的非递归算法。

在按中序遍历二叉树时,遇到一个结点,就把它压栈,并去遍历它的左子树;当左子树遍历结束后,从栈顶弹出这个结点并访问它,然后按其右指针再去中序遍历该结点的右子树。代码 4.7 列出了实现二叉树的非递归中序遍历的算法。

```
void InorderTraversal(BinTree BT)
{
    BinTree T;
    Stack S=CreateStack();    /*创建空堆栈 S,元素类型为 BinTree */
```

```
    T = BT;   /* 从根结点出发 */
    while(T || !IsEmpty(S)){
        while(T){/* 一直向左并将沿途结点压入堆栈 */
            Push(S, T);
            T = T->Left;
        }
        T = Pop(S);   /* 结点弹出堆栈 */
        printf("%d", T->Data);   /*（访问）打印结点 */
        T = T->Right;   /* 转向右子树 */
    }
}
```

代码 4.7　二叉树非递归中序遍历算法

（5）层序遍历。

除了先序、中序和后序三种基本的二叉树遍历方法外,有时还用到二叉树的层序遍历。层序遍历是按树的层次,从第 1 层的根结点开始向下逐层访问每个结点,对某一层中的结点是按从左到右的顺序访问。因此,在进行层序遍历时,完成某一层结点的访问后,再按它们的访问次序依次访问各结点的左右孩子,这样一层一层进行下去,先遇到的结点先访问,这与队列的操作过程是吻合的。具体的算法实现可以设置一个队列结构,遍历从根结点开始,首先将根结点指针入队,然后开始执行下面三个操作：

① 从队列中取出一个元素；
② 访问该元素所指结点；
③ 若该元素所指结点的左、右孩子结点非空,则将其左、右孩子的指针顺序入队。

不断执行这三步操作,直到队列为空,再无元素可取,二叉树的层序遍历就完成了。代码 4.8 为二叉树层序遍历算法。

```
void LevelorderTraversal (BinTree BT)
{   Queue Q;
    BinTree T;

    if (!BT) return;   /*若是空树则直接返回 */

    Q = CreatQueue();   /* 创建空队列 Q */
    AddQ(Q, BT);
    while (!IsEmpty(Q)) {
        T = DeleteQ(Q);
        printf("%d", T->Data);   /* 访问取出队列的结点 */
```

```
        if (T->Left)    AddQ(Q, T->Left);
        if (T->Right)   AddQ(Q, T->Right);
    }
}
```

代码 4.8　二叉树的层序遍历算法

仍然以图 4.16 中的二叉树为例,执行层序遍历算法得到的输出序列为(A,B,C,D,F,G,I,E,H)。

[例 4.3] 输出二叉树中的所有叶结点。

输出二叉树中的叶子结点与输出二叉树中的结点相比,它是一个有条件的输出问题。唯一的区别就是执行"访问结点"的时候,先对该结点进行检测,看它是否是叶子结点,也就是看它的左右子树是否都为空。所以只要在二叉树的遍历算法中增加检测条件就可以了。代码 4.9 所示的叶子结点输出算法是在代码 4.5 的二叉树先序遍历算法基础上修改的。

```
void PreorderPrintLeaves(BinTree BT)
{   if(BT) {
        if(!BT->Left && !BT->Right) /* 如果 BT 结点是叶子 */
            printf("%d", BT->Data);
        PreorderPrintLeaves(BT->Left);
        PreorderPrintLeaves(BT->Right);
    }
}
```

代码 4.9　二叉树叶结点输出算法

[例 4.4] 求二叉树的高度。

我们知道一棵二叉树的高度(Height)是其根结点的高度,而根结点的高度则是其左子树高度(H_L)和右子树高度(H_R)两者中的最大值加 1(如图 4.17 所示)。因此可采用二叉树遍历的原理,递归地计算出二叉树的高度。由于要获得根结点的高度,首先要获得其左右子树的高度,所以需要利用后序遍历。代码 4.10 就是根据代码 4.6 改编而来。注意:根据定义,叶结点高度为 1,所以空树的高度为 0。

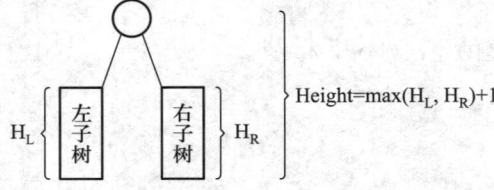

图 4.17　二叉树高度示意图

```
int GetHeight(BinTree BT)
{
    int HL, HR, MaxH;

    if(BT) {
        HL=GetHeight(BT->Left);     /*求左子树的高度 */
        HR=GetHeight(BT->Right);    /*求右子树的高度 */
        MaxH=HL>HR ? HL :HR;        /*取左右子树较大的高度 */
        return (MaxH+1);            /*返回树的高度 */
    }
    else  return 0;  /*空树高度为 0 */
}
```

代码 4.10　求二叉树高度算法

[例 4.5] 表达式树及其遍历。

为了加深对二叉树遍历的理解,我们先介绍表达式树,再将其作为二叉树的一个具体的应用看一下不同遍历的实现。

在 3.3 节我们介绍了利用堆栈进行表达式求值,知道一个表达式是由一系列运算符号和运算数组成的。为方便起见,我们只考虑二元运算,即一个运算符作用于两个运算数,比如:a+b*c+(d*e+f)*g,此表达式有加法和乘法两种二元运算符,以及 a~g 等 7 个运算数。这种一个运算符夹在两个运算数中间的表达形式称为中缀表达式。

由于每个运算符完成两个运算数的算术运算,因此用二叉树表示表达式是合适的。图 4.18 是这个表达式的二叉树表示形式,树的叶结点是运算数,可以是常数或变量名;树的非叶结点是运算符。

如果以图 4.18 的表达式树为实参调用二叉树遍历函数 InorderTraversal(代码 4.4)、PreorderTraversal(代码 4.5)和 PostorderTraversal(代码 4.6),将会分别得到不同的遍历序列,输出结果为:a+b*c+d*e+f*g、++a*bc*+*defg 和 abc*+de*f+g*+。

从表达式树的 3 种遍历可以得到 3 种不同的访问结果,基本对应于中缀表达式、前缀表达式和后缀表达式。注意,由于不同运算存在优先级,表达式树的中序遍历结果并不一定是表达式所对应的中缀形式(如图 4.18 就是这样的情况)。不过,只要做个简单的处理就能正确输出中缀表达式(请想想怎么做?提示:加括号)。实际上,有了表达式树后可以按照后缀遍历直接计算表达式。

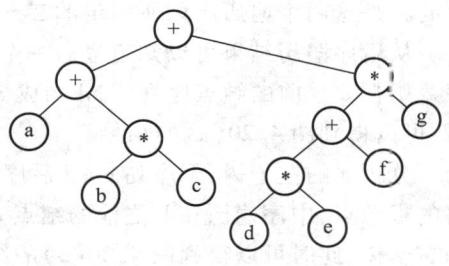

图 4.18　表达式树

[例 4.6] 由两种遍历序列确定二叉树

从前面讨论的二叉树的遍历知道,任意一棵二叉树结点的先序遍历序列和中序遍历序列都是唯一的。反过来,若已知结点的先序遍历序列和中序遍历序列,能否确定一棵二叉树?这样确定的二叉树是否是唯一的?

[分析] 根据定义,二叉树的先序遍历是先访问根结点,其次,再按先序遍历方式遍历根结点的左子树,最后,按先序遍历方式遍历根结点的右子树。这就是说,在先序序列中,第一个结点一定是二叉树的根结点。另一方面,中序遍历是先遍历左子树,然后访问根结点,最后再遍历右子树。这样,根结点在中序遍历序列中必然将其分割成两个子序列,前一个子序列是根结点的左子树的中序遍历序列,而后一个子序列是根结点的右子树的中序遍历序列。根据这两个子序列,在先序序列中找到对应的左子序列和右子序列,如图 4.19 所示。在先序序列中,左子序列的第一个结点是左子树的根结点,右子序列的第一个结点是右子树的根结点。这样,就确定了二叉树的 3 个结点。同时,左子树和右子树的根结点又可以分别把左子序列和右子序列划分成两个子序列,如此递归下去,当取尽先序序列中的结点时,便可以得到一棵二叉树。

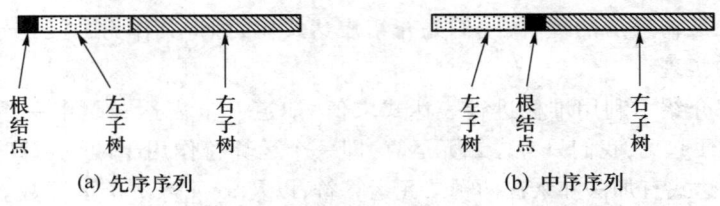

(a) 先序序列　　　　　　　(b) 中序序列

图 4.19　先序遍历序列和中序遍历序列的关系

同样的道理,由二叉树的后序遍历序列和中序遍历序列也可唯一地确定一棵二叉树。因为,依据后序遍历和中序遍历的定义,后序序列的最后一个结点(根结点),就如同先序序列的第一个结点一样,可将中序序列分成两个子序列,分别为这个结点的左子树的中序遍历序列和右子树的中序遍历序列,再拿出后序序列的倒数第二个结点,并继续分割中序序列。如此递归下去,当倒着取尽后序序列中的结点时,便可以得到一棵二叉树。

例如,已知一棵二叉树的中序遍历结果为 cbedahgijf,后序遍历结果为 cedbhjigfa,图 4.20 画出的就是这两个遍历序列所确定的二叉树。

从后序遍历结果可以知道最后一个访问的结点是 a,可推出该二叉树的根结点是 a,那么中序遍历在 a 之前的结点序列 cbed 构成 a 结点的左子树,在其后的结点序列 hgijf 则构成 a 的右子树,可以得到图 4.20(a)的结果。

分析 a 的左子树,子序列 cbed 后序遍历时,b 是最后访问到的结点,可以断定它是 a 的左子树的根结点,中序遍历在 b 之前的结点 c 构成其左子树,中序遍历在 b 后的结点序列 ed 构成了 b 的右子树,此时可以得到图 4.20(b)的结果。

分析 b 的右子树,结点 ed 在后序遍历序列中 d 排在 e 之后,d 是此右子树的根结点,在中序遍历序列中 e 排在 d 之前,说明 e 是 d 的左子树结点,由此得到图 4.20(c)的结果。

此时根结点的左子树已完全画出,用同样的方法分析根结点 a 的右子树,就可以得出最终的图 4.20(d)所示的结果。

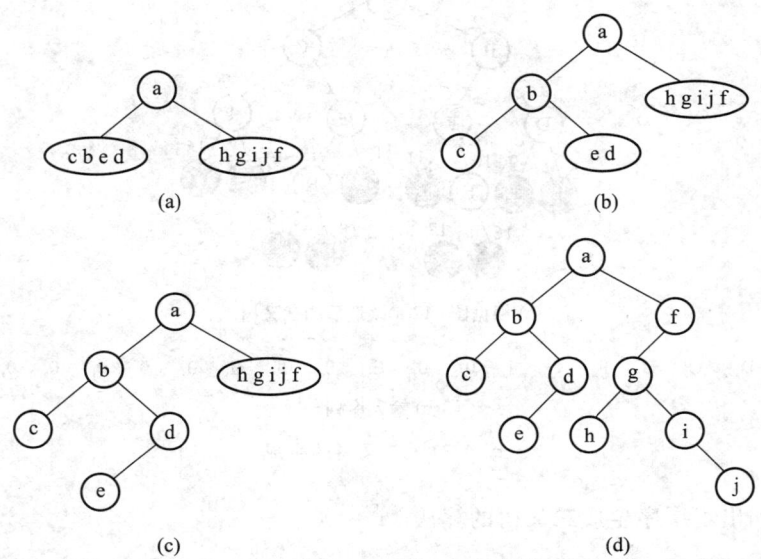

图 4.20 用中序和后序遍历序列构造其二叉树

2. 二叉树的创建

由于树是非线性结构,创建一棵二叉树必须首先确定树中结点的输入顺序,常有的方法是先序创建和层序创建两种。

层序创建所用的结点输入序列是按树的从上至下从左到右的顺序形成的,各层的空结点输入数值 0。在构造二叉树过程中,需要一个队列暂时存储各结点地址,其创建过程如下。

(1) 输入第一个数据:
- 若为 0,表示是此树为空,将空指针赋给根指针,树构造完毕;
- 若不为 0,动态分配一个结点单元,并存入数据,同时将该结点地址放入队列。

(2) 若队列不为空,从队列中取出一个结点地址,并建立该结点的左右孩子:
- 从输入序列中读入下一数据;

若读入的数据为 0,将出队结点的左孩子指针置空;否则,分配一个结点单元,存入所读数值,并将其置为出队结点的左孩子,同时将此孩子地址入队;
- 接着再从输入序列中读入下一个数据;

若读入的数据为 0,将出队结点的右孩子指针置空;否则,分配一个结点,存入所读数值,并将其置为出队结点的右孩子,同时将此孩子地址入队。

(3) 重复第(2)步过程,直到队列为空,再无结点出队,构造过程到此结束。

为了说明如何确定图 4.12(a)所示二叉树的层序输入序列,可对其进行适当改造,添加空结点(灰色结点)。图 4.21(a)是改造后的结果,4.21(b)则是对应的输入序列。

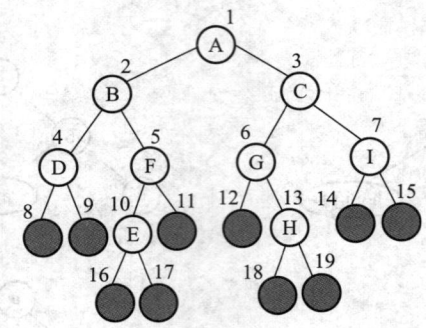

(a) 根据图4.12(a)改造后的二叉树

A, B, C, D, F, G, I, 0, 0, E, 0, 0, H, 0, 0, 0, 0, 0, 0

(b) 输入序列

图 4.21 二叉树的生成

代码 4.11 列出了层序生成二叉树的算法。

```
typedef int ElementType;    /* 假设结点数据是整数 */
#define NoInfo 0            /* 用 0 表示没有结点 */

BinTree CreatBinTree()
{
    ElementType Data;
    BinTree BT, T;
    Queue Q = CreatQueue();    /* 创建空队列 */

    /* 建立第 1 个结点,即根结点 */
    scanf("%d", &Data);
    if(Data != NoInfo){
        /* 分配根结点单元,并将结点地址入队 */
        BT = (BinTree)malloc(sizeof(struct TNode));
        BT->Data = Data;
        BT->Left = BT->Right = NULL;
        AddQ(Q, BT);
    }
    else return NULL;    /* 若第 1 个数据就是 0,返回空树 */
```

```
while(!IsEmpty(Q)){
   T=DeleteQ(Q);       /* 从队列中取出一结点地址 */
   scanf("%d", &Data); /* 读入T的左孩子 */
   if(Data==NoInfo) T->Left=NULL;
   else{  /* 分配新结点,作为出队结点左孩子;新结点入队 */
      T->Left=(BinTree)malloc(sizeof(struct TNode));
      T->Left->Data=Data;
      T->Left->Left=T->Left->Right=NULL;
      AddQ(Q, T->Left);
   }
   scanf("%d", &Data); /* 读入T的右孩子 */
   if(Data==NoInfo) T->Right=NULL;
   else{  /* 分配新结点,作为出队结点右孩子;新结点入队 */
      T->Right=(BinTree)malloc(sizeof(struct TNode));
      T->Right->Data=Data;
      T->Right->Left=T->Right->Right=NULL;
      AddQ(Q, T->Right);
   }
}/* 结束 while */
return BT;
}
```

代码4.11 二叉树层序生成算法

下面我们以图4.21为例,由图4.22详细给出执行二叉树层序生成算法的具体过程。

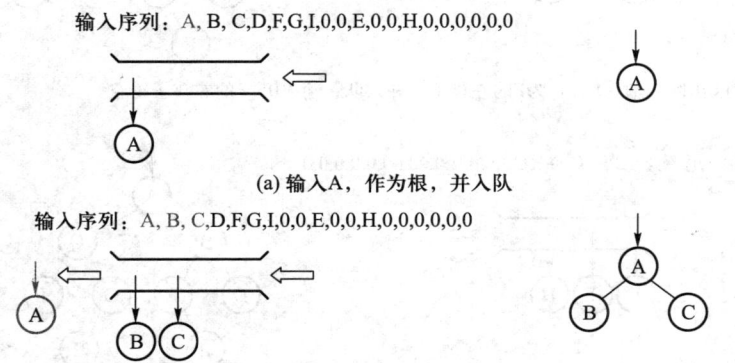

输入序列：A, B, C,D,F,G,I,0,0,E,0,0,H,0,0,0,0,0,0

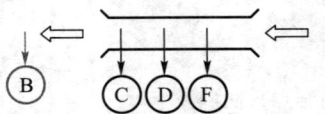 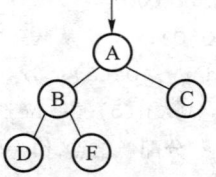

(c) B出队，输入D，作为B的左孩子，并入队；输入F，作为B的右孩子，并入队

输入序列：A, B, C,D,F,G,I,0,0,E,0,0,H,0,0,0,0,0,0

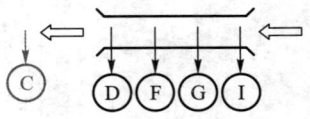 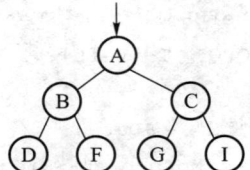

(d) C出队，输入G，作为C的左孩子，并入队；输入I，作为C的右孩子，并入队

输入序列：A, B, C,D,F,G,I,0,0,E,0,0,H,0,0,0,0,0,0

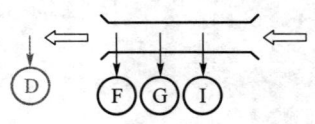 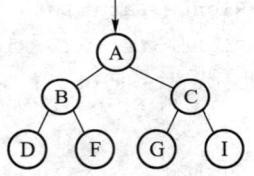

(e) D出队，输入0，D的左孩子置空；输入0，D的右孩子置空

输入序列：A, B, C,D,F,G,I,0,0,E,0,0,H,0,0,0,0,0,0

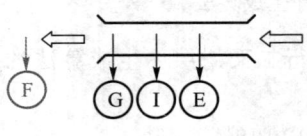 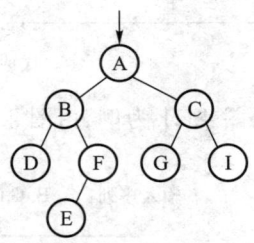

(f) F出队，输入E，作为F的左孩子，并入队；输入0，F的右孩子置空

输入序列：A, B, C,D,F,G,I,0,0,E,0,0,H,0,0,0,0,0,0

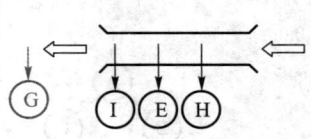 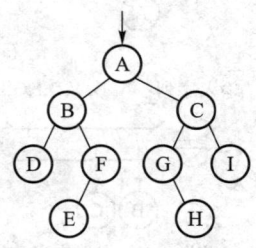

(g) G出队，输入0，G的左孩子置空；输入H，作为G的右孩子，并入队

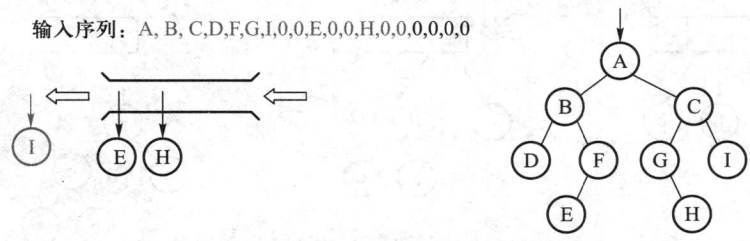

(h) I出队，输入0，I的左孩子置空；输入0，I的右孩子置空

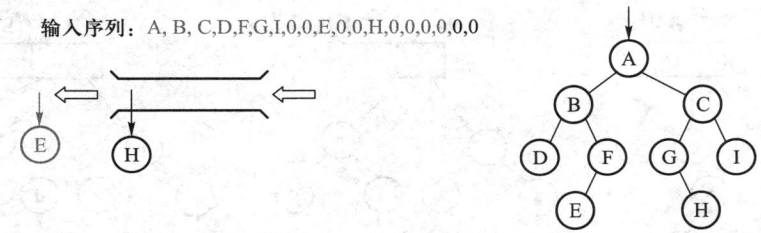

(i) E出队，输入0，E的左孩子置空；输入0，E的右孩子置空

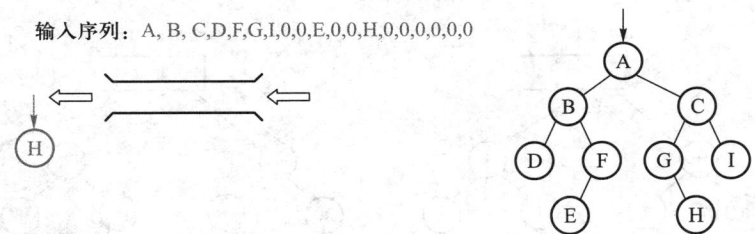

(j) H出队，输入0，H的左孩子置空；输入0，H的右孩子置空；队列为空，过程结束

图 4.22　层序生成二叉树举例

[**例 4.7**] 表达式树的构造

既然可以用二叉树表示表达式，并且通过二叉树的遍历可以完成表达式的计算，那么如何将一串字符构成的表达式在内存中以表达式树的形式存放？

下面给出的算法实现后缀表达式的二叉树存储。堆栈同样可以在构造表达式树的过程中扮演十分重要的角色，每次读入表达式的一个符号，如果读入符号是运算数，将其作为单个结点构造一棵二叉树，并将指向这棵树的指针压入堆栈；如果读入的符号是运算符，从堆栈中弹出两个元素，连同读入的符号构成一棵新的二叉树，树的根结点存入所读入的运算符，左子树为从堆栈中后弹出的元素，右子树为先弹出的元素，接下来把指向这棵新的二叉树的指针压入堆栈。重复这一过程，直到处理完表达式的最后一个符号为止，最后形成的二叉树就是所要求的结果。

我们以上一节所介绍例子的后缀表达式 $abc*+de*f+g*+$ 为输入，构造其相应的表达式树，并以图 4.23 详细列出构造过程。图 4.23 中的堆栈横着摆放，左侧为栈底位置。

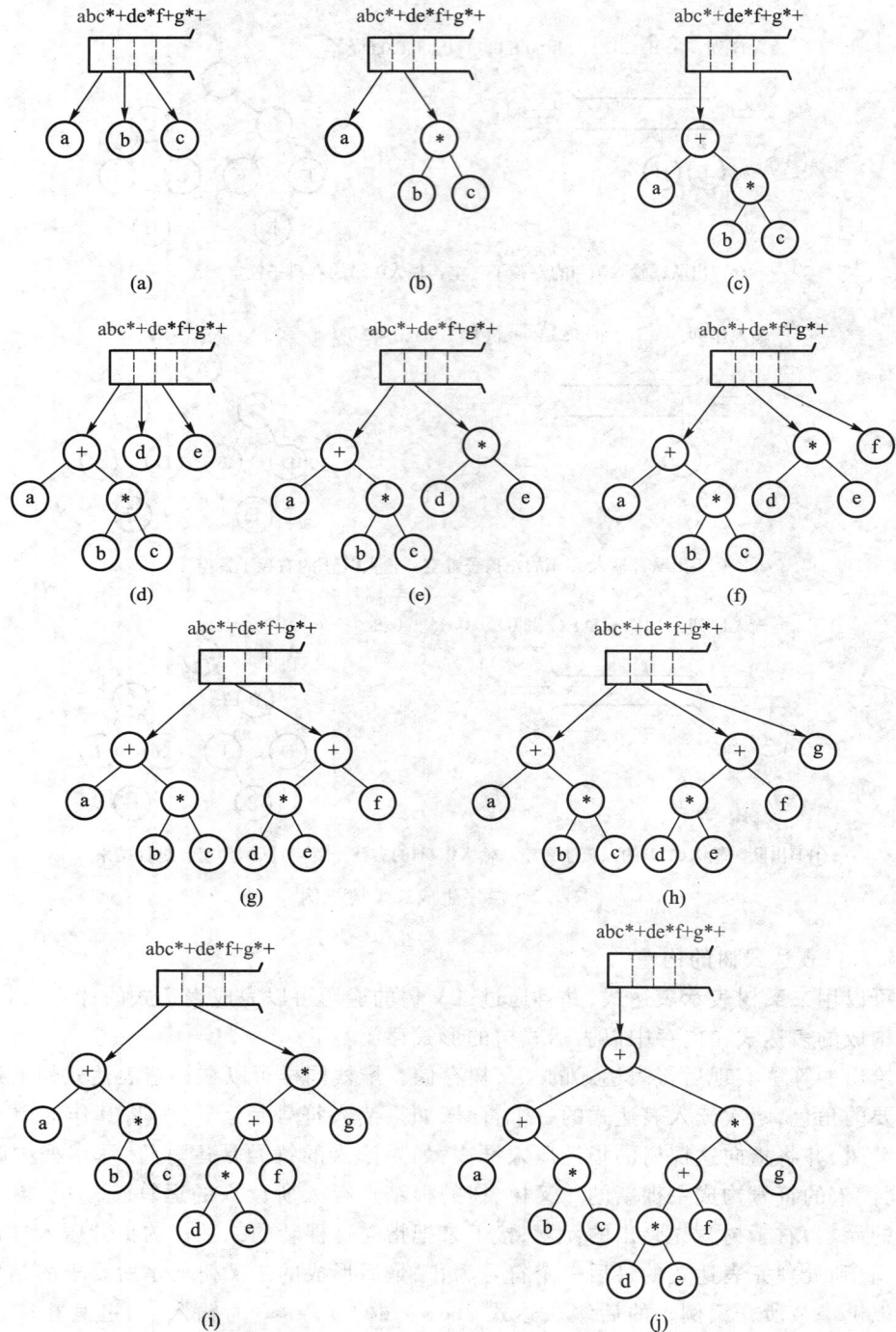

图 4.23 表达式树的构造

（1）首先，依次读入三个符号a、b、c都是运算数，构成三棵一个结点的二叉树，并依次将三棵树的指针压栈，结果如图4.23(a)所示。

（2）当读入运算符*号后，从堆栈中弹出两个元素，与*号构成新的二叉树，并将指向它的指针压栈，结果如图4.23(b)所示。

（3）当读入+后，从堆栈中弹出两个元素，构成新的二叉树，并将指向它的指针压栈，结果如图4.23(c)所示。

（4）当读入d、e后，构成二棵单个结点的二叉树，并依次将指向它们的指针压栈，结果如图4.23(d)所示。

（5）当读入*后，从堆栈中弹出两个元素，与*号构成新的二叉树，并将指向它的指针压栈，结果如图4.23(e)所示。

（6）当读入符号f后，构成单个结点的二叉树，并将指向它的指针压栈，结果如图4.23(f)所示。

（7）当读入+后，从堆栈中弹出两个元素，与+号构成新的二叉树，并将指向它的指针压栈，结果如图4.23(g)所示。

（8）当读入符号g后，构成一个单个结点的二叉树，并将指向它的指针压栈，结果如图4.22(h)所示。

（9）当读入*后，从堆栈中弹出两个元素，与*号构成新的二叉树，并将指向它的指针压栈，结果如图4.23(i)所示。

（10）当读入最后一个符号+后，从堆栈中弹出两个元素，与+号构成新的二叉树，并将指向它的指针压栈。此时完成了表达式的二叉树存储，结果如图4.23(j)所示。

4.4 二叉搜索树

4.4.1 二叉搜索树的定义

二叉搜索树（Binary Search Tree）也叫做二叉排序树或二叉查找树，它是一种对排序和查找都很有用的特殊二叉树。在下面的介绍中，为了方便起见，规定各键值彼此不同。

[**定义 4.3**] 一个二叉搜索树是一棵二叉树，它可以为空。如果不为空，它将满足以下性质：

（1）非空左子树的所有键值小于其根结点的键值；
（2）非空右子树的所有键值大于其根结点的键值；
（3）左、右子树都是二叉搜索树。

图4.24给出了两棵二叉树。在图4.24(a)中键值为10的结点有一个键值为5的右孩子，这不满足非空右子树键值要大于根结点的性质，因此，它不是二叉搜索树。而图4.24(b)所示的

二叉树是一棵二叉搜索树。由于二叉搜索树具有的左小右大的有序特征，不难看出对它进行中序遍历，将得到一个从小到大的输出序列。

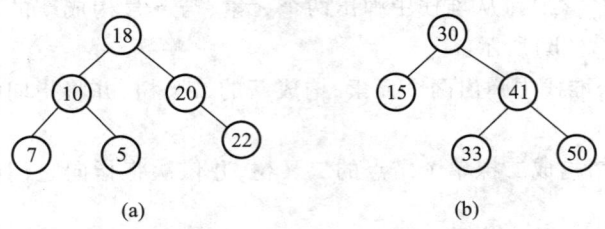

图 4.24 二叉树与二叉搜索树

4.4.2 二叉搜索树的动态查找

二叉搜索树是施加了一定约束的特殊二叉树，前面介绍的二叉树的表示和操作都可以直接用于二叉搜索树，比如中序、先序和后序遍历。不同的是，二叉搜索树的查找、插入和删除操作将与其特性有关，但这些主要是算法实现的不同，而函数原型并没有什么变化。事实上，二叉搜索树结点的定义与代码 4.3 给出的普通二叉树完全是一样的，一般用链表存储。

二叉搜索树作为抽象数据结构的定义也与普通二叉树基本相同，只是操作集中多了下列几个特别的函数：

（1）Position Find(BinTree BST, ElementType X)：从二叉搜索树 BST 中查找元素 X，返回其所在结点的地址；

（2）Position FindMin(BinTree BST)：从二叉搜索树 BST 中查找并返回最小元素所在结点的地址；

（3）Position FindMax(BinTree BST)：从二叉搜索树 BST 中查找并返回最大元素所在结点的地址。

下面我们就详细介绍这三种操作的实现。

1. 二叉搜索树的查找操作 Find

它是指在二叉搜索树中查找关键字为 X 的结点，返回其所在结点的地址。由于二叉搜索树的特殊性质，查找可以比较方便地实现。其过程如下。

（1）查找从树的根结点开始，如果树为空，返回 NULL，表示未找到关键字为 X 的结点。

（2）搜索树非空，则根结点关键字和 X 进行比较，依据比较结果，需要进行不同的处理：

① 若根结点键字小于 X，满足条件的结点将不会出现在它的左子树，接下来的搜索只需在此根结点的右子树中进行；

② 如果根结点的键字大于 X，接下来的搜索将在此根结点的左子树中进行；

③ 若两者比较结果是相等，搜索完成，返回指向此结点的指针。

显然，在二叉排序树上进行查找，若查找成功，则是从根结点出发走了一条从根到待查结点的路径;若查找不成功,则是从根结点出发走了一条从根到某一叶结点的路径。代码 4.12 列出了实现此过程的递归算法。

```
Position Find(BinTree BST, ElementType X)
{  if(!BST) return NULL;   /* 查找失败 */

   if(X > BST->Data)
      return Find(BST->Right, X);  /* 在右子树中递归查找 */
   else if(X < BST->Data)
      return Find(BST->Left, X);   /* 在左子树中递归查找 */
   else/* X ==BST->Data */
      return BST;   /* 在当前结点查找成功,返回当前结点的地址 */
}
```

代码 4.12 二叉搜索树的递归查找函数

由于非递归函数的执行效率高,一般采用非递归的迭代来实现查找。很容易将递归函数改为迭代函数——在代码 4.13 中用 while 循环替代代码 4.12 中的 Find 递归调用即可。

```
Position Find(BinTree BST, ElementType X)
{  while(BST){
      if(X > BST->Data)
         BST=BST->Right;    /* 向右子树中移动,继续查找 */
      else if(X < BST->Data)
         BST=BST->Left;     /* 向左子树中移动,继续查找 */
      else/* X ==BST->Data */
         break;  /* 在当前结点查找成功,跳出循环 */
   }
   return BST;  /* 返回找到的结点地址,或是 NULL */
}
```

代码 4.13 二叉搜索树的迭代查找函数

2. 查找最大和最小元素

根据二叉搜索树的性质,最小元素一定是在树的最左分支的端结点上。所谓最左分支的端结点,是指最左分支上无左孩子的结点。而最大元素一定是在最右分支的端结点上。例如图 4.25 中的结点 7 和结点 22 分别是最左端点和最右端点。这使得 FindMin 和 FindMax 较 Find 函数更简单,只要从根结点开始,当其不为空时,沿着左分支或右分支逐个判断各结点的指针,直到遇到空指针为止。从左分支逐层推下来查找到的是最小元素;反之,从右分支找到的是最大元素。

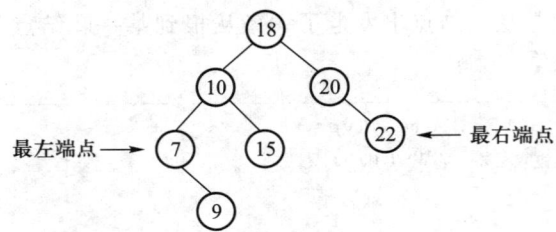

图 4.25　二叉搜索树的最左和最右端结点

代码 4.14 和 4.15 分别给出了实现查找最小元素的递归函数 FindMin 和查找最大元素的非递归(迭代)函数 FindMax。读者可以尝试自己写出这两个函数的迭代和递归版本。

```
Position FindMin(BinTree BST)
{   /* 最小元素在最左端点 */
    if(!BST) return NULL;         /* 空的二叉搜索树,返回 NULL */
    else if(!BST->Left) return BST;   /* 找到最左端点并返回 */
    else return FindMin(BST->Left);   /* 沿左分支递归查找 */
}
```

代码 4.14　查找最小元素的递归函数

```
Position FindMax(BinTree BST)
{   if(BST)
        while(BST->Right)
            BST = BST->Right;     /* 沿右分支一直向下,直到最右端点 */
    return BST;
}
```

代码 4.15　查找最大元素的迭代函数

从上述基于二叉搜索树的动态查找我们可以看到,它实现的基本原理与基于线性表的静态二分查找很相似,都是利用有序性不断地缩小查找空间。而之所以有静态和动态之分主要是为了适应于不同的应用需求,前者适用于数据一旦建立好,一般不大需要改变,也就是说不需要或者很少进行删除和插入操作;而后者适用于频繁的数据变化,插入和删除是其基本的操作。

微视频 4-3
二叉搜索树的插入

4.4.3　二叉搜索树的插入

将元素 X 插入二叉搜索树 BST 中关键是要找到元素应该插入的位置。位置的确定可以利用与查找函数 Find 类似的方法,如果在树 BST 中找到 X,说明要插入的元素已存在,可放弃插入操作。如果没找到 X,查找终止的位置就是 X 应插入的位置。

例如要在图 4.26(a)中插入元素 35，先做查找操作。按照上一节介绍的查找算法，查找将终止在键值为 33 的叶结点处，将元素 35 作为此终止结点的右孩子就完成了新元素的插入，图 4.26(b)为插入完成后的结果。

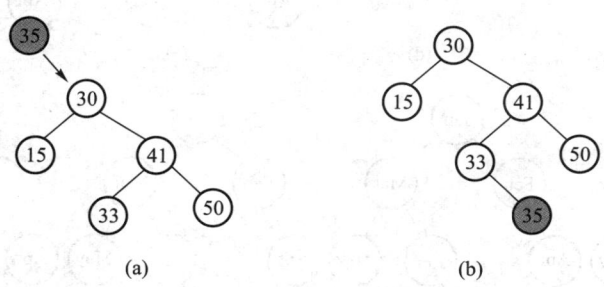

图 4.26　二叉搜索树的插入

代码 4.16 为实现上述插入算法的函数。

```
BinTree Insert(BinTree BST, ElementType X)
{
    if(!BST){/*若原树为空,生成并返回一个结点的二叉搜索树 */
        BST=(BinTree)malloc(sizeof(struct TNode));
        BST->Data=X;
        BST->Left=BST->Right=NULL;
    }
    else{/*开始找要插入元素的位置 */
        if(X < BST->Data)
            BST->Left=Insert(BST->Left, X);   /*递归插入左子树*/
        else  if(X > BST->Data)
            BST->Right=Insert(BST->Right, X); /*递归插入右子树*/
        /* else X 已经存在,什么都不做 */
    }
    return BST;
}
```

代码 4.16　二叉搜索树的插入算法

[**例 4.8**]　以一年十二个月的英文缩写为键值，按从一月到十二月顺序输入它们，即输入序列为(Jan, Feb, Mar, Apr, May, Jun, July, Aug, Sep, Oct, Nov, Dec)，将产生什么样的二叉搜索树？

[**分析**]　图 4.27(a)-(m)给出了从一个结点为空的二叉搜索树逐个插入 12 个结点生成最终结果树的过程。结点键值的比较是按字符串的字母序进行的。

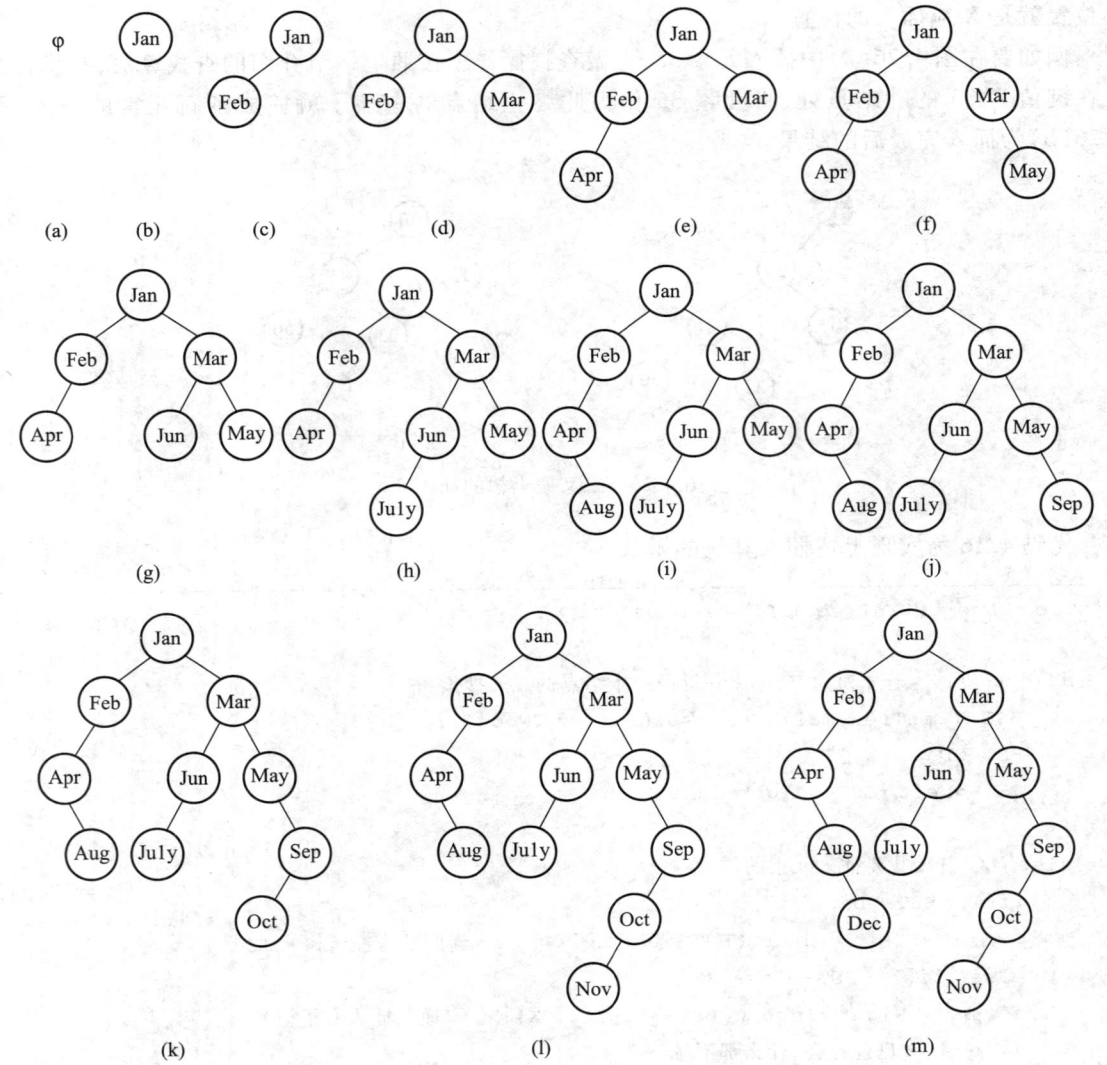

图 4.27 二叉搜索树的生成过程

4.4.4 二叉搜索树的删除

二叉搜索树的删除操作比其他操作更为复杂,要删除结点在树中的位置决定了操作所采取的策略。有三种情况需要考虑。

(1) 要删除的是叶结点。这种情况最简单,可以直接删除,然后再修改其父结点的指针,置空即可。图 4.28(a)为删除操作前的情况。图 4.28(b)为删除键值为 35 的叶结点以后的结果,此时删除结点的父结点 33 右指针为空。图 4.28(b)中结点 35 和其连边变为虚线表示已删除。

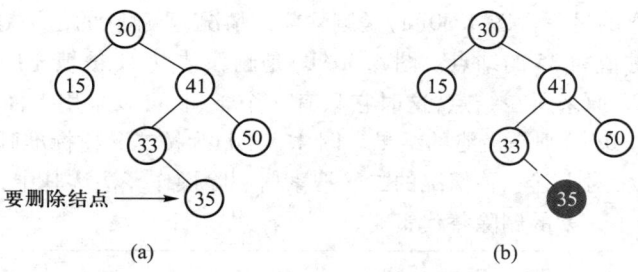

图 4.28　二叉搜索树叶结点的删除

（2）如果要删除的结点只有一个孩子结点（该结点不一定是叶结点，可以是子树的根），删除之前需要改变其父结点的指针，指向要删除结点的孩子结点，图 4.29 表示了这一过程。图 4.29(a) 为删除操作前的情况。图 4.29(b) 为删除键值为 33 的结点以后的结果，此时删除结点的父结点 41 的左儿子指针指向了删除结点的子结点 35。删除的结点和其连边用虚线表示。将图 4.29(b) 按二叉树的标准画法重画，得到图 4.29(c) 的结果。

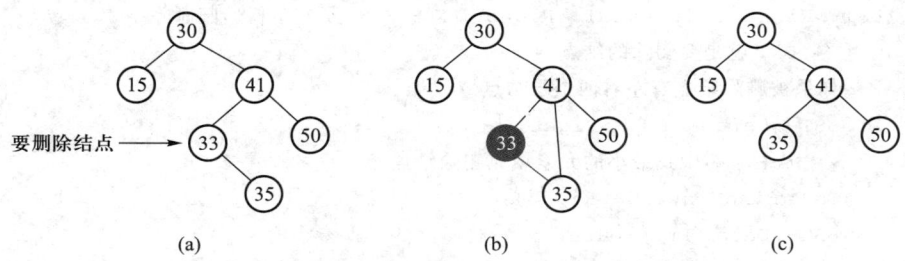

图 4.29　具有一个子树的结点删除

（3）如果要删除的结点有左、右两棵子树，究竟用哪棵子树的根结点来填充删除结点的位置？这里有两种不同选择，基本原则是要保持二叉搜索树的有序性。一种选择是取其右子树中的最小元素；另一个是取其左子树的最大元素。无论哪种选择，被选择的结点都必定最多只有一个孩子（为什么？请读者思考），于是可以调用情况 2 的解决方案删除这个被选择的结点。图 4.30 是具有两

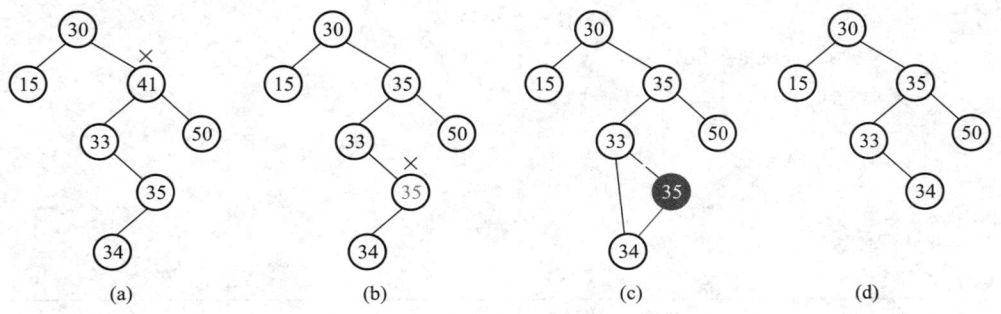

图 4.30　具有两个子树的结点删除

个子树的结点删除操作的过程。图 4.30(a) 是删除前的情况,要删除的是关键值为 41 的结点,其左子树中最大值结点是键值为 35 的结点。图 4.30(b) 是删除结点 41 被填充后的结果。接下来是要继续递归删除关键值 35 原来所在结点,这时它只有一个子树,可以采用上面介绍的具有一个子树的结点删除方法,图 4.30(c) 则是最终的结果。图 4.30(d) 为按二叉树标准画法重新画出的结果。

代码 4.17 给出了针对上述三种情况的二叉搜索树删除操作算法。其中,当待删除结点左右都不空时,采用右子树最小元素的删除替代策略。

```
BinTree Delete(BinTree BST, ElementType X)
{
    Position Tmp;
    if(!BST)
        printf("要删除的元素未找到");
    else {
        if(X < BST->Data)
            BST->Left = Delete(BST->Left, X);    /* 从左子树递归删除 */
        else if(X > BST->Data)
            BST->Right = Delete(BST->Right, X);  /* 从右子树递归删除 */
        else { /* BST 就是要删除的结点 */
            /* 如果被删除结点有左右两个子结点 */
            if(BST->Left && BST->Right) {
                /* 从右子树中找最小的元素填充删除结点 */
                Tmp = FindMin(BST->Right);
                BST->Data = Tmp->Data;
                /* 从右子树中删除最小元素 */
                BST->Right = Delete(BST->Right, BST->Data);
            }
            else { /* 被删除结点有一个或无子结点 */
                Tmp = BST;
                if(!BST->Left)         /* 只有右孩子或无子结点 */
                    BST = BST->Right;
                else                   /* 只有左孩子 */
                    BST = BST->Left;
                free(Tmp);
            }
        }
    }
    return BST;
}
```

代码 4.17 二叉搜索树的删除算法

4.5 平衡二叉树

对于二叉搜索树进行查找的时间复杂度是由查找过程中的比较次数来衡量的,比较是从根结点到叶结点的路径进行的,它取决于树的深度。树深在最好的情况下是 $O(\log N)$,所以,二叉搜索树在最好情况下的查找复杂度是 $O(\log N)$。但这一结论是由"最好情况"——即"完全二叉树"导出的,事实上,N 个结点的二叉树深度取决于其树枝的分布情况。当二叉树退化成为一棵单枝树的极端情况下,查找的复杂度将是线性的 $O(N)$。

假定二叉搜索树中每个结点的查找概率都是相同的,我们称查找所有结点的比较次数的平均值为树的"平均查找长度"(Average Search Length,ASL)。图 4.31 为三棵二叉搜索树,结点的关键值是一年中的某一月份,三棵树都是采用二叉搜索树的插入操作逐点生成的,只是输入的顺序不同。其中图 4.31(a)是按一月到十二月的自然月份序列输入所生成的,图 4.31(b)的输入序列为(July, Feb, May, Mar, Aug, Jan, Apr, Jun, Oct, Sept, Nov, Dec);而图 4.31(c)的输入序列则是按月份字符串从小到大的顺序排列的。从图 4.31 中我们知道,图 4.31(a)的深度为 6;图 4.31(b)的深度为 4;图 4.31(c)是一棵斜二叉树,深度达到最高的 12。

按 ASL 的定义,可以分别计算出三棵二叉搜索树的平均长度:

ASL(a) = (1+2×2+3×3+4×3+5×2+6×1)/12 = 3.5

ASL(b) = (1+2×2+3×4+4×5)/12 = 3.0

ASL(c) = (1+2×1+3×1+4×1+5×1+6×1+7×1+8×1+9×1+10×1+11×1+12×1)/12 = 6.5

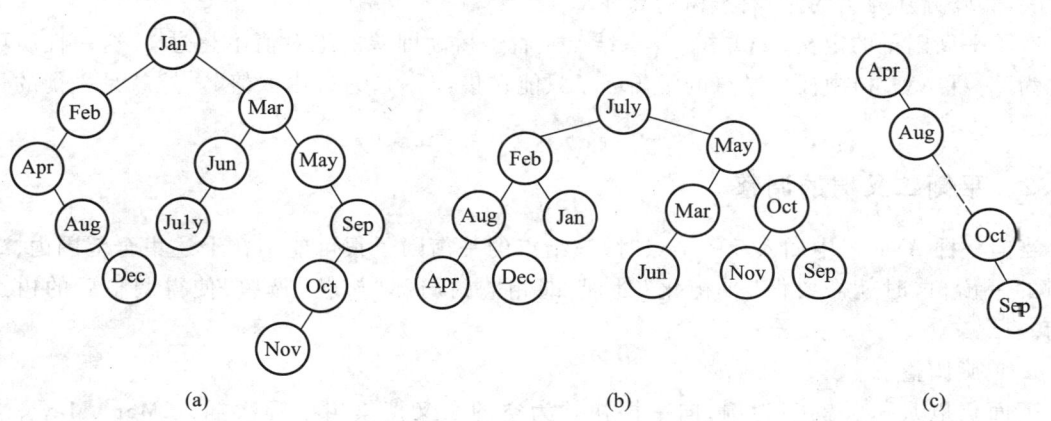

图 4.31 不同输入顺序生成的三棵二叉搜索树

显然,图 4.31(b)是最好的情况,其 ASL 和 $\log N$ 成正比,而图 4.31(c)是最坏的情形,它已退化成线性表。上述 ASL 的计算结果表明,一棵树的 ASL 值越小,它的结构越好,与完全二叉树越接近,对它的查找时间复杂度也越接近 $O(\log N)$。因此,为了保证二叉搜索树查找的对数级时间效率,应尽可能创建枝繁叶茂的树,而避免树枝过长、过少。

最好的树结构当然是满二叉树,它是从根到叶的各条路径长都相同的,我们称这种树是完全平衡的。但是,通常情况下二叉搜索树的结点插入顺序并不是事先确定的,动态查找(在查找的同时要进行插入和删除)总是要改变树的结构,不可能做到完全平衡。所以,需要考虑如何解决既能保证插入和删除正常进行又能保持二叉搜索树的查找性能不退化、尽可能地接近平衡的问题。这样就有两个问题需要解决,其一是,确定一个"接近平衡"的标准;其二是,如何在动态查找过程中进行"平衡化"处理,使之保持平衡。

4.5.1 平衡二叉树的定义

平衡二叉树(Balanced Binary Tree)又称为 AVL 树,是最早被提出的自平衡二叉搜索树,得名于它的发明者 G.M.Adelson-Velsky 和 E.M.Landis,他们在 1962 年发表的论文 An algorithm for the organization of information 中描述了它。AVL 树的插入、删除、查找操作均可在 $O(\log N)$ 时间内完成。

[定义 4.4] AVL 树或者是一棵空树,或者是具有下列性质的非空二叉搜索树:
(1) 任一结点的左、右子树均为 AVL 树;
(2) 根结点左、右子树高度差的绝对值不超过 1。

在图 4.31 的三棵二叉搜索树中,只有中间的图 4.31(b)满足上述性质,是 AVL 树,而图 4.31(a)和 4.31(c)都不是。

[定义 4.5] 对于二叉树中任一结点 T,其平衡因子(Balance Factor, BF)定义为 $BF(T) = h_L - h_R$,其中 h_L 和 h_R 分别为 T 的左、右子树的高度。

有了平衡因子的定义,AVL 树"任一结点左右子树高度差的绝对值不超过 1"这一性质可以表述为"一棵 AVL 树中任一结点的平衡因子只能在集合 $\{-1, 0, 1\}$ 中取值"。这就是平衡的量化标准。

4.5.2 平衡二叉树的调整

当向一棵 AVL 树中插入新的结点时,该结点的平衡因子很可能不在上述集合范围内,破坏了树的平衡,这时就需要做"平衡化"处理,即相应的局部"旋转"调整,使得调整后的树达到平衡。

1. 单旋调整

下面仍以月份关键字为例,向一棵初始为空的二叉搜索树中顺次插入 Mar、May、Nov,其结果如图 4.32(a)—(c)所示。各结点的平衡因子分别标于结点顶端。每当 AVL 树中插入一个新结点时,其插入路径上各结点的平衡因子都需做自底向上重新计算,以判断树是否平衡。

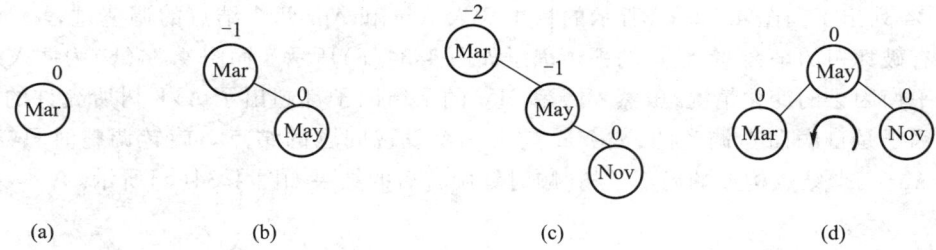

图 4.32 右单旋示例

问题出现在第 3 个结点 Nov 的插入之后(见图 4.32(c)所示),此时根结点 Mar 的平衡因子为-2,标识出树的不平衡。解决方法是将树做逆时针旋转,如图 4.32(d)中箭头所示,以达到平衡状态。

我们以图 4.33 为例,概括上述不平衡的调整过程的一般规律。图 4.33(a)为新结点 C 插入之前的 AVL 树的构成情况,结点 A 的平衡因子为 -1,其右孩子结点 B 的平衡因子为 0,结点 C 将要插入 B 的右子树 B_R 中。插入结点 C 后,重新计算相关结点的平衡因子,此时,结点 A 的平衡因子为 -2,它的右孩子结点 B 的平衡因子为-1,如图 4.33(b)所示。此时,可以看到被插入结点 C(产生问题结点)、发现问题的结点 A 以及它们之间路径上的结点 B 三个结点向右排成一线,我们称这种右子树的不平衡状态为 RR (向右倾斜)型不平衡。RR 不平衡的调整策略是通过逆时针旋转相关结点,将 B 置于 A 的位置,A 置为 B 的左子结点,C 所在子树仍为 B 的右子树。若 B 原有左子树,则将其左子树置为 A 的右子树。这个调整过程称为"右单旋"。经过右单旋调整后的平衡结构和结点的平衡因子如图 4.33(c)所示。需要强调的是 A 不一定是根结点,它是距离产生问题结点最近的且平衡因子大于 1 或小于-1 的结点。

微视频 4-4
平衡二叉树的 RR 调整

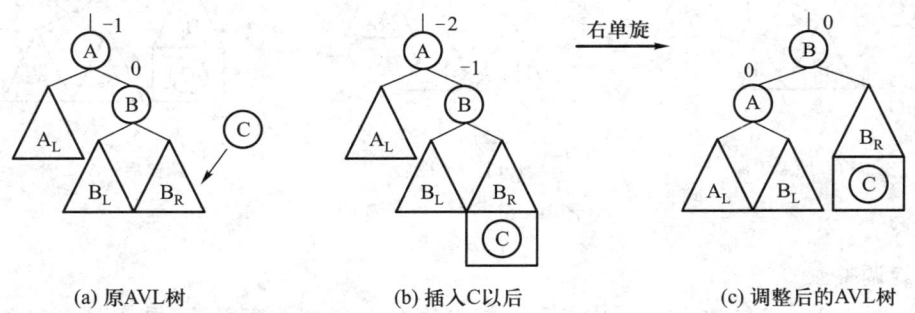

图 4.33 右单旋示意图

用类似的方法我们可以判断与 RR 型相对称的 LL 型不平衡,并用"左单旋"处理产生这种向左倾斜的不平衡。

图 4.34 列出了向图 4.32(d) 所示的树中插入 Aug 和 Apr 两个结点的调整过程。Aug 结点插入并没有破坏树的平衡,各结点的平衡因子如图 4.34(a) 所示。而图 4.34(b) 为插入结点 Apr 后各结点平衡因子的变化情况,虽然 May 和 Mar 的平衡因子都超出了 AVL 树所允许的范围,但因为平衡因子是自底向上调整的,故 Mar 是第一个发现问题的结点。旋转调整时只需考虑由 Mar、Aug、Apr 三个结点构成的局部子树,顺时针旋转后的结果如图 4.34(c) 所示。

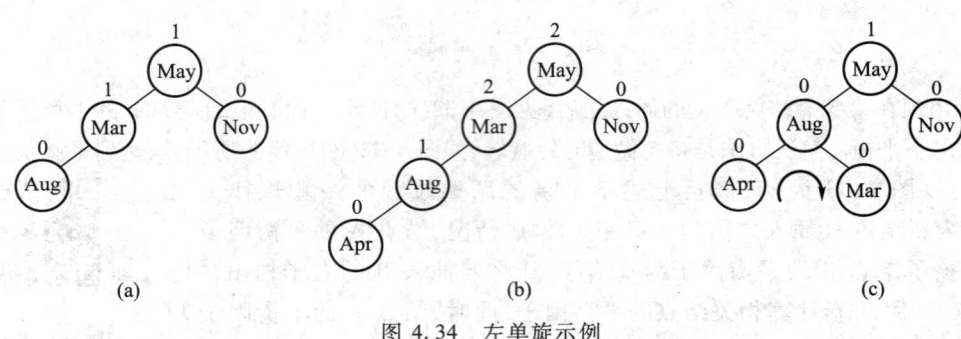

图 4.34 左单旋示例

图 4.35 列出了一般情况下的左单旋过程。图 4.35(a) 是插入结点 C 之前的情形,图 4.35(b) 为插入 C 后引起不平衡的情况,发现不平衡的是结点 A,新结点 C 是插入在 A 的左孩子 B 的左子树中,三个结点向左排成一线,称其为 LL(向左倾斜)型不平衡。左旋调整后,结点 A 变成结点 B 的右孩子,B 原来的右子树将作为 A 的左子树,调整后的结果如图 4.35(c) 所示。

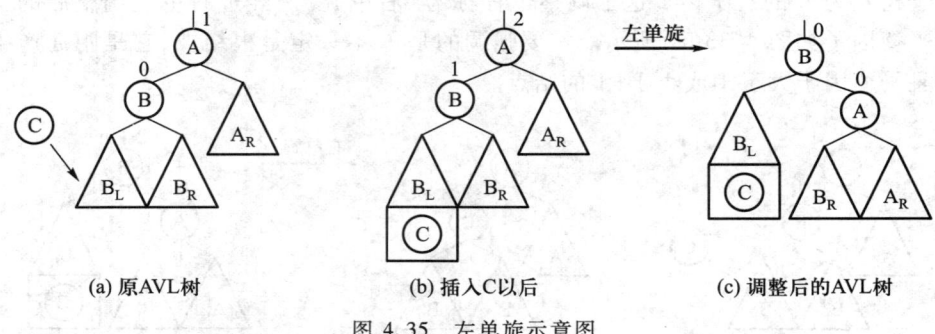

图 4.35 左单旋示意图

2. 双旋调整

继续向图 4.34(c) 的树中插入结点 Jan,并自底向上计算平衡因子,得到图 4.36(a) 所示的结构。此时根结点 May 的平衡因子为 2,是首先发现问题的结点,产生问题的新结点 Jan 位于其左子结点(Aug)的右子树中。与上述单旋调整的 LL 型和 RR 型不平衡不同的是,三个相关结点的倾斜是"先左后右"的排列形式,我们称其为 LR 型不平衡。解决 LR 型不平衡问题的办法是做"左-右双旋",结果如图 4.36(b) 所示。

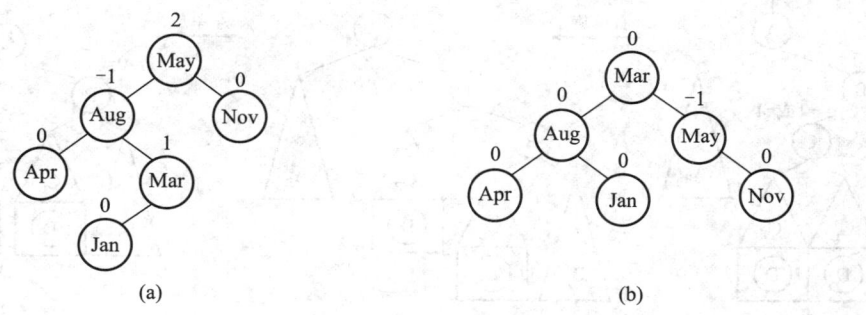

图 4.36　左-右双旋示例

下面以图 4.37 为例说明调整 LR 型不平衡的规律。一般情况下,若产生问题的结点 D 在发现问题的结点 A 的左子结点 B 的右子树(以 C 为根结点)中,称为 LR 型不平衡,如图 4.37(b)所示。调整是将 C 置于 A 的位置,A 及其右子树调整为 C 的右子树。原 C 的左子树将作为 B 的右子树,而原 C 的右子树则作为 A 的左子树,如图 4.37(c)所示。

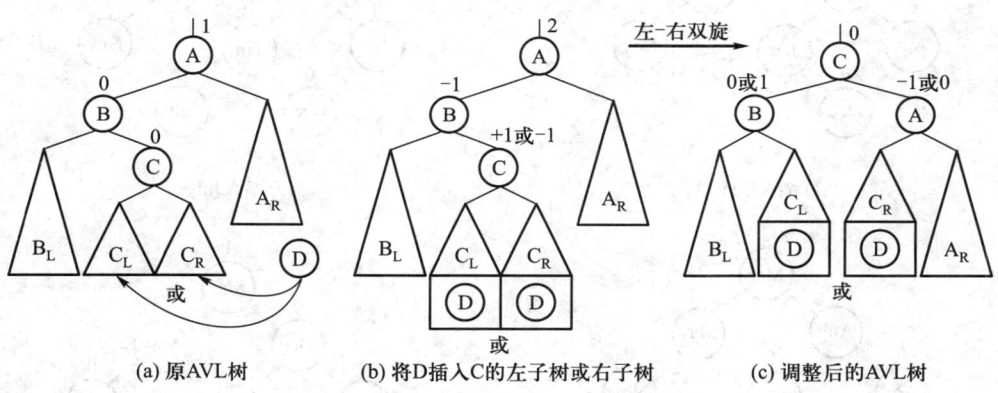

图 4.37　左-右双旋示意图

之所以称为"左-右双旋",是因为调整过程相当于先对以 B 为根结点的子树做了一次右单旋,再对以 A 为根结点的子树做了一次左单旋,是两次单旋的合成结果。图 4.38 是与图 4.37 左-右双旋等价的两次单旋合成的过程示意图,图 4.38(a)为出现 LR 不平衡时的树结构,图 4.38(b)和图 4.38(c)是右单旋和左单旋调整后的结果。实际上,下面将给出的 AVL 树插入算法就是采用两次单旋策略实现 LR 和 RL 型不平衡调整的。

用完全对称的方式可以用"右-左双旋"来处理 RL 型不平衡。图 4.39 列出了向图 4.36(b)中依次插入 Dec、July 和 Feb 三个结点的调整过程。插入前两个结点后并没有破坏 AVL 树的平衡(如图 4.39(a)和图 4.39(b)所示)。但当插入第 3 个结点 Feb 之后,在引起和发现不平衡结点 Feb 和 Aug 之间形成了"先右后左"的不平衡,如图 4.39(c)所示。图 4.39(d)为调整后的结果。

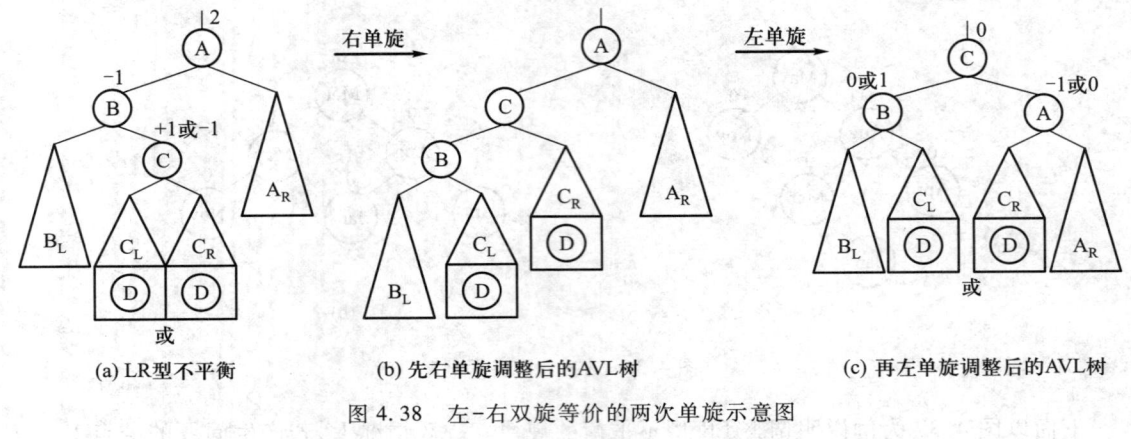

图 4.38 左-右双旋等价的两次单旋示意图

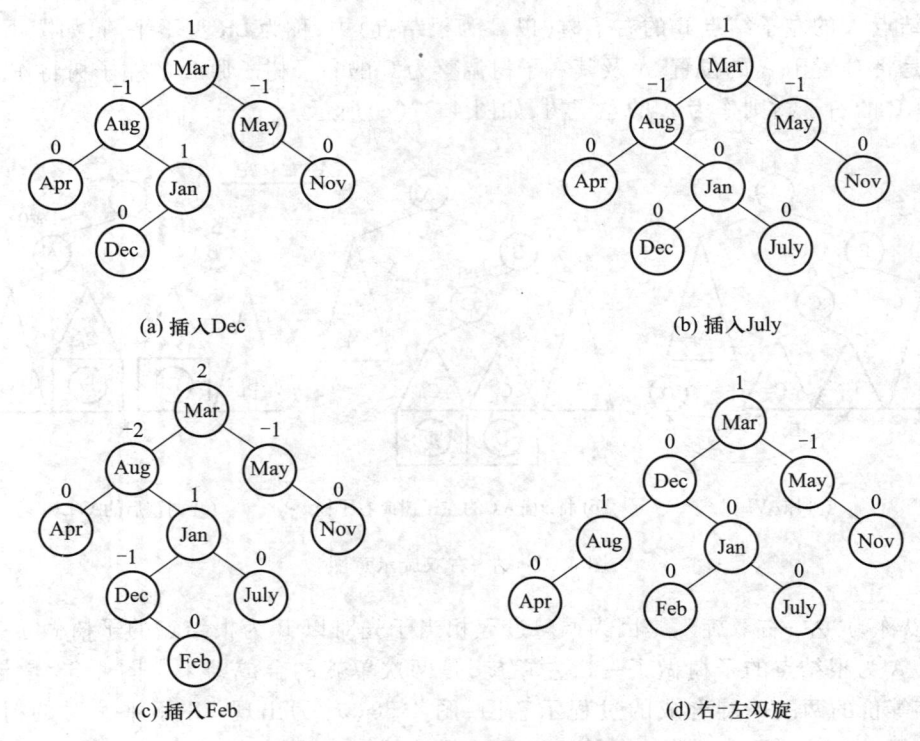

图 4.39 右-左双旋示例

图 4.40 列出了一般情况下的"右-左双旋"过程。产生问题的结点 D 在发现问题的结点 A 的右子结点 B 的左子树（以 C 为根结点）中，称为 RL 型不平衡。则调整的结果将是 C 置于 A 的位置，A 及其左子树调整为 C 的左子树，原 C 的左子树将作为 A 的右子树，而原 C 的右子树则作为 B 的左子树。

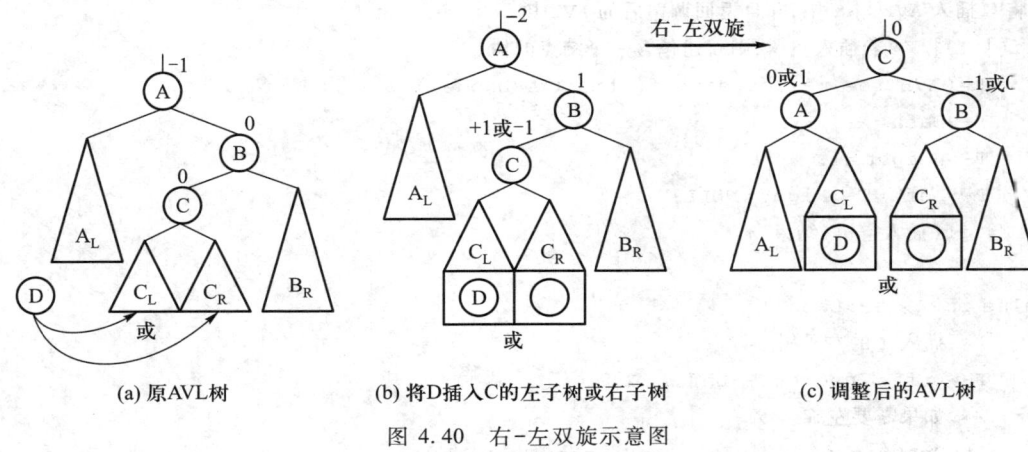

图 4.40 右-左双旋示意图

上面介绍了 AVL 树插入过程中可能出现的 LL、RR、LR、RL 四种不平衡情况及其相应的旋转调整方法。AVL 树的插入操作用非递归算法实现一般比用递归实现快，然而程序可读性却差很多，很容易写错，故通常都用递归算法来实现插入操作。

AVL 树的数据结构中除了一般二叉树的数据成员外，还需附加平衡信息。代码 4.13 实现了 AVL 树的插入操作，在函数描述中，我们假设结点的附加信息为以该结点为根的子树的高度，定义为整型的 Height。当然，也可以用平衡因子 BF 取代 Height。代码 4.18 中 Max(a,b) 函数返回 a 和 b 中较大整数。另外还用到函数 GetHeight(T)，其功能是获得树 T 的高度。代码 4.10 给出了该函数递归求解的版本，但在这里可简化为直接访问结点结构中的 Height 值。

```
typedef struct AVLNode *Position;
typedef Position AVLTree;    /* AVL 树类型 */
typedef struct AVLNode{
    ElementType Data;    /*结点数据 */
    AVLTree Left;        /*指向左子树 */
    AVLTree Right;       /*指向右子树 */
    int Height;          /*树高 */
};

int Max(int a, int b)
{
    return a > b ? a:b;
}

AVLTree Insert(AVLTree T, ElementType X)
```

```c
{ /* 将 X 插入 AVL 树 T 中,并且返回调整后的 AVL 树 */
    if(! T){ /* 若插入空树,则新建包含一个结点的树 */
        T=(AVLTree)malloc(sizeof(struct AVLNode));
        T->Data=X;
        T->Height=1;
        T->Left=T->Right=NULL;
    } /* if(插入空树)结束 */

    else if(X < T->Data){
        /* 插入 T 的左子树 */
        T->Left=Insert(T->Left, X);
        /* 如果需要左旋 */
        if(GetHeight(T->Left)-GetHeight(T->Right)==2)
            if(X < T->Left->Data)
                T=SingleLeftRotation(T);        /* 左单旋 */
            else
                T=DoubleLeftRightRotation(T);   /* 左-右双旋 */
    } /* else if(插入左子树)结束 */

    else if(X > T->Data){
        /* 插入 T 的右子树 */
        T->Right=Insert(T->Right, X);
        /* 如果需要右旋 */
        if(GetHeight(T->Left)-GetHeight(T->Right)==-2)
            if(X > T->Right->Data)
                T=SingleRightRotation(T);       /* 右单旋 */
            else
                T=DoubleRightLeftRotation(T);   /* 右-左双旋 */
    } /* else if(插入右子树)结束 */

    /* else X==T->Data, 无需插入 */

    /* 别忘了更新树高 */
    T->Height=Max(GetHeight(T->Left), GetHeight(T->Right))+1;

    return T;
}
```

代码 4.18　AVL 树的插入操作

代码 4.19 和代码 4.20 分别为左单旋和左-右双旋调整算法。

```
AVLTree SingleLeftRotation(AVLTree A)
{ /*注意:A 必须有一个左子结点 B */
  /*将 A 与 B 做如图 4.35 所示的左单旋,更新 A 与 B 的高度,返回新的根结点 B */

  AVLTree B = A->Left;
  A->Left = B->Right;
  B->Right = A;
  A->Height = Max(GetHeight(A->Left), GetHeight(A->Right)) + 1;
  B->Height = Max(GetHeight(B->Left), A->Height) + 1;

  return B;
}
```

代码 4.19　左单旋算法

```
AVLTree DoubleLeftRightRotation(AVLTree A)
{ /*注意:A 必须有一个左子结点 B,且 B 必须有一个右子结点 C */
  /*将 A、B 与 C 做如图 4.38 所示的两次单旋,返回新的根结点 C */

  /*将 B 与 C 做右单旋,C 被返回 */
  A->Left = SingleRightRotation(A->Left);
  /*将 A 与 C 做左单旋,C 被返回 */
  return SingleLeftRotation(A);
}
```

代码 4.20　左-右双旋算法

4.6　树的应用

4.6.1　堆及其操作

在第 3 章中,我们介绍过队列,知道它的一个基本特征是"先进先出"或者说是"先来先服务",队列中的元素没有哪个是可以有特权的,前面的元素未处理完,后面的只能等待。

但在现实世界中,许多情况需要有特权。比如,有许多客户在一个打印店排队等待打印资料,某一个客户需要打印数百页的一本书,而排在他后面的客户只需打印两页的一份简历表。我们不妨把前者称为大作业,而后者称为小作业。这时小作业客户对店主和大作业客户提出是否可以先为他打印两页的简历,也就是说是否允许他"插队"。遇到这种情形,店主和大作业客户往往能接受小作业客户的请求。此时,违背了队列先来先服务的策略,是一种称为"小作业优先"的排队策略。本节介绍的"堆"(Heap)正是考虑了适合于特权需求的数据结构,因此,堆也通常被称作为"优先队列"(Priority Queue)。

1. 堆的定义和表示

堆是特殊的队列,从堆中取出元素是依照元素的优先级大小,而不是元素进入队列的先后顺序。

我们当然可以用简单的线性数组或者链表来实现有 N 个元素的优先队列:

(1) 如果使用数组,插入时可以将新元素放在末尾,时间复杂度只是 $O(1)$;但是删除需要找优先级最高的元素,必须遍历全部元素,并且从数组中删除一个元素还涉及其他元素的位置移动问题,时间复杂度是 $\Theta(N)$。

(2) 如果使用有序数组,可令元素按优先级从低到高排列,这样删除的时候只要删除最后一个元素即可,复杂度变成 $O(1)$;问题是插入就变得很麻烦,因为要保证插入后元素还是有序的,需要用 $O(\log N)$ 的时间找到合适的插入位置,而且在数组中插入新元素必定需要涉及其他元素的位置移动问题,最坏情况下,时间复杂度仍然是 $O(N)$。

(3) 当使用链表时,新元素可插入在链头处,时间复杂度是 $O(1)$;但删除元素必须遍历全部元素才能找到优先级最高的那个,虽然找到后删除用时是 $O(1)$,但总的时间代价仍为 $\Theta(N)$。

(4) 若链表中数据要求有序的话,删除元素代价为 $O(1)$,而插入变为 $O(N)$。

观察上述 4 种方法,最坏情况下它们的时间复杂度都会达到 $O(N)$。而我们知道,二叉搜索树的插入和删除操作代价为 $O(\log N)$。那么,是否可以利用树型结构达到这种性能?答案是肯定的。

堆的最常用结构是用二叉树表示,不特指的话,它是一棵完全二叉树。因为高度为 h 的完全二叉树有结点 2^{h-1} 到 2^h-1 个,且结点排布极其规律,因此,通常不必用指针,而是用数组来实现堆的存储。图 4.41 上半部分为堆的完全二叉树的表示,而下半部分方格代表其数组存储实现。

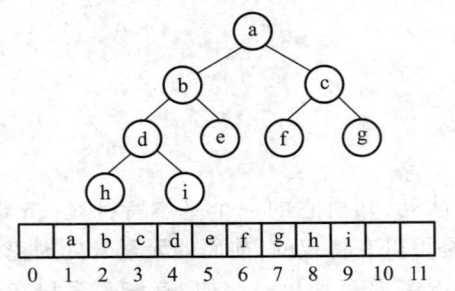

图 4.41 堆的完全二叉树表示及其数组存储

对照图 4.41 上下两部分,可以看出,堆中的元素在数组中是按完全二叉树的层序存储的,根结点存放在数组的起始处,接着是其子结点,一层层下去,直到最后一个结点。还要特别提醒的是,所用的数组起始单元为 1,而不是通常的从 0 单元开始。这样做的目的是很容易从子结点找到其父结点,即根据 4.3.3 节中顺序存储二叉树的性质,对于下标为 i 的结点,其父结点的下标为 $\lfloor i/2 \rfloor$。反过来,找结点 i 的左、右子结点也十分方便,分别为 $2i$ 和 $2i+1$。

用数组表示完全二叉树是堆的第一个特性,称为堆的结构特性。堆的另一特性是其部分有序性,即指任一结点元素的数值与其子结点所存储的值是相关的。相关性的不同决定了两种不同的基本堆:最小堆(MinHeap)和最大堆(MaxHeap)。

在最大堆中,任一结点的值大于或等于其子结点的值。这一性质决定了根结点元素的值在整个堆中是最大的。

而在最小堆中,任一结点的值小于或等于其子结点的值。那么根结点元素的值是整个堆中最小的。

需要指出的是,兄弟结点之间并不存在什么约束关系。例如,可能会出现根的左子树各结点的值都大于右子树所有结点的值的情况。

图 4.42 为几个堆的实例,为简便起见,堆中元素的键值设为整数。其中图 4.42(a)和(b)为最大堆,而(c)和(d)为两个最小堆。

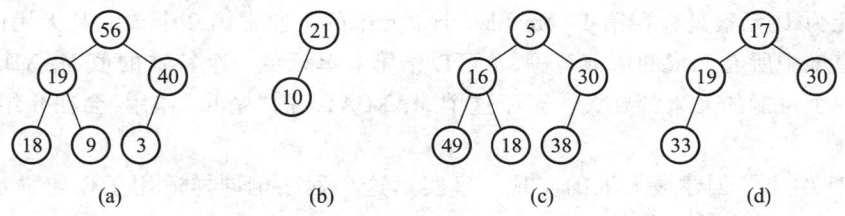

图 4.42 最大堆和最小堆

很明显,最小堆和最大堆有各自的用途。当需要小键值优先时,可以使用最小堆;反之,当大键值优先时,则要使用最大堆。我们下面介绍的内容主要以最大堆为例。

2. 最大堆的操作

根据上面已介绍的最大堆的构成和基本特性,可以用以下抽象数据类型表示最大堆:

类型名称: 最大堆(MaxHeap)

数据对象集: 一个有 N>0 个元素的最大堆 H 是一棵完全二叉树,每个结点上的元素值不小于其子结点元素的值。

操作集: 对于任意最多有 MaxSize 个元素的最大堆 H∈MaxHeap,元素 X∈ElementType,我们重点关注下列操作:

(1) MaxHeap CreateHeap(int MaxSize):创建空的最大堆,其最大长度为 MaxSize;

(2) bool IsFull(MaxHeap H):判断最大堆 H 是否已满,若是返回 true;否则返回 false;

(3) bool Insert(MaxHeap H, ElementType X):将元素 X 插入最大堆 H。若堆已满,返回

false;否则将数据元素 X 插入到堆 H 并返回 true;

（4）bool IsEmpty(MaxHeap H):判断最大堆 H 是否为空,若是返回 true;否则返回 false;

（5）ElementType DeleteMax(MaxHeap H):删除并返回 H 中最大元素。

下面我们就重点介绍堆的创建、插入和删除,以及另外一个特殊的操作:根据给定的 N 个元素建立最大堆。

（1）最大堆的创建

用 C 语言描述堆结构如下：

```
typedef struct HNode * Heap;    /* 堆的类型定义 */
struct HNode {
    ElementType * Data;    /* 存储元素的数组 */
    int Size;              /* 堆中当前元素个数 */
    int Capacity;          /* 堆的最大容量 */
};
typedef Heap MaxHeap;    /* 最大堆 */
typedef Heap MinHeap;    /* 最小堆 */
```

注意到在根据用户输入的 MaxSize 建立空的最大堆时,数组应该有 MaxSize+1 个元素,因为数组起始单元为 1,元素是存在第 1~MaxSize 个单元中的。通常第 0 个单元是无用的,但是如果我们事先知道堆中所有元素的取值范围,也可以给第 0 单元赋一个特殊的值 MAXDATA,这个值比堆中任何一个可能的元素都要大。至于这个 MAXDATA 的"哨兵"作用,会在介绍插入操作的时候提到。

代码 4.21 给出了创建最大堆的实现。事实上这个程序也同样适用于创建最小堆,只是把 MAXDATA 换成小于堆中所有元素的 MINDATA 即可。

```
#define MAXDATA 1000 /* 该值应根据具体情况定义为大于堆中所有可能元素的值 */

MaxHeap CreateHeap( int MaxSize )
{ /* 创建容量为 MaxSize 的空的最大堆 */

    MaxHeap H = (MaxHeap)malloc(sizeof(struct HNode));
    H->Data = (ElementType *)malloc((MaxSize+1) * sizeof(ElementType));
    H->Size = 0;
    H->Capacity = MaxSize;
    H->Data[0] = MAXDATA;    /* 定义"哨兵"为大于堆中所有可能元素的值 */

    return H;
}
```

代码 4.21　最大堆的创建

（2）最大堆的插入

最大堆中插入一个新元素以后,新增结点既要保证最大堆仍是完全二叉树,结点之间元素值的大小也要满足最大堆的性质,因此,一般情况下要移动元素。是否移动、多少元素要移动,取决于要插入元素以及最大堆中已有元素数值的大小。

图 4.43 是一个最大堆插入一个新元素的过程。其中,图 4.43(a)是最大堆的初始情况。当要插入新元素时,按完全二叉树的性质,增加结点的位置应该是图 4.43(b)中用灰色结点表示的最后一个结点。

当插入的元素值小于 31 时,新增结点处就是要插入元素的正确位置。图 4.43(c)表示插入元素(黑色结点)值为 20 的结果。

当插入元素值大于 31,但小于 44 时,元素 31 下移到新增结点,在空出的位置处插入新元素。图 4.43(d)表示插入元素值为 35 的结果。

当插入元素值大于 44 时,元素 31 和元素 44 依次下移一层,在最后空出的根结点位置处插入新元素。图 4.43(e)表示插入元素值为 58 的结果。

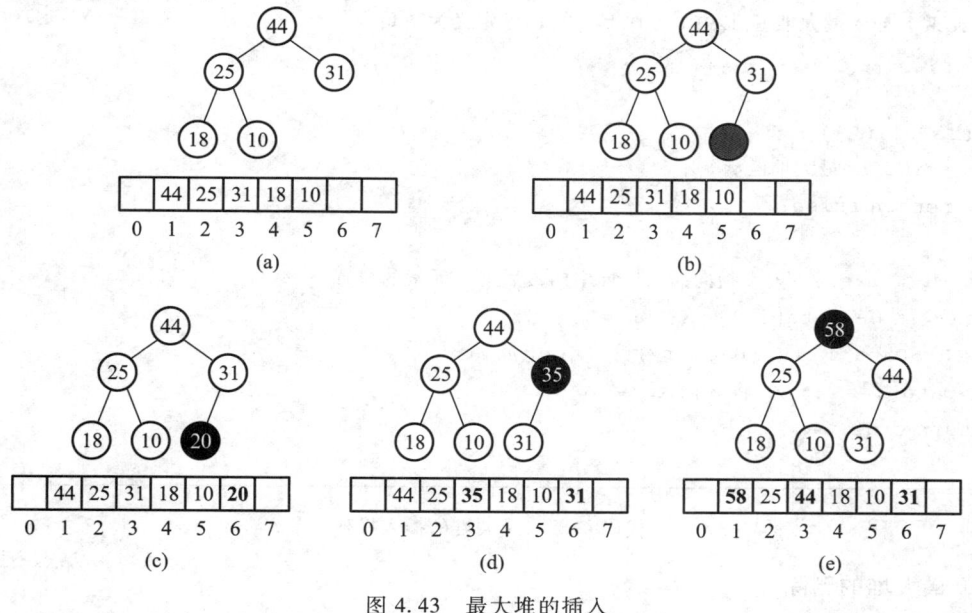

图 4.43 最大堆的插入

由图 4.43 列出的几种可能的插入结果可知,完成一个元素的最大堆插入操作,只要从完全二叉树的新增结点开始,顺着其父结点到根结点的路径,将路径上各结点依次与新元素值进行比较,当一结点的值小于新元素的值,就下移这个结点的元素,直到有结点的值大于新元素的值或根结点也下移为止,空出的结点位置就是新元素插入点。插入过程也可以用一句话简单描述:从新增的最后一个结点的父结点开始,用要插入的元素向下过滤上层结点。实际上,由于堆元素之间的部分有序性,最大堆从根结点到任何叶结点的路径都是递降的有序序列。插入过程的调整就是继续保证这个序列的有序性。

代码4.22给出了最大堆的插入操作算法。注意到如果新插入的X比原来堆中所有的元素都大,那么它将一直向上比较到根结点都不会停止。对于这种情况,我们可以加一个特殊判断,当i取值为1时,直接跳出for循环,但是这种程序不够优美。在代码4.21中我们定义了一个"哨兵",即如果我们事先知道堆中所有元素的取值范围,可以给H->Data[0]赋一个特殊的值MAXDATA,这个值比堆中任何一个可能的元素都要大,这样当i为1时,"H->Data[i/2]<X"这个条件肯定不满足,就可以自然跳出循环了。

```
bool IsFull(MaxHeap H)
{
    return(H->Size==H->Capacity);
}

bool Insert(MaxHeap H, ElementType X)
{ /*将元素X插入最大堆H,其中H->Data[0]已经定义为哨兵 */
    int i;

    if(IsFull(H)){
        printf("最大堆已满");
        return false;
    }
    i=++H->Size;    /* i指向插入后堆中的最后一个元素的位置 */
    for( ; H->Data[i/2]< X; i/=2)
        H->Data[i]=H->Data[i/2];   /* 上滤X */
    H->Data[i]=X;   /*将X插入 */
    return true;
}
```

代码4.22 最大堆的插入操作

(3)最大堆的删除

最大堆的删除实际上是取出根结点的最大值元素,同时删除堆的一个结点。与插入操作类似,删除操作后,最大堆仍然要是完全二叉树,结点元素值的大小仍然要满足最大堆的性质。因此,删除的结点应该是数组的最后一个单元。那么,取走根结点的元素后,堆的最后一个结点必须重新放置。确定最后一个结点的元素放到哪个结点中去是最大堆删除操作的关键所在。

图4.44是一个最大堆删除操作的过程。其中,图4.44(a)是最大堆的初始情况。当取出根结点的元素58后,要删除的结点应该是图4.44(b)中用灰色表示的最后一个结点。删除结点的元素31能放到空的根结点处吗?从图4.44(c)看,显然不行,因为其右子结点的值44大于31。

要保持最大堆的性质,只能上移44元素,得到图4.44(d)的中间结果。此时,空出的结点位置为存放删除结点元素的正确位置,图4.44(e)为最终结果。

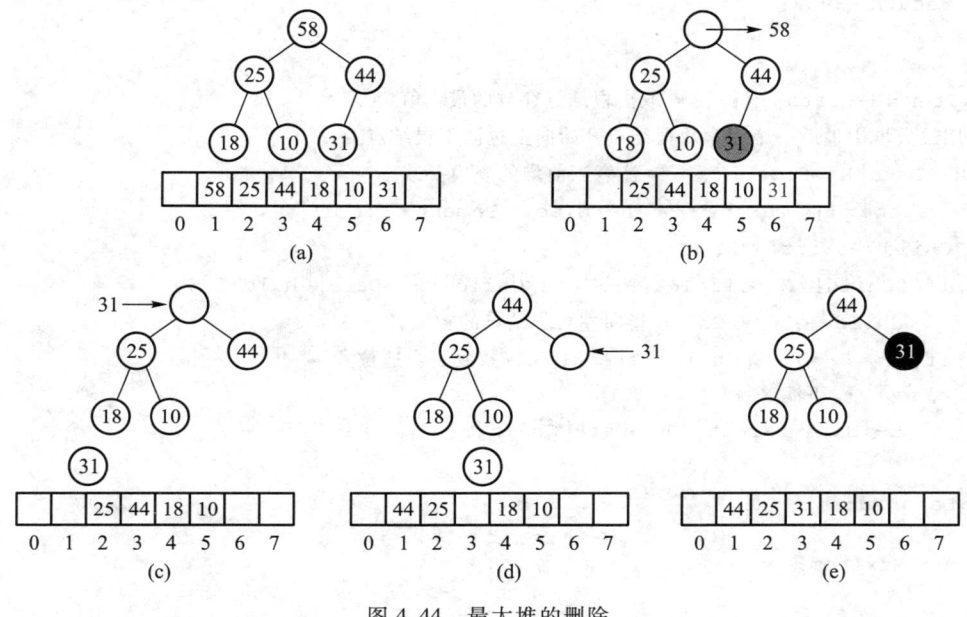

图4.44 最大堆的删除

从图4.44列出的最大堆删除过程可以看到,将删除结点(数组中最后一个元素单元)的元素作为假设的根结点,依次与其下层的子结点进行比较,如果小于子结点的元素值,从两个子结点中选择值大的元素上移一层,直到在某一点上,比较结果是大于两个子结点的值,此时的空结点就是要放置删除结点元素的正确位置。删除过程也可以用一句话简单描述:从根结点开始,用最大堆中的最后一个元素向上过滤下层结点。代码4.23为实现最大堆的删除操作的函数。

```
#define ERROR-1 /*错误标识应根据具体情况定义为堆中不可能出现的元素值 */

bool IsEmpty(MaxHeap H)
{
    return(H->Size==0);
}

ElementType DeleteMax(MaxHeap H)
{/*从最大堆H中取出键值为最大的元素,并删除一个结点 */
    int Parent, Child;
    ElementType MaxItem, X;
```

```
if(IsEmpty(H)){
    printf("最大堆已为空");
    return ERROR;
}

MaxItem=H->Data[1];   /* 取出根结点存放的最大值 */
/*用最大堆中最后一个元素从根结点开始向上过滤下层结点 */
X=H->Data[H->Size--];   /*注意当前堆的规模要减小 */
for(Parent=1; Parent*2<=H->Size; Parent=Child){
    Child=Parent*2;
    if((Child!=H->Size)&&(H->Data[Child]<H->Data[Child+1]))
        Child++;   /* Child 指向左右子结点的较大者 */
    if(X>=H->Data[Child])break;   /*找到了合适位置 */
    else   /* 下滤 X */
        H->Data[Parent]=H->Data[Child];
}
H->Data[Parent]=X;

return MaxItem;
}
```

代码 4.23 最大堆的删除

(4) 最大堆的建立

微视频 4-5
最大堆的建立过程

这里所谓的"建立",是指如何将已经存在的 N 个元素按最大堆的要求存放在一个一维数组中。我们当然可以通过最大堆的插入操作,将 N 个元素一个个相继插入到一个初始为空的堆中去,其时间代价最大为 $O(N \log N)$。

下面我们将介绍一种更简便的方式,在线性时间复杂度下建立最大堆。具体分两步进行,第一步,将 N 个元素按输入顺序存入二叉树中,这一步只要求满足完全二叉树的结构特性,而不管其有序性。第二步,调整各结点元素,以满足最大堆的有序特性。

图 4.45 是实现这种简便方式的一个实例。图 4.45(a)是按输入顺序依次将各元素存入数组完成第一步操作后的各结点分布情况。接着进行第二步操作,从第 $\lfloor N/2 \rfloor$ 个结点(这是最后面一个有儿子的结点)开始,对包括此结点以及其他前面的各结点 $\lfloor N/2 \rfloor-1$, $\lfloor N/2 \rfloor-2$,……逐一进行向下过滤操作,直到根结点过滤完毕,最大堆也就建立起来了(见图 4.45(b)-(h)所示)。

图 4.45 所示的堆有 12 个结点,从 $\lfloor 12/2 \rfloor=6$ 的数组单元位置上的结点 87 开始处理,接着是 5 单元、4 单元……一直到 1 单元的根结点 79,每个结点与它的子树中子孙结点进行比较过滤。图

4.45 中我们用灰色结点表示每次过滤所涉及的各个结点。对于某一结点的处理,当其两个子结点中较大键值的元素大于它时,将它与大键值子结点交换位置,完成一个层次的向下过滤,接着在新的层次上进行再下一层的过滤,直到找到它的正确位置。图 4.45 中用灰底白字的结点及其连边旁的箭头表示两层结点交互过滤;而灰底黑字表示两结点间已满足有序性,不需要调整位置。

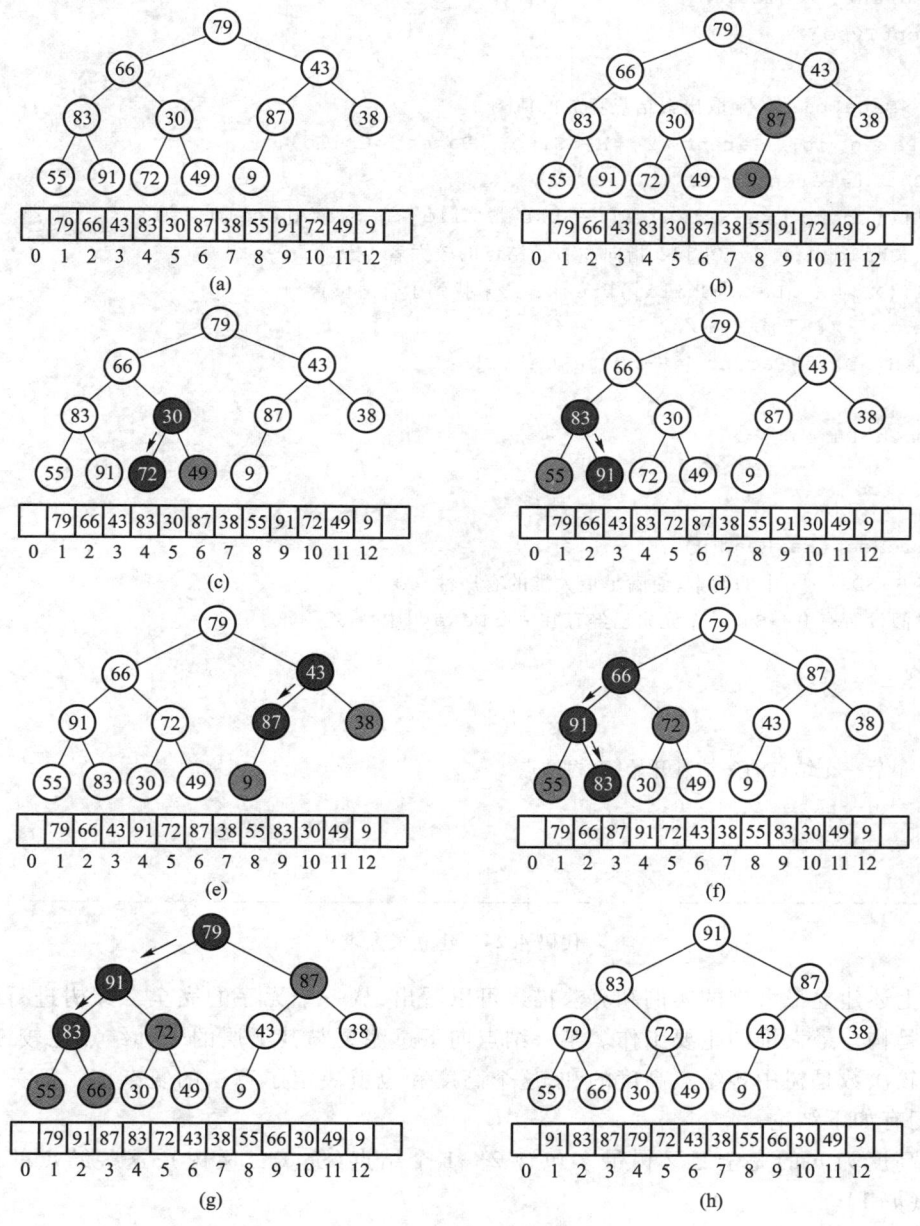

图 4.45 最大堆的建立过程

代码 4.24 是实现上述建立最大堆的过程函数。

```
void PercDown(MaxHeap H, int p)
{ /*下滤:将 H 中以 H->Data[p]为根的子堆调整为最大堆 */
    int Parent, Child;
    ElementType X;

    X=H->Data[p];   /*取出根结点存放的值 */
    for(Parent=p; Parent*2<=H->Size; Parent=Child){
        Child=Parent*2;
        if((Child!=H->Size)&&(H->Data[Child]<H->Data[Child+1]))
            Child++;  /* Child 指向左右子结点的较大者 */
        if(X>=H->Data[Child])break;  /* 找到了合适位置 */
        else    /* 下滤 X */
            H->Data[Parent]=H->Data[Child];
    }
    H->Data[Parent]=X;
}


void BuildHeap(MaxHeap H)
{ /* 调整 H->Data[]中的元素,使满足最大堆的有序性  */
  /*这里假设所有 H->Size 个元素已经存在 H->Data[]中 */

    int i;

    /*从最后一个结点的父结点开始,到根结点 1 */
    for(i=H->Size/2; i>0;i--)
        PercDown(H, i);
}
```

代码 4.24 建立最大堆

分析上述建立最大堆的实例和算法描述可以看出,从一个无序的完全二叉树进行结点向下过滤操作是构建最大堆的主要工作。某一结点向下过滤要与其下层的子孙结点比较键值,因此最大的比较次数是树中各结点高度的和,这个高度和也就决定了算法的复杂度。而关于各结点高度,我们有如下结论:

一个高度为 h 的完全二叉树最多包含 2^h-1 个结点(完美二叉树),这些结点的高度和为 $2^{(h+1)}-1-(h+1)$。

由于一个完全二叉树的结点个数 N 是在 2^{h-1} 和 2^h-1 之间,因此结点的高度和为 $O(N)$,说明最大堆建立算法的复杂度与结点个数呈线性关系。

4.6.2 哈夫曼树

1. 问题的提出

让我们先看一个简单的例子。

[**例 4.9**] 要求编写一个程序将百分制的考试成绩转换成五分制的成绩。

[**分析**] 首先给出一个简单程序的主要部分,它利用了嵌套条件语句将 101 种可能的分数转换为不及格(1)、通过(2)、一般(3)、良好(4)和优秀(5)五个等级。

```
if( score<60) grade = 1;
else if( score<70) grade = 2;
    else if( score<80) grade = 3;
        else if( score<90) grade = 4;
            else grade = 5;
```

上述程序段的判定过程可以用图 4.46(a)所示的判定树来表示。如果需要转换的学生成绩很多,用此判定树或者说基于此判定树的程序效率问题就比较突出了。主要原因是学生成绩的分布在上述五个分数段中是不均匀的。表 4.1 是一个实际的学生成绩分布情况表。

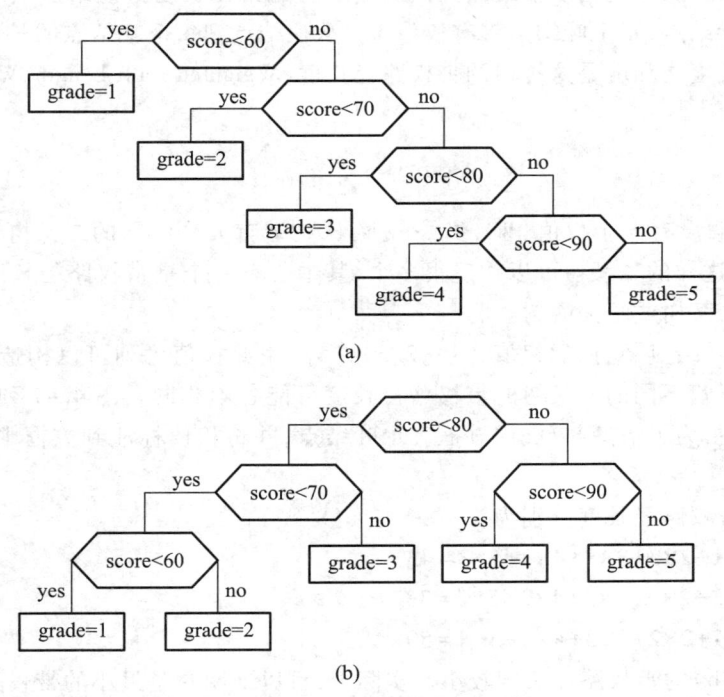

图 4.46 不同判定树

表 4.1　学生成绩分布情况表

分数段	0~59	60~69	70~79	80~89	90~100
比例	0.05	0.15	0.40	0.30	0.10

如果学生成绩按表 4.1 的比例分布,采用图 4.46(a)判定树,80%以上的数据需要进行三次或三次以上的比较才能求出结果。现假设有 10 000 个输入数据,按图 4.46(a)判定进行转换,需要 31 500 次比较运算;而图 4.46(b)是考虑了分数分布比例所设计的另一判定逻辑,对同样的输入数据,则需要进行 22 000 次比较。

由此可见,同一问题,采用不同的判定逻辑,计算效率是不一样的。可以推断,图 4.46(b)的判定结构对概率大的数据有更少的比较次数,计算效率得到了提高。那么是否能够找到最好的比较判定逻辑,使运算效率达到最高？这就是"最优树"要解决的问题。

2. 哈夫曼树(Huffman Tree)的定义

我们已经知道,从树根到某个结点的路径是从根结点开始沿着某个分支到达该结点的一个结点序列,路径所含的分支数(结点个数减 1)称为此路径的长度。而一棵树的路径长度是指从树根到其余各结点的路径长度之和。

结点的带权路径长度是指从根结点到该结点之间的路径长度与该结点上所带权值的乘积。设一棵树有 n 个叶结点,每个叶结点带有权值 W_k,从根结点到每个叶结点的长度为 l_k,则每个叶结点的带权路径长度之和就是这棵树的带权路径长度(Weighted Path Length,WPL),它可以被表示为:

$$WPL = \sum_{k=1}^{n} W_k l_k$$

[**定义 4.6**] 假设有 n 个权值 $\{W_1,W_2,\cdots,W_n\}$,构造有 n 个叶子的二叉树,每个叶子的权值是 n 个权值之一,这样的二叉树可以构造很多个,其中必有一个是带权路径长度最小的,这棵二叉树就称为最优二叉树或哈夫曼树。

例如,有五个叶结点,它们的权值为 $\{1,2,3,4,5\}$,用此权值序列可以构造出形状不同的多个二叉树。这些形状不同的二叉树的带权路径长度可能各不相同。图 4.47 列出了对应此权值序列的三棵二叉树,为了清楚起见,用方框表示叶结点,并将权值标注到方框中。而其他结点的键值省略。

这三棵树的带权路径长度分别为:
WPL(a)= 1×1+2×3+3×3+4×3+5×3 = 43
WPL(b)= 1×3+2×3+3×2+4×2+5×2 = 33
WPL(c)= 1×1+2×2+3×3+4×4+5×4 = 50

其中图 4.47(b)的带权路径长度较小。实际上,可以证明它是最小的带权路径长度,对应的树是这个权值序列的哈夫曼树。

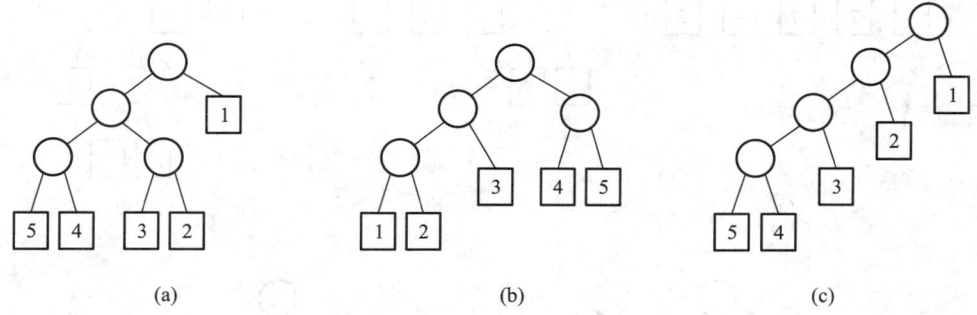

图 4.47 三棵不同带权路径长度的二叉树

3. 哈夫曼树的构造

我们已经知道由相同权值的一组叶结点所构成的二叉树有不同的形态和不同的带权路径长度,那么如何找到带权路径长度最小的哈夫曼树呢?由哈夫曼树和带权路径长度的定义可知,一棵二叉树要使其 WPL 值最小,必须使权值越大的叶结点越靠近根结点,而权值越小的叶结点越远离根结点。哈夫曼依据这一特点提出了一种方法,它是一种贪心算法。该算法在初始状态下将每个字符看成一棵独立的树,每一步执行两棵树的合并,而选择合并对象的原则是"贪心"的,即每次选择权最小的两棵树进行合并。具体过程描述如下:

(1) 由给定的 n 个权值 $\{W_1, W_2, \cdots, W_n\}$ 构造 n 棵只有一个叶结点的二叉树,从而得到一个二叉树的集合 $F = \{T_1, T_2, \cdots, T_n\}$;

(2) 在 F 中选取根结点的权值最小和次小的两棵二叉树作为左、右子树构造一棵新的二叉树,这棵新的二叉树根结点的权值为其左、右子树根结点权值之和;

(3) 在集合 F 中删除(2)中作为左、右子树的两棵二叉树,并将新构造的二叉树加入到集合 F 中;

(4) 重复(2)(3),当 F 中只剩下一棵二叉树时,这棵二叉树就是所要建立的哈夫曼树。

图 4.48 给出了前面提到的叶结点权值集合为 $W = \{1,2,3,4,5\}$ 的哈夫曼树的构造过程。首先,按权值大小构成 5 棵单个结点的二叉树,如图 4.48(a)所示;由权值最小的 2 棵二叉树构造新的二叉树,计算其权值为 3(用圆结点中的数值表示)产生新的树集合,如图 4.48(b)所示;图 4.48(c)为两个权值为 3 的结点合并后的结果;图 4.48(d)是选择最小权值 4、5 结点合并后的结果;图 4.48(e)是将剩余两个子树合并成,构成最后的哈夫曼树。

尽管按哈夫曼方法构造成了图 4.48 的结果,但需要指出的是:对于同一组给定权值叶结点所构造的哈夫曼树,树的形状可能不同。比如,图 4.49 是另一棵上述给定权值序列的哈夫曼树。但不论形状如何,这些哈夫曼树的带权路径长度是相同的,并一定都是同一最小值。

代码 4.25 为哈夫曼树构造算法。为了便于抽取最小权值的子树,在树的构造过程中使用了最小堆及其删除、插入操作。这里堆中的元素是一个加了权值的树结点的指针。

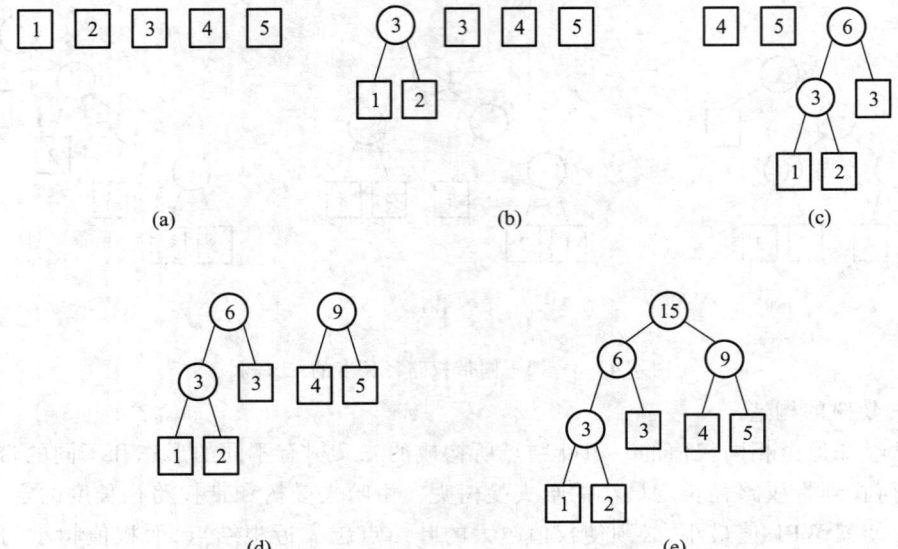

图 4.48 哈夫曼树的生成过程

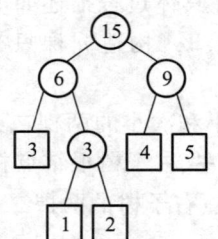

图 4.49 结构不同的哈夫曼树

```
typedef struct HTNode *HuffmanTree;  /*哈夫曼树类型*/
struct HTNode{ /*哈夫曼树结点定义*/
    int Weight;             /*结点权值*/
    HuffmanTree Left;       /*指向左子树*/
    HuffmanTree Right;      /*指向右子树*/
};

HuffmanTree Huffman( MinHeap H )
{ /*这里最小堆的元素类型为 HuffmanTree */
  /*假设 H->Size 个权值已经存在 H->Data[]->Weight 里*/
    int i, N;
```

```
        HuffmanTree T;

        BuildHeap(H);    /*将 H->Data[]按权值 Weight 调整为最小堆 */
        N=H->Size;
        for(i=1;  i<N;  i++){ /*做 H->Size-1 次合并 */
            T=(HuffmanTree)malloc(sizeof(struct HTNode));    /*建立一个新的根结点 */
            T->Left=DeleteMin(H);    /*从最小堆中删除一个结点,作为新 T 的左子结点 */
            T->Right=DeleteMin(H);   /*从最小堆中删除一个结点,作为新 T 的右子结点 */
            T->Weight=T->Left->Weight+T->Right->Weight;    /*计算新权值 */
            Insert(H, T);    /*将新 T 插入最小堆 */
        }
        return DeleteMin(H);    /*最小堆中最后一个元素即是指向哈夫曼树根结点的指针 */
    }
```

代码 4.25　哈夫曼树的构造

Huffman 算法的复杂度主要由以下几部分组成：
(1) 调整最小堆：$O(N)$；
(2) $2(N-1)+1$ 个删除：$O(N\log N)$；
(3) $N-1$ 个插入：$O(N\log N)$。
故整体复杂度为 $O(N\log N)$。

4. 哈夫曼编码

给定一段字符串,如何对其中的字符进行编码,使得该字符串的编码存储空间最少？当然从存储空间取出的编码必须通过对应的解码才能还原出原字符串。

上述问题的最优解决方案是哈夫曼于 1952 年提出的,按他给出的算法得到的编码就称为"哈夫曼(Huffman)编码",是进行文件压缩的有效方法,其压缩比通常在 20% 到 90% 之间。

可见的 ASCII 字符大约有一百个左右,加上部分不可见字符,可以用 $\log_2 128=7$ 位来识别它们,再加上 1 位校验码,所以一般用 8 位即一个字节来表示一个字符。但一般文本中每个字符出现的频率是不同的,且差异较大,通常只是少量不同字符在大量重复出现,用 8 位来存储每个字符是比较浪费的。

[例 4.10] 假设有一段文本,包含 58 个字符。经过统计,发现其中只有 7 个字符是互不相同的,它们是：a,e,i,s,t,空格(sp),换行(nl)。

若按每字符 1 字节的方式存储,则该文本需占 $58×8=464$ 位。而其中既然只有 7 个字符是不同的,我们完全可以仅用 $\lceil \log_2 7 \rceil = 3$ 位码来识别它们。例如可令：a = 000, e = 001, i = 010, s = 011, t = 100, sp = 101, nl = 110。这时空间被压缩为 $58×3=174$ 位,效果已经不错了。

要获得更好的压缩效果,即压缩后的总空间最小,就不能再用等长的编码。一个很直观的想法是,让出现频率高的字符编码短些,出现频率低的字符则编码不妨长些,可能会得到更好的压缩效果。这要求必须知道更多的信息。

设 $f(c)$ 为字符 c 出现的频率。假设例 4.10 中的统计结果为 $f(a)=10, f(e)=15, f(i)=12, f(s)=3, f(t)=4, f(sp)=13, f(nl)=1$。表 4.2 列出了一种最优编码,可见存储空间被进一步压缩到 146 位。

表 4.2 最优编码统计

字符	频率	编码	占位
a	10	001	30
e	15	01	30
i	12	10	24
s	3	00000	15
t	4	0001	16
sp	13	11	26
nl	1	00001	5
总和	58		146

现在就出现了一个新问题,在允许不同字符采用不同长度编码的情况下,如何保证解码能顺利实现?

例如,有一个字符串"it is a tie",如果按照表 4.2 中的编码,此字符串就被压缩为 1000011110000001100111100011001。当进行文本恢复时,我们从左向右扫描压缩后的编码,并对照表 4.2,发现 1 不在表中,而 10 对应 i,接着 000 不在表中,而 0001 对应 t,于是从前 6 位得到"it"以此类推,完全可以解码原文,而不出现二义性。

并不是任何一种编码都可以如此顺利地解码,比如若将 sp 的编码改为 00,再从左向右解码,前 4 位解码结果将是"isp",导致错误的原因是出现二义性问题了,即 sp 的编码 00 是 a 的编码 001 的前缀。

不产生二义性的关键在于任何一个字符的编码都不能是另一个字符的编码的前缀,因此哈夫曼编码也称为"前缀编码"。

采用哈夫曼树生成方法可以保证构成正确的文本前缀编码,图 4.50 为上述文本的最优前缀编码树。

从图 4.50 中来看,与前面介绍的哈夫曼树有所不同的是在每个结点的左分支被记为 0,右分支被记为 1。某一字符的编码可通过组合从根结点到该字符结点(叶结点)的路径上所标注的 0、1 得到。注意前缀编码树的特点是每个字符必是叶结点,且树中没有度为 1 的结点。否则就会出现解码二义性的问题,比如将 sp 换成 a 的父结点,此时,sp 为

图 4.50 最优前缀编码树

非叶结点,那么编码 100001 中前两位解码为 i 后,右边剩下的四位 0001,既可以一并解码为 t,也可以先解码前两位 00 为 sp,再解码剩下的两位 01 为 e。导致出现"it"和"i sp e"两种解释。

一个字符的编码长度即是该字符结点在其哈夫曼树中的深度 $d-1$。设字符 c_i 为哈夫曼树中的一个叶结点,若在树中的深度为 d_i,将它在文本中的出现频率为 f_i 看作结点的权值,则压缩后文本长度为 $\sum(d_i-1)f_i$,哈夫曼树的生成确保了这个前缀编码树的编码长度为最小。

图 4.51 列出了调用哈夫曼树生成算法构造图 4.50 最优编码树的过程。为清楚起见,用方结点表示原始字符结点,用圆结点表示生成的树结点,内含以该结点为根的树的权值。

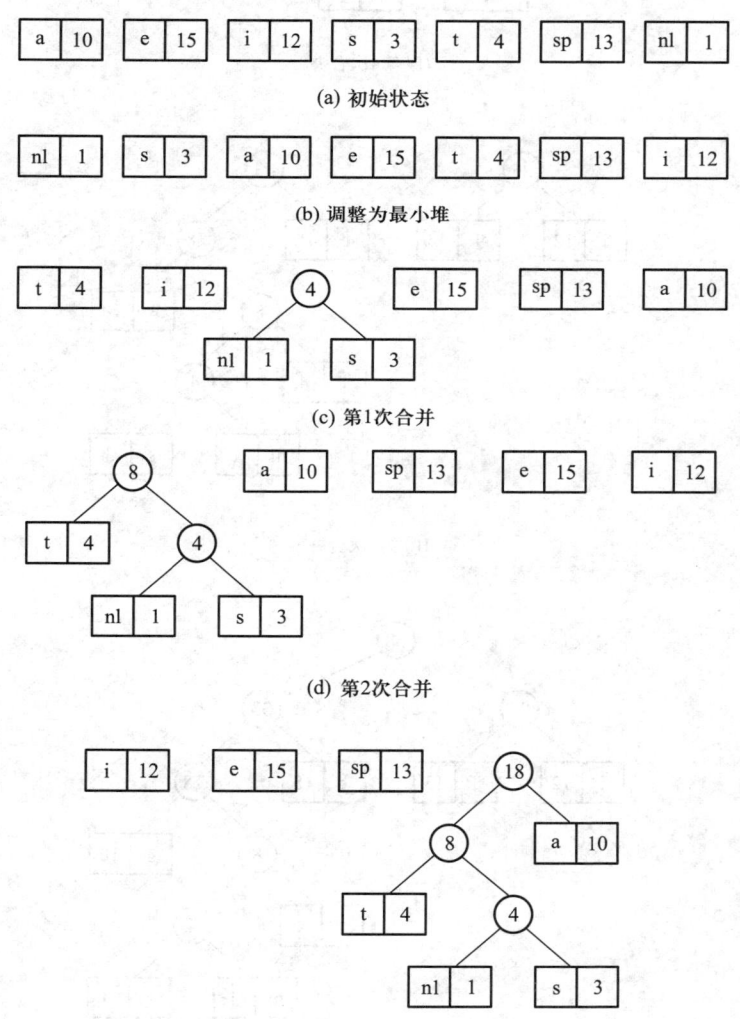

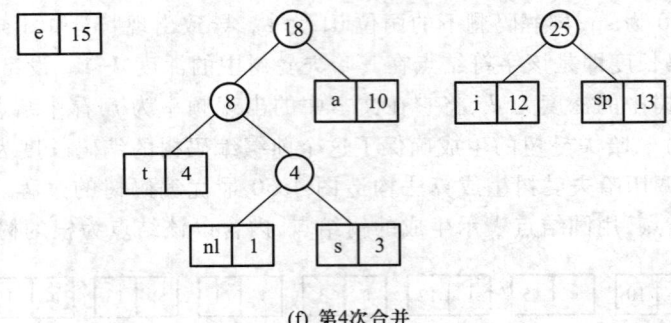

(f) 第4次合并

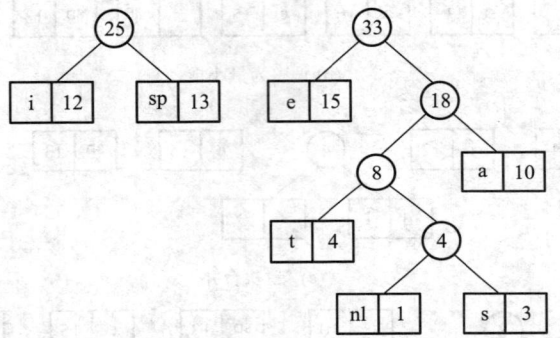

(g) 第5次合并

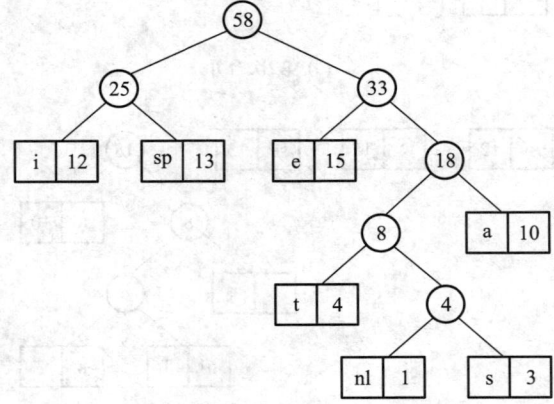

(h) 一棵最优前缀编码树

图 4.51 哈夫曼树生成过程演示

可以看到,图 4.51 生成的树与图 4.50 并不相同,又一次说明哈夫曼编码不是唯一的。

4.6.3 集合及其运算

1. 集合的表示

集合是一种常用的数据表示方法。集合运算包括交、并、补、差以及判定一个数据是否是某一集合中的元素等。

为了有效地对集合执行各种操作,可以用树结构表示集合,树的每个结点代表一个集合元素。例如,有 3 个互不相交的整数集合 $S_1=\{1,2,4,7\}$、$S_2=\{3,5,8\}$、$S_3=\{0,6,9\}$,图 4.52 是这 3 个集合的多叉树表示形式,每个结点允许有多个子结点。与我们之前所见到的父子关系指针不同,这里结点的指针不是从父结点指向子结点,而是由子结点指向父结点。每个根结点与其集合名称相关联。当然,究竟选择哪个结点作为代表此集合的父结点是无关紧要的。

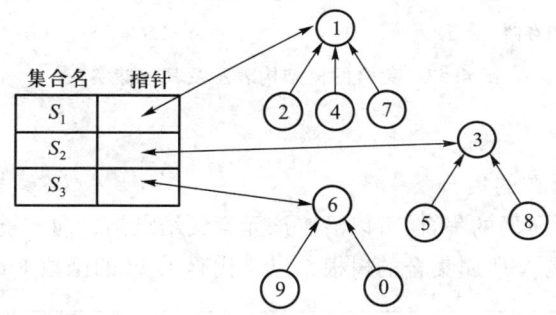

图 4.52 集合的多叉树表示形式

采取这样的树结构表示集合好处是有利于判定某个元素所属的集合,也便于集合的归并运算。从另一方面考虑,当我们执行集合运算的时候,关注的是集合中的元素,并不在乎这个集合叫什么名字,所以集合名结构(图 4.52 左边部分)其实是没有必要存在的。一个巧妙的方法是直接用树的**根结点的编号**代表一个集合。让我们把所有 N 个元素从 0 到 $N-1$ 编号,当把它们存储在数组中时,它们的下标范围也是 0 到 $N-1$ 的 —— 充分利用这一点,我们就可以简单地用一个整型数组表示集合,这个数组的第 i 个元素(下标为 i)存储的是编号为 i 的集合元素的父结点编号。例如图 4.52 中,3 是 8 的父结点,那么数组的第 8 个元素的值就是 3。由于根结点没有父结点,为了区分根结点和非根结点,我们把根结点单元的值定义成负数(例如就定义成-1)。例如 6 是图 4.52 中一棵树的根结点,那么对应的那个集合的名字就是 6,在第 6 个单元里存的值是-3,因为这棵树有 3 个结点,对应的集合有 3 个元素。于是图 4.52 中的三棵树就如图 4.53 所示。

在此我们把 N 个集合元素的类型 ElementType 定义为 int,即简单地用 0 到 $N-1$ 的编号代替实际元素。于是集合的类型可描述为:

```
#define MAXN 1000              /* 集合最大元素个数 */
typedef int ElementType;       /* 默认元素可以用非负整数表示 */
```

```
typedef int SetName;                    /*默认用根结点的下标作为集合名称*/
typedef ElementType SetType[MAXN];      /*假设集合元素下标从0开始*/
```

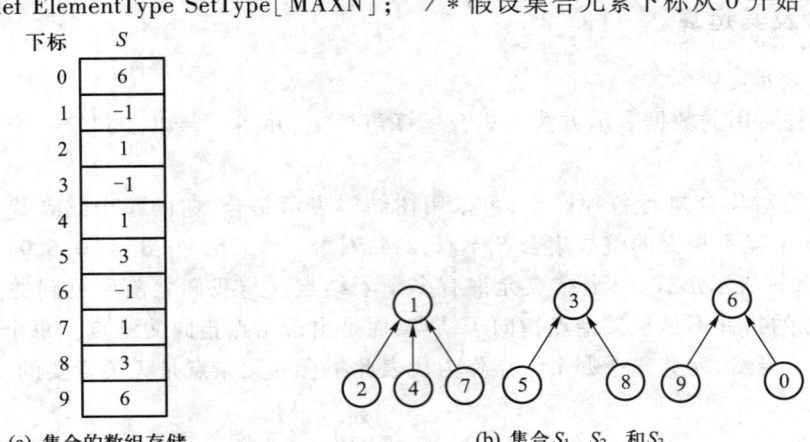

(a) 集合的数组存储   (b) 集合 S_1、S_2、和 S_3

图 4.53 集合的树结构表示及其存储实现

2. 集合运算

(1) 查找某个元素所在的集合

查找编号为 X 的元素所属的集合,可以沿着该元素父结点指针向上查,当发现一个元素的指针域值为负数时,该元素就是 X 所属集合的树根结点。代码 4.26 的函数 Find 实现了这一查找过程。

```
SetName Find( SetType S, ElementType X )
{ /*默认集合元素全部初始化为-1 */
    for( ; S[X]>=0; X=S[X] );
    return X;
}
```

代码 4.26 集合元素查找

(2) 集合的并运算

集合的并运算是要完成将元素 X1 和 X2 所属的两个集合合并的操作。可以先找到两个元素所在集合树的根结点,如果它们不同根,则将其中一个根结点的父结点域值设置成另一个根结点的数组下标就行了。例如,要将数值为 4 和 5 的两个元素所属的集合归并,通过 Find 函数可以确定它们所属的集合为 1 和 3。我们只要将 S[3]的值设置为 1 就实现了两个集合的并运算。图 4.54 为并运算完成后的结果。其中根结点 3 的值由原来的-1 变成了 1。为清晰起见,图 4.54(a)中用灰底色标注出了该值的变化。

代码 4.27 为实现集合并运算的 Union 函数。这里默认传入函数的 Root1 和 Root2 是两个不同集合的根结点,所以一般我们在调用 Union 之前,都应该先确认这一点。换言之,如果我们要将元素 X1

和 X2 所属的两个集合合并,应该先调用 Find(X1) 和 Find(X2),得到两个集合的根,然后比较一下:如果两个根不同,则调用 Union 执行合并;否则根本没必要合并,因为它们本来就在同一个集合里。

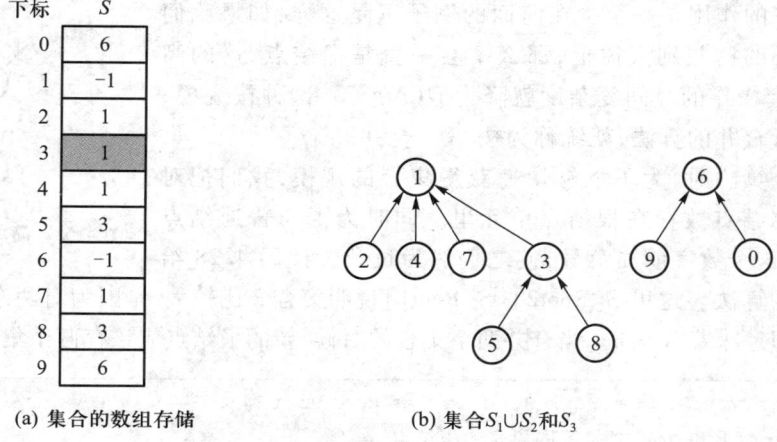

(a) 集合的数组存储　　　　(b) 集合 $S_1 \cup S_2$ 和 S_3

图 4.54　集合 S_1 和 S_2 的并运算

```
void Union(SetType S, SetName Root1, SetName Root2)
{ /* 这里默认 Root1 和 Root2 是不同集合的根结点 */
    S[Root2]=Root1;
}
```

代码 4.27　集合并运算

（3）按秩合并

乍一看代码 4.27 是如此简单,会有什么问题呢?假设有 N 个元素,一开始各自独立,然后我们要执行这样一系列的并运算:

● 合并 1 和 0 所在的集合:调用 Union(S,1,0) 的结果,是令 S[0]=1,生成根为 1、高度为 2 的一棵树;

● 合并 2 和 0 所在的集合:Find(S,0) 搜索了 2 个结点后找到根结点 1;调用 Union(S,2,1) 的结果,是令 S[1]=2,生成根为 2、高度为 3 的一棵树;

● 合并 3 和 0 所在的集合:Find(S,0) 搜索了 3 个结点后找到根结点 2;调用 Union(S,3,2) 的结果,是令 S[2]=3,生成根为 3、高度为 4 的一棵树;

● ……

以此类推,当我们不断执行"合并 i 和 0"($1 \leqslant i \leqslant N$)的操作,Find(S,0) 的总执行时间就是 $O(N^2)$,因为生成的集合树越来越高。最后的结果如图 4.55 所示。出现这种问题的根本原因,是我们每次都把一棵比较高的树并到了一棵矮树上。如果我们每次合并前都先比较一下两棵树的高度,把矮树并到高树上,就不会改变结果树的高度,也就可以避免上述糟糕情况的发生。

当然要做到这一点,我们需要快速知道每个集合的树有多高,而这并不是很容易做到。比较容易获得的是集合的规模,即集合中元素的个数。用规模替换高度,也可以起到比较好的作用——至少在前面的例子里是这样:如果我们每次都把规模小的树并到大树上,那么 1 会一直是根结点,树的高度始终是 2,整套操作的时间复杂度就降为 $O(N)$ 了。这种按规模、或者按高度进行合并的算法,就统称为按"秩"合并。

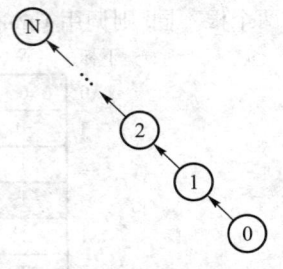

图 4.55 简单并运算的结果

在实现这个算法时,为了能够快速获得集合的规模,我们把对应集合的树的总结点数存在根结点单元里。同时为了与普通结点区分开,我们在这个数字前加负号,使之仍然为负数。代码 4.28 给出了按秩合并的算法。这里 S[Root2]<S[Root1]说明集合 2 比较大,是因为对两个正整数 A 和 B 而言,-A <-B 即意味着 A > B。当合并两个集合的时候,新的根结点应该存两个集合规模的和。

```
void Union( SetType S,  SetName Root1,  SetName Root2)
{ /* 这里默认 Root1 和 Root2 是不同集合的根结点 */
    /* 保证小集合并入大集合 */
    if(S[Root2]<S[Root1]){  /* 如果集合 2 比较大 */
        S[Root2]+=S[Root1];        /* 集合 1 并入集合 2 */
        S[Root1]=Root2;
    }
    else{                    /* 如果集合 1 比较大 */
        S[Root1]+=S[Root2];        /* 集合 2 并入集合 1 */
        S[Root2]=Root1;
    }
}
```

代码 4.28 Union 的按秩合并算法

在按秩合并的规则下,图 4.54 中两个集合合并的结果就变成了图 4.56 所示的数组。图中灰底突出了根结点单元的数值变化。

(4)路径压缩

如果一棵集合树很不幸地长高了,而我们又不得不反复调用 Find 去查找它最底部的某个元素,怎么做能提高效率呢?

有一种"路径压缩"的方法可以在第一次查找的时候把树变矮,使得要查找的元素直接变成根结点的孩子,则下次再查找它的时候就只需要 2 次比较了,可以大大提高效率。代码 4.29 给出了这个算法的递归版本。在这个算法中,我们递归地把 X 的父结点的值 S[X]设置为对其当前父结点 S[X]执行 Find 的结果,并且返回更新后的父结点值;直到 X 本身是集合的根,被 Find 返回给上

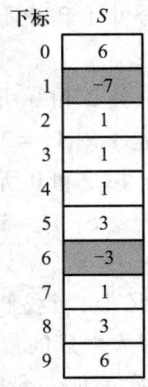

图 4.56 图 4.54 中集合 S_1 和 S_2 的按秩并运算

一层。这样执行的效果是,每返回一层,Find 就把当前结点的父结点设置成根结点,即把当前元素直接变成了根结点的孩子,并且一路返回根结点的值。最后从 X 到根结点的路径上所有的结点都变成了根结点的孩子,这就是路径的压缩。

```
SetName Find(SetType S,  ElementType X)
{ /* 默认集合元素全部初始化为-1 */
   if(S[X] < 0)/* 找到集合的根 */
     return X;
   else
     return S[X]=Find(S,  S[X]);   /* 路径压缩 */
}
```

代码 4.29　Find 的路径压缩算法

图 4.57 给出了一个示例,在对图 4.57(a)给出的集合执行 Find(S,3)后,从 3 到根 4 的路径上所有三个结点 3、1、2 都变成了 4 的孩子,如图 4.57(b)所示。

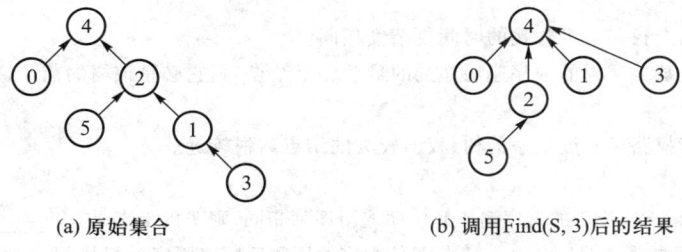

(a) 原始集合　　　　　　　　　(b) 调用Find(S,3)后的结果

图 4.57　路径压缩算法示例

本 章 小 结

　　树是一种十分重要且广泛应用的非线性数据结构。本章首先以线性表的静态查找作为引子,给出了动态查找的概念,为树的内容介绍做了适当铺垫。第 2 节介绍了树的定义和基本术语。紧接着,在第 3 节详细介绍了二叉树的存储形式和操作,给出了二叉树的建立和几种遍历算法并讲解了几个应用实例。第 4 节介绍了二叉搜索树及其插入、删除和查找操作。第 5 节的内容主要是平衡二叉树及其调整策略和算法。最后,在第 6 节中给出了树的几个重要应用实例。

　　二叉树是最基本和最简单的树结构,其遍历是最重要的操作,依据结点被访问的顺序分为先序、中序、后序和层序等。尽管几种遍历用递归算法实现既直观又简单,但效率比迭代算法低。

　　二叉搜索树的有序特性使得它成为一种对排序和查找都很有用的特殊二叉树,通过对二叉搜索树进行中序遍历可以得到从小到大的排好序的序列。依据结点关键字与要查找值的比较结果,查找范围限定在左或右子树是动态二分查找思想的实现;查找最大或最小元素也更加有效,它们处于树的最右分支端结点和最左分支端结点处。

平衡二叉树的引入是为了使二叉搜索树始终具有良好的结构,有尽量小的高度,以保证各种操作的对数复杂度。平衡调整算法中引入了平衡因子的概念,以反映树的不平衡情况,确定采用单旋或双旋调整策略。

在树的应用中介绍了堆、哈夫曼树和哈夫曼编码、集合及其运算。堆分为最大堆和最小堆两种,它们是考虑了优先级的特殊队列,因此常用于诸如考虑短作业优先调度等排队情况。尽管逻辑上用完全二叉树表示,实际的物理存储通常采用数组;哈夫曼树又称为最优二叉树,也就是带权路径长度最小的二叉树,它进一步提高了树中叶结点访问的总体效率。常用的集合运算包括判断元素所属集合、不同的集合归并等,树结构适合于这种集合的表示和操作,在本书的集合树的表示中,采用了子结点到父结点的链接方式,不仅使得集合操作更简捷,也说明树的边只是表示结点之间的关系。

习 题

4.1 判断正误。

(1) 二叉搜索树的查找和折半查找的时间复杂度相同。

(2) 若一个结点是某二叉树的中序遍历序列的最后一个结点,则它必是该树的前序遍历序列中的最后一个结点。

(3) 哈夫曼树是带权路径长度最短的树,权值较大的结点离根较近。

4.2 填空题。

(1) 设 T 是非空二叉树,若 T 的先序遍历和中序遍历序列相同,则 T 的形态是 _____ 。若 T 的先序遍历和后序遍历序列相同,则 T 的形态是 _____ 。若 T 的中序遍历和后序遍历序列相同,则 T 的形态是 _____ 。

(2) 以二叉链表作为二叉树的存储结构,在具有 n 个结点的二叉链表中($n>0$),空链域的个数为 _____ 。

(3) 已知二叉树的前序遍历序列为 ABDCEFG,中序遍历序列为 DBCAFEG,则后序遍历序列为 _____ 。

(4) 利用过滤法将关键字序列(37,66,48,29,31,75)建成的最大堆为 _____ 。

(5) 在一棵度为 3 的树中,度为 2 的结点个数是 1,度为 0 的结点个数是 6,则度为 3 的结点个数是 _____ 。

4.3 设二叉树的存储结构如下:

	1	2	3	4	5	6	7	8	9	10
Lchild	0	0	2	3	7	5	8	0	10	1
data	J	H	F	D	B	A	C	E	G	I
Rchild	0	0	0	9	4	0	0	0	0	0

其中根结点的指针值为 6(实际为所在数组位置的下标),Lchild, Rchild 分别为结点的左、右孩子指针域,data 为数据域。

(1) 画出二叉树的逻辑结构。

(2) 写出该树的前序、中序和后序遍历的序列。

（3）试编写一个算法，判别给定的二叉树是否是二叉搜索树。

4.4 对于算术表达式 $(A+B*C/D)*E+F*G$，给出其中序二叉树表示。

4.5 设顺序存储的二叉树中有编号为 i 和 j 的两个结点，请设计算法求出它们最近的公共祖先结点的编号。

4.6 假设一个文本使用的字符集为 $\{a,b,c,d,e,f,g\}$，字符的哈夫曼编码依次为 $\{0110,10,110,111,00,0111,010\}$。

（1）请根据哈夫曼编码画出此哈夫曼树，并在叶结点中标注相应的字符。

（2）若这些字符在文本中出现的频率分别为：$\{3,35,13,15,20,5,9\}$，求该哈夫曼树的带权路径长度。

4.7 若有 8 个数据元素 $\{0,1,2,3,4,5,6,7\}$，初始每个元素构成一个独立的集合，其数组单元的数值和树的表示如图 4.58 所示。通过集合并运算序列 Union(S,6,7)、Union(S,5,6)、Union(S,4,5)、Union(S,3,4)、Union(S,2,3)、Union(S,1,2) 和 Union(S,0,1) 后，集合树和对应的数组 S 变化如何？试比较采用按秩合并和简单合并，以及路径压缩与简单合并结合的结果。

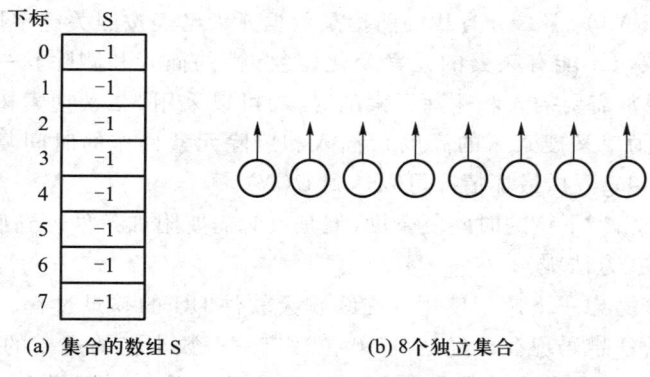

图 4.58 题 4.7 图

第 5 章 散列查找

5.1 引子

在前面的第 4 章中,我们已经介绍了查找的几种方法:当查找的数据对象集合中元素数量 N 不大的时候可以采用"顺序查找"(时间复杂度为 $O(N)$);当 N 很大的时候可以采用"二分查找"(时间复杂度为 $O(\log N)$),但二分查找的前提是数据元素已经按照关键字排序并且存储在连续的地址空间中,这就要求不能有频繁的元素变化(经常性的插入和删除)——即要求是"静态查找";当 N 较大并且经常需要插入和删除元素的时候,可以采用"二叉搜索树"结构进行查找(时间复杂度为 $O(h)$,h 为二叉搜索树的高度),插入和删除元素操作的时间复杂度也是 $O(h)$,这里 h 的最好情况是 $O(\log N)$,最坏情况可以达到 $O(N)$。

虽然 $O(\log N)$ 是相当不错的时间复杂度,但是有时需要附加条件。到底还有没有其他适应性广而速度又快的查找方法呢?

[**例 5.1**] 我们来考虑一下广泛使用的在线聊天软件 QQ 的登录过程,登录界面如图 5.1 所示。首先,大家知道 QQ 号码现在已经达到 10 位数字——数十亿的规模的容量,实际用户估计也达到亿数量级。当然就目前全球数十亿人口来看,一定有许多号码没有主人或者主人已经抛弃它,也一定有许多人占有多个号码,占有多个号码的原因可能是主人希望以不同的面貌出现在他人面前以隐藏身份,或者是择机出卖"吉利号码"以赚取经济利益等。

我们现在感兴趣的是,在登录 QQ 的时候,QQ 服务器如何核对你的身份,以确定你就是该号码的主人?方法似乎也不难,只要匹配一下你的密码即可。但是很少有人会想:在多达十亿量级的有效 QQ 号码中如何快速找到你刚刚输入的 QQ 号码,以便取出相应的密码与你刚刚输入的密码进行核对?

[**分析**] 现在我们来做个简单分析,先看看是否可以用二分法查找。假定数十亿的号码容量中有十亿有效用户,用二分查找 30 次,可以解决 $N = 2^{30}$(十亿)个有效 QQ 号码的问题。而 30 次长整数比较对现在的计算机来说可以瞬间完成。所以从时间方面来看是没有问题的。

再来看一下空间的情况。假设每个有效 QQ 号码有关信息(如密码、个性签名、个人资料、好友等,但不

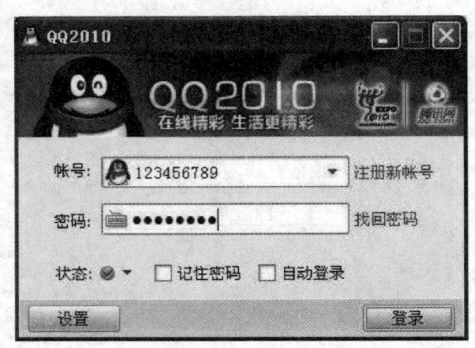

图 5.1 QQ 登录界面

包括个人相册和邮箱等)需要 1 KB 存储空间,那么 10 亿个账号大约只需要 1 024 GB(1 TB)的连续存储容量,这也是可以接受的。

但是,二分查找要求"按有效 QQ 号大小顺序存储有关信息",这是不是一个合理的要求呢?我们知道在连续存储空间中,插入和删除一个新 QQ 号码将需要移动大量数据,而插入一个新 QQ 号码(当某人成功申请一个 QQ 号时)几乎每小时甚至每分钟都会发生很多次。所以这个代价是不能接受的。

用不了二分查找,我们该怎么办?

[例 5.2] 我们来琢磨一下查英文字典的过程。比如要查询英文单词"zoo",如图 5.2 所示,相信大家都知道应该直接到字典的后面去找,而不会从字典中间开始用二分法去找,更不会从头顺序查找。为什么呢?因为我们"知道"字典的单词排序规则以及字母"z"在 26 个字母中位列最后。实际上,我们已经根据要查找的关键词"zoo"在脑子里经过了"计算",得出该关键词所在的大致位置,这样就能更快地找到它。这个"计算"过程非常类似于本章将要介绍的散列查找中的"散列函数计算"。

图 5.2 查字典

实际上,查字典的过程结合了散列查找(用于初步定位)、二分查找(一般不是准确二分)和顺序查找(当很接近关键词的时候)等几种查找方法。

[例 5.3] 我们再来看一下网上搜索。大家都习惯于通过百度或谷歌等搜索工具在因特网上搜索感兴趣的任何信息,如图 5.3 所示,但是你有没有思考过,搜索引擎是如何如此神速地把我们需要的有关信息呈现在面前的?

图 5.3 搜索界面

[分析] 与搜索相关的主要数据结构是"倒排索引"。正常的索引结构建立的是"文档到单词"的映射关系,而倒排索引建立的是"单词到文档"的映射关系,即关键词对应所有拥有这个关键词的文档编号列表。其实可以这样理解,倒排索引就是描述一个关键词对象集合(Terms)和一个文档集合(Docs)对应关系的数据结构。通常仅记录关键词在哪些文章中出现还不够,同时还需要记录关键词在文章中出现次数和出现的位置(行号或段落号),这样做可以方便快速获取查询记录的数目和列出查询结果。一个倒排索引的示意如表 5.1 所示。

表 5.1 倒排索引表

Docs / Terms	文档$_1$	文档$_2$	……	文档$_{m-1}$	文档$_m$
关键词$_1$	3:1,12,20	0	……	2:1,22	3:9,40,52
关键词$_2$	0	2:11,22	……	4:9,20,32,65	5:5,9,10,32,35
……	……	……	……	……	……
关键词$_{n-1}$	0	0	……	5:3,9,10,32,56	10:5,6,19,..,44
关键词$_n$	5:1,9,20,22,55	0	……	0	1:7

比如,用户要搜索"关键词$_n$",查找上面的索引表知道,"文档$_1$"出现 5 次"关键词$_n$",分别在第 1、9、20、22 和 55 行,"文档$_m$"仅在第 7 行出现 1 次"关键词$_n$"。根据这些线索,就可以将"文档$_1$"和"文档$_m$"的有关行信息(经过适当删减和排序)显示在用户面前。如果同时需要搜索"关键词$_2$"和"关键词$_{n-1}$",查找索引表知道,"文档$_{m-1}$"中"关键词$_2$"和"关键词$_{n-1}$"同时出现的地方有 2 处,分别在第 9 和 32 行;这两个词在"文档$_m$"的第 5 行同时出现了 1 次。

如何高效地建立和查找该表格呢?理论上说这个表格包含了所有关键词和文档的索引,它是非常巨大的,如果不采取适当的技术,几乎是没有办法来具体实现。因为搜索面对的是任何人和任何事,所以这里的"关键词"包含了任何人想出的任何名词、动词、词组和地名、人名等,数量可想而知,很容易超过几千万,甚至上亿条。这里的"文档"也可以是所有网站上的在线图书、杂志、论文、博客、网页等任意文章,也容易突破千万级数量,如何删选它们主要看搜索提供商的能力。更进一步地,这个表还是动态的,因为网络上时时刻刻都在增加和删除各种各样的文档,所以这个索引表也需要时刻更新。

对每个关键词来说,一般不会出现在大多数文档中(如果到处出现,搜索这个关键词的意义不会很大),所以采用链表表示每一行,可以大大减小上面表格的存储量。实际上也是这么做的。

现在,最重要的问题是如何能够在极短的时间内(比如 1 秒内)在表 5.1 中搜索到需要的关键词? 本章要介绍的方法——散列查找法可以很好地解决这样的问题。

散列方法为什么会有很快的查找效率呢? 通过分析前面的例子,可以看出散列方法的思想,也就可以理解其中的奥妙了。

先回到第二个例子——查字典。我们能够很快找到"关键词"的第一步是根据"关键词"的字母序"估算"出它在字典中的大体位置。而散列方法查找关键字的第一步也是通过"散列函数"的计算，求出关键字所在的存储位置。区别在于查字典时我们事先"估计"关键词的"大致位置"，而散列函数"计算"的是关键词的"准确位置"。散列查找法之所以能够通过计算来快速定位要找的关键词，一个基本的前提是在存放的时候也要通过同样的"计算方法"来定位存储的位置。

再看第三个例子，表 5.1 中插入"关键词"时，其存储位置应该由散列函数"计算"来决定，然后在查找的时候就可以通过同样的"计算方法"求出它的存储位置而迅速找到它。

读者可能有一个疑问：如果有两个（或更多）关键词通过某散列函数计算出相同的存储位置，那又该怎么办呢？总不能把多个关键词的信息存放在相同的位置吧？我们把这种情况叫做冲突(Collision)。因此，还需要研究解决冲突的方法。这样我们就提出了散列查找法的两个基本内容：如何构造散列函数和如何解决冲突。很显然，假如某一次查找没有发生冲突，那么只需要一次就完成了查找，而不管我们面对的是多大的查找集。现在读者应该可以感觉到这种方法具有何等强大的诱惑力！

散列查找被广泛地应用于数据库的信息搜索。例如，当你用信用卡刷卡（系统需要在百万条信用卡号中找到你的信用卡号以及相关的信息）、当你登录一个网站（系统需要在数据库中找到你的登录名）、当你在其他应用软件中使用查找功能时等。

本章将系统地讨论散列函数的特性要求和构造方法，并介绍解决冲突的分离链接法和开放地址法，同时进行散列方法性能分析，最后通过单词频度统计的应用实例，给出一个完整程序实例。本章还讨论了装入因子对查找性能的影响、关键词特点、删除特性、重散列等各项技术特性，最后总结了各种方法优缺点比较，试图给大家在解决实际问题时提供选择依据。

5.2 基本概念

从抽象的数据类型的角度看，表 5.1 实际上就是符号表(Symbol Table)，它定义为"名字-属性"对的集合。名字和属性的含义随着应用的不同而不同。例如，我们在查字典时，名字就是一个单词，而属性就是该单词的解释；在编译程序符号表中，名字就是标识符，而属性则可能是包含其类型、初值和使用该标识符的行号表。

符号表的抽象数据类型描述为：

类型名称：符号表(SymbolTable)。

数据对象集：符号表是"名字(Name)-属性(Attribute)"对的集合。

操作集：对于一个具体的符号表 Table $\in$ SymbolTable，一个给定名字 Name $\in$ NameType，属性 Attr $\in$ AttributeType，以及正整数 TableSize，符号表的基本操作主要有：

(1) SymbolTable CreateTable(int TableSize)：创建空的符号表，其最大长度为 TableSize；

（2）bool IsIn(SymbolTable Table, NameType Name)：查找指定名字 Name 是否在符号表 Table 中，若是返回 true；否则返回 false；

（3）AttributeType Find(SymbolTable Table, NameType Name)：获取符号表 Table 中指定名字 Name 对应的属性；

（4）bool Modify(SymbolTable Table, NameType Name, AttributeType Attr)：将 Table 中指定名字 Name 的属性修改为 Attr。成功返回 true；找不到 Name 则返回 false；

（5）bool Insert(SymbolTable Table, NameType Name, AttributeType Attr)：向 Table 中插入一个新名字 Name 及其属性 Attr。成功返回 true；若 Name 已存在则返回 false；

（6）bool Delete(SymbolTable Table, NameType Name)：从 Table 中删除一个名字 Name 及其属性。成功返回 true；找不到 Name 则返回 false。

符号表最核心的操作是查找、插入和删除，所以在选择符号表的存储结构时，关键是保证有效地实现这三种操作。而这三种操作频度最大的应该是查找，频度最小的是删除。插入某"关键词-属性"（也称记录）的操作往往要先查找这个关键词，看是否在符号表中已经存在，只有不存在这个关键词的时候才可以插入该记录。从后面的散列方法可以知道，查找确定不存在某关键词的时候，也同时找到了要插入的存储位置，而具体插入记录的动作只需常量时间 $O(1)$，所以插入操作的时间与查找不成功的所需时间相当。

采用本章的散列技术实现上面的操作，符号表也叫做散列表（Hash Table，即哈希表）。

散列（Hashing）是一种重要的查找方法。它的基本思想是：以数据对象的关键字 key 为自变量，通过一个确定的函数关系 h，计算出对应的函数值 h(key)，把这个值解释为数据对象的存储地址，并按此存放，即"存储位置=h(key)"。

微视频 5-1
散列表与散列查找

在查找某数据对象时，由函数 h 对给定值 key 计算出地址，将 key 与该地址单元中数据对象关键字进行比较，确定查找是否成功。因此，散列法又称为"关键字-地址转换法"。散列方法中使用的计算函数称为散列函数（也称哈希函数），按这个思想构造的表称为散列表，所以它也是一种存储方法。

[例 5.4] 有 $n=11$ 个数据对象的集合，关键词是正整数，分别为 18,23,11,20,2,7,27,30,42,15,34。如果符号表的大小用 TableSize=17（通常用一个素数），选取散列函数 h 如下：

$$h(key) = key \bmod TableSize$$ （公式 5.1）

其中 mod 是求余运算，相当于 C 语言中的 % 运算。

用这个散列函数对 11 个数据对象建立查找表（忽略其属性部分）如表 5.2 所示：

表 5.2 例 5.4 对应的关键词散列查找表

i	0	1	2	3	4	5	6	7	8	9	10	11	12	13	14	15	16
Table	34	18	2	20			23	7	42		27	11		30		15	

这里,我们特意选取关键词,使得没有两个关键词 key_i 和 key_j 的散列值是相同的,即当 $key_i \neq key_j$ 时,必有 $h(key_i) \neq h(key_j)$,否则就应该用 5.4 节中将要介绍的方法来调整存储位置。本例中查找和插入操作都只需要一次比较就可以定位完成,与表的大小 TableSize 和关键词的数量 n 都无关。

查找时,对给定关键词 key_i 依然通过公式 5.1 计算出地址,再将 key_i 与该地址单元中关键词比较,若相等,则查找成功。

对于 n 个数据对象的集合,总能找到关键字与存放地址一一对应的函数。例如当关键词为正整数时,若最大关键词为 m,可以分配 m 个数据对象存放单元,选取散列函数 $h(key) = key$ 即可,但这样可能会造成存储空间的很大浪费,甚至不可能分配这么大的存储空间。比如用身份证号码作为关键词的时候,18 位十进制数字的大小已经超过 2^{60} 百万太字节(TB),这完全是没有办法承受的。

一般情况下,设散列表空间大小为 m,填入表中的元素个数是 n,则称 $\alpha = n/m$ 为散列表的装填因子(Loading Factor)。分离链接法(5.4.2 节)的装填因子定义成每个链表的平均长度。例 5.4 的装填因子 $\alpha = 11/17 \approx 0.65$。实用时,常将散列表大小设计使得 $\alpha = 0.5 \sim 0.8$ 为宜。

经过散列函数变换后,可能将不同的关键字映射到同一个散列地址上,这种现象称为冲突(Collision),映射到同一散列地址上的关键字称为同义词(synonym)。通常关键词的值域(允许取值的范围)远远大于表空间的地址集,所以说,冲突不可能避免,只能尽可能减少。

[**例 5.5**] 将给定的 10 个 C 语言中的关键词(保留字或标准函数名)顺次存入一张散列表。这 10 个关键词为:acos、define、float、exp、char、atan、ceil、floor、clock、ctime。散列表设计为一个 2 维数组 Table[26][2]。

根据关键字均为小写英文字符串这一事实,可设计散列函数如下:
$$h(key) = key[0] - 'a' \qquad \text{(公式 5.2)}$$

将关键字 key 按其首字母映射到 Table[h(key)][0];若该单元已满,即发生了"冲突",解决的办法是将关键字放入 Table[h(key)][1];这种在同一个散列地址定义多个槽(slot)的方法可以解决一部分冲突。但若此单元亦满,则插入失败——这种情况称为散列表溢出(Overflow)。

对于例中给定的 10 个关键词,表 5.3 显示了从 acos 到 floor 被插入后的散列表。此时该表的装填因子 α 仅为 $8/52 \approx 15\%$,然而 clock 和 ctime 已经因溢出而无法直接插入了。

表 5.3 散列表的插入

i	Table[i][0]	Table[i][1]
0	acos	atan
1		
2	char	ceil
3	define	
4	exp	
5	float	floor
...	...	...
25		

一种解决方法是将产生溢出的关键字插入任何一个空单元,但下次查找时如何能找到它们又成了一个难题。

通过上面两个例子可以看到,使用散列表时,在没有冲突和溢出的情况下,插入、删除、查找等操作都可一步完成。散列映射法的关键问题有两个:一是如何设计散列函数,使得发生冲突的概率尽可能小;二是当冲突或溢出不可避免时,如何处理使得表中没有空单元被浪费,同时插入、删除、查找等操作都能正确完成。

所以,散列方法需要解决以下两个问题:
(1)构造"好"的散列函数,将在5.3节中介绍;
(2)制定解决冲突的方案,将在5.4节中介绍。

5.3 散列函数的构造方法

一个"好"的散列函数一般应考虑下列两个因素:
(1)计算简单,以便提高转换速度;
(2)关键词对应的地址空间分布均匀,以尽量减少冲突。即对于关键词集合中的任何一个关键字,经散列函数映射到地址集合中任何一个地址的概率是基本相等的。实际应用中,严格的均匀分布也是不可能的,只是不要过于"聚集"就行了。

本节把关键词分为数字型关键词和字符串型关键词这两种类型,分别介绍散列函数的构造方法。

5.3.1 数字关键词的散列函数构造

构造这类散列函数只不过是把原来的数字按某种规律转换成另一个数字。

1. 直接定址法

如果我们要统计人口的年龄分布情况(0~120岁),如表5.4所示,那么对年龄这个关键词可以直接作为地址。此时,$h(\text{key}) = \text{key}$。

表 5.4 年龄分布表

地址	年龄	人数
0	0	1 180 万
1	1	1 210 万
2	2	1 230 万
…	…	…
100	100	500
…	…	…
120	120 及以上	25

如果我们要统计的是1990年以后出生的人口的分布情况,如表5.5所示,那么对出生年份这个关键词可以减去1990作为地址。此时,$h(key) = key - 1990$。

表 5.5 90 后分布表

地址	出生年份	人数
0	1990	1 285 万
1	1991	1 281 万
2	1992	1 280 万
...	...	...
10	2000	1 250 万
...	...	...
21	2011	1 180 万

总之,取关键词的某个线性函数值为散列地址,即

$$h(key) = a \times key + b \quad (a、b 为常数) \quad \text{(公式 5.3)}$$

这类函数计算简单,分布均匀,不会产生冲突,但要求地址集合与关键词集合大小相同,因此,对于较大的关键词集合不适用。所以在现实应用中并不常用。

2. 除留余数法

现实应用中比较常用的方法是除留余数法。假设散列表长为 TableSize(TableSize 的选取,通常由关键词集合的大小 n 和允许最大装填因子 α 决定,一般将 TableSize 取为 n/α),选择一个正整数 $p \leq $ TableSize,散列函数为:

$$h(key) = key \bmod p \quad \text{(公式 5.4)}$$

即取关键词除以 p 的余数作为散列地址。使用除留余数法,选取合适的 p 很重要,一般选取 p 为小于或等于散列表表长 TableSize 的某个最大素数比较好。用素数求得的余数作为散列地址,比较均匀分布在整个地址空间上的可能性较大。表 5.6 给出了一系列 TableSize 对应的 p 值。

表 5.6 p 的 取 值

TableSize	8	16	32	64	128	256	512	1 024
p	7	13	31	61	127	251	503	1 019

大家可能已经注意到,如果 $p <$ TableSize,则意味着地址 $p \sim $ TableSize-1 是不能通过散列函数直接映射到的。不过不用担心这些空间被浪费了,事实上,在冲突发生时就可能会用到它们。

3. 数字分析法

如果数字关键词的位数比较多,在特定的情况下,有些位数容易相同,而有的位数比较随机。

比如 11 位手机号码,前 3 位容易相同,中间 4 位表示用户的归属地,在一定范围内也容易重复,而最后 4 位表示用户号,是很随机的。所以一般选择最后 4 位作为散列地址,这样发生冲突的可能性较小。因为 11 数字已经超过长整数,所以可以改成字符串表示。如果用 key 表示指向某 11 位数字字符串的指针,那么,采用 C 语言的字符串转换成整数的处理函数 atoi,可以将散列函数表示成:

$$h(key) = atoi(key + 7)$$ （公式 5.5）

这里 key+7 表示指针往后移 7 个数字,即留下 4 位数字。如果 4 位正整数太大,不适合作为地址,那么还可以结合前面介绍的除留余数法再做一次转换。

另一个例子,如果关键词是 18 位的身份证号码,各位数字的含义如表 5.7 所示,其中第 18 位是校验码,可以取 0~9 和 x 这 11 个符号。通过分析容易知道,在一定范围内,前 6 位表示的所属地编号,容易相同;如果考虑在校生范围的时候,第 7~10 位表示的出生年份都应该比较接近;第 11 位是 0 的可能性为 10/12,是 1 的可能性为 2/12,也不够随机;第 13 位基本上取 0~2,不可能取 4 以上的数字;第 15 位取 0 的可能性远大于其他数字,因为同一个区(县)下属辖区中同生日的人数很难达到 3 位数;第 17 位的奇偶性用来区分男女性别;一般来说不够随机的位不适合参与散列计算,否则映射出来的地址可能会产生某种"聚集"效应。

表 5.7　身份证号码分析表

1	2	3	4	5	6	7	8	9	10	11	12	13	14	15	16	17	18
3	3	0	1	0	6	1	9	9	0	1	0	0	8	0	4	1	9
省		市		区(县)下属辖区编号			(出生)年份				月份			日期		该辖区中的序号	校验

因此,我们可以针对不同的应用对象,选取尽可能取值较随机的身份证号码的"位"参与散列计算,从而达到均匀分别的效果。比如,我们选取第 6、10、14、16、17、18 位参与散列计算,计算方法可以是:

$$h1(key) = (key[6] - '0') \times 10^4 + (key[10] - '0') \times 10^3 + (key[14] - '0') \times 10^2$$
$$+ (key[16] - '0') \times 10 + (key[17] - '0')$$

$h(key) = h1(key) \times 10 + 10$ 　　　　　（当 key[18]='x'时）

$h(key) = h1(key) \times 10 + key[18] - '0'$ 　　（当 key[18]为'0'~'9'时） 　　（公式 5.6）

公式 5.6 计算结果可以达到 6 位的正整数。如果太大,不适合作为散列地址,那么还可以结合前面介绍的除留余数法再做一次转换。也可以取前面 6 个位数中的几位类似地计算散列地址,主要考虑依据是选取合适的装入因子,从而估计需要多大的地址空间。比如,有 5 000 个数据元素的集合,装入因子选为 0.5,则地址空间大小应为 5 000/0.5 = 10 000 左右,即可以选用上述 6 个位数中的某 4 个位数。

5.3.2 字符串关键词的散列函数构造

对于字符串类型的关键词,因为字符串的比较比整数的比较要花费更大的代价,所以通过散列函数计算,把字符串映射到整数后再比较也是散列方法的优势之一。

1. 一个简单的散列函数——ASCII码加和法

对字符型关键词 key 定义散列函数如下:

$$h(\text{key}) = (\Sigma \text{key}[i]) \bmod \text{TableSize} \quad (公式 5.7)$$

函数很简单,然而均匀性也较差。例如考虑长度不超过 8 的字符串关键词集,并把字符限制在大小写英文字母、下横线和数字($26 \times 2 + 1 + 10 = 63$)以内,关键词集包含有$63^8$个不同的关键词。取 TableSize 为质数 10 007,这个数字相对于关键词总数还是很小的。然而($\Sigma \text{key}[i]$)最大只能取到 $127 \times 8 = 1\,016$,这就意味着 h 将全部 63^8 个关键字都映射到 $[0, 1\,016]$ 区间内,显然冲突可能是很严重的。比如关键词"a3"、"b2"和"c1"的散列值都是 100,它们是冲突的;关键词"tea"和"eat"也是冲突的。

2. 简单的改进——前 3 个字符移位法

上面介绍的 ASCII 码加和法完全不区分每个字符的出现位置,导致严重冲突。现改造如下:

$$h(\text{key}) = (\text{key}[0] + \text{key}[1] \times 27 + \text{key}[2] \times 27^2) \bmod \text{TableSize} \quad (公式 5.8)$$

选择 27 进制是因为英文有 26 个字母(不分大小写),加 1 个空格符。函数仅考虑关键字 key 的前 3 个字符。该函数假设 key 至少有 2 位字符,此时字符串结束符('\0')也参与计算。

若忽略空格符不计,则前 3 位所有可能的不同组合有$26^3 = 17\,576$种,似乎 TableSize = 10 007 是不错的选择。可惜不巧的是,英文不是随机的,真正的英文单词中,前 3 位的不同组合大约不到 3 000 种,即使没有冲突问题,也是对空间的浪费(装填因子不到 30%)。何况具有相同的前 3 个字符的不同关键词一定会发生冲突,比如:string、street、strong、structure 等。因此,虽然很容易计算,但是当散列表太大的时候,这个函数还是不合适的。

3. 好的散列函数——移位法

这个散列函数涉及关键词的所有 n 个字符,并且分布得很好。形式如下:

$$h(\text{key}) = \left(\sum_{i=0}^{n-1} \text{key}[n-i-1] \times 32^i \right) \bmod \text{TableSize} \quad (公式 5.9)$$

该函数用于处理长度为 n 的字符串型关键字,每位字符占 5 位(即 $2^5 = 32$),如图 5.4 所示。具体实现时并不需要做乘法运算,而是通过一次左移 5 位来完成,如参考代码 5.1 所示。这也是为什么选用 32 来代替公式 5.8 中的 27 的原因。

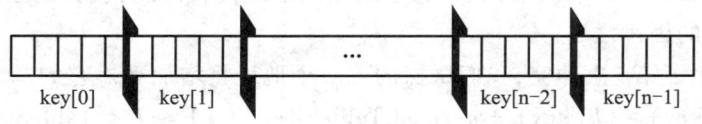

图 5.4 关键字位移映射示意

```
int Hash(const char * Key,  int TableSize)
{   unsigned int H = 0;       /* 散列函数值,初始化为 0 */
    while( * Key != '\0')     /* 位移映射 */
        H = (H<<5) + * Key++;

    return H% TableSize;
}
```

代码 5.1　散列函数——位移映射

该函数遇到的主要问题是,当 n 太大时(例如关键词是一段邮寄地址所组成的字符串),前面若干位字符可能被左移出界,而起作用的只有最后几位字符。一种解决的办法是不使用整个字符串,而是从中选择若干位有代表性的字符进行映射,比如字符串长度大于 12 的时候,仅选取奇数位置上的字符来实现散列函数。

5.4　处理冲突的方法

在前面的散列函数构造过程中,我们努力使散列地址均匀分布于整个地址空间,但是实际应用中,冲突只能尽量减少,而不能完全避免。接下来我们讨论在冲突发生时,如何有效地解决它。常用的处理冲突的方法有两种:开放地址法(Open Addressing)和链地址法(Linear Probing)。

5.4.1　开放定址法

假如你打算在某小区买套房子住,根据你的生辰八字(关键词),风水先生(散列函数)告诉你 8-801 最适合你。正准备下单的时候,开发商却告诉你说该房子已经被其他人买走了(冲突发生啦),此时你会怎么办呢? 其实很简单,只能换一套房子看看呗! 这就是解决冲突的开放地址法。而"换一套房子"的策略也有不同,比如可以看看 8-802,或者 8-901,或者 8-701,或者 9-801 等,这种试探紧邻的单元有没有空的策略叫做线性探测法。当然你也可以换一个策略(平方探测、双散列)决定试探其他房子。

所谓开放定址法,就是一旦产生了冲突,即该地址已经存放了其他数据元素,就去寻找另一个空的散列地址。在没有装满的散列表中,空的散列地址是否总能找到,这也是我们在选择解决冲突方法时要考虑的因素之一。

一般来说,发生了第 i 次冲突,我们试探的下一个地址将增加 d_i。它的基本公式是:
$$h_i(\text{key}) = (h(\text{key}) + d_i) \bmod \text{TableSize} \qquad (1 \leq i < \text{TableSize}) \qquad (公式\ 5.10)$$
根据 d_i 的选取方式不同,我们可以得到不同的解决冲突方法。上面的地址必须对 TableSize

取余,否则可能超出散列表的地址空间。

1. 线性探测法

如果公式 5.10 中的 d_i 就选为 i,那么它就是线性探测法。即线性探测法以增量序列 $1,2,\cdots,(\text{TableSize}-1)$ 循环试探下一个存储地址。做插入操作的时候,要找到一个空位置,或者知道散列表已满为止;做查找操作的时候,探测一个比较一次关键词,直到找到特定的数据对象,或者探测到一个空位置表示查找失败为止。

[例 5.6] 设关键词序列为 $\{47,7,29,11,9,84,54,20,30\}$,散列表表长 $\text{TableSize} = 13$,散列函数为:$h(\text{key}) = \text{key mod } 11$。用线性探测法处理冲突,列出依次插入后的散列表,并估算查找性能。表 5.8 列出了相应的地址计算和冲突情况统计。

表 5.8 散列函数计算与冲突统计

关键词	47	7	29	11	9	84	54	20	30
散列地址	3	7	7	0	9	7	10	9	8
冲突次数	0	0	1	0	0	3	1	3	6

表 5.9 给出了用线性探测法依次插入上述序列的散列表过程。

表 5.9 线性探测法构建散列表的过程

操作 \ 散列地址	0	1	2	3	4	5	6	7	8	9	10	11	12	说明
插入 47				47										无冲突
插入 7				47				7						无冲突
插入 29				47				7	29					$d=1$
插入 11	11			47				7	29					无冲突
插入 9	11			47				7	29	9				无冲突
插入 84	11			47				7	29	9	84			$d_3=3$
插入 54	11			47				7	29	9	84	54		$d_1=1$
插入 20	11			47				7	29	9	84	54	20	$d_3=3$
插入 30	11	30		47				7	29	9	84	54	20	$d_6=6$

如表 5.9 所示,关键词 47、7 是由散列函数得到的没有冲突的散列地址而直接存入的。第 3 个关键词 29 遇到 $h(29) = 7$,散列地址冲突,需寻找下一个空的散列地址:由 $h_1 = (h(29)+1) \text{ mod } 13 = 8$,散列地址 8 为空,将 29 存入。关键词 11、9 的散列地址没有冲突,直接存入。而 $h(84) = 7$,散列地址又一次冲突,于是进行以下探测:

(1) $h_1 = (h(84)+1) \bmod 13 = 8$　　仍然冲突；

(2) $h_2 = (h(84)+2) \bmod 13 = 9$　　仍然冲突；

(3) $h_3 = (h(84)+3) \bmod 13 = 10$　　找到空的散列地址，存入。

类似地，关键词 54、20 分别冲突 1 次和 3 次才找到空地址，存入；关键词 30 经过 6 次冲突才找到可以存放的地址 1，存入。

微视频 5-2
散列表查找性能分析

线性探测法可能使第 i 个散列地址的同义词存入第 $i+1$ 个散列地址，也就是说，本应存入第 i 个散列地址的数据对象变成了第 $i+1$ 个散列地址的同义词。因此，可能出现很多元素在相邻的散列地址上"堆积"起来的现象，会大大降低查找效率。如上例中插入 30 需要经过很多次冲突才找到空位置。这种现象叫做一次聚集（Primary Clustering）。为减轻这种一次聚集效应，可采用平方探测法，或双散列探测法，这些方法随后介绍。

在 4.5 节中，我们介绍了平均查找长度（ASL）的概念，现在来估计算一下，在这个散列表中查找数据对象的 ASL。我们假设要查找的关键词一定在散列表中存在，来计算一下平均需要查找多少次，即成功查找的 ASL。只要对查找表中的每个关键词的比较次数加起来，除以关键词的个数，就得到平均每个关键词的查找长度。而每个关键词的比较次数是其冲突次数加 1。就例 5.6 中的数据而言，根据表 5.8 有：

成功查找的 ASL = $(1+1+2+1+1+4+2+4+7)/9 = 23/9 \approx 2.56$

关于线性探测法的查找性能分析将在 5.5 节中不加证明地给出。线性探测法思想简单，并且只要散列表中有空地址，这个方法总能够找到它。

2. 平方探测法

微视频 5-3
平方探测法的理论保证

如果公式 5.10 中的 d_i 选为 $\pm i^2$，那么它就是平方探测法（Quadratic Probing）。即平方探测法以增量序列 $1^2, -1^2, 2^2, -2^2, \cdots, q^2, -q^2$ 且 $q \le \lfloor TableSize/2 \rfloor$ 循环试探下一个存储地址。有证明表示，如果散列表长度 TableSize 是某个 $4k+3$（k 是正整数）形式的素数时，平方探测法就可以探查到整个散列表空间。这一点很重要，是我们能够放心使用平方探测法的理论保证。

[例 5.7] 设关键词序列为 $\{47,7,29,11,9,84,54,20,30\}$，散列表表长 TableSize = 11（即满足 $4 \times 2 + 3$ 形式的素数），散列函数为：$h(key) = key \bmod 11$。用平方探测法处理冲突，列出依次插入后的散列表，并估算查找成功的平均查找长度。表 5.10 列出了相应的地址计算和冲突情况统计。

表 5.10　散列函数计算与冲突统计

关键词	47	7	29	11	9	84	54	20	30
散列地址	3	7	7	0	9	7	10	9	8
冲突次数	0	0	1	0	0	2	0	3	3

表 5.11 给出了用平方探测法依次插入上述序列的散列表过程。

表 5.11 平方探测法构建散列表的过程

散列地址 操作	0	1	2	3	4	5	6	7	8	9	10	说明
插入 47				47								无冲突
插入 7				47				7				无冲突
插入 29				47				7	29			$d_1=1$
插入 11		11		47				7	29			无冲突
插入 9		11		47				7	29	9		无冲突
插入 84		11		47			84	7	29	9		$d_2=-1$
插入 54		11		47			84	7	29	9	54	无冲突
插入 20		11	20	47			84	7	29	9	54	$d_4=4$
插入 30		11	30	20	47			84	7	29	9	54	$d_5=4$

类似于例 5.6 中的计算,根据表 5.10 有:

成功查找的 ASL = (1+1+2+1+1+3+1+4+4)/9 = 18/9 = 2

例 5.6 的装填因子 $\alpha = 9/13 \approx 0.69$,而例 5.7 的装填因子 $\alpha = 9/11 \approx 0.82$。从这两个例子中看到,装填因子较大的例 5.7 反而比装填因子较小的例 5.6 有更小的 ASL。似乎给我们一定的暗示,平方探测法在一定程度上减轻了"聚集"效应,从而提高了散列表的查找性能。关于平方探测法的查找性能分析将在 5.5 节中不加证明地给出。

虽然平方探测法排除了一次聚集,但是散列到同一地址的那些数据对象将探测相同的备选单元,这叫做二次聚集(Secondary Clustering)。二次聚集在理论上是个小缺憾,下面的双散列探测法可以弥补这个缺憾,但也需要一定的代价,用得不好还会带来严重后果。

在开放地址散列表中,不能进行标准的删除操作,因为相应的单元可能已经引起过冲突,数据对象绕过它存在了别处。例如在例 5.6 和 5.7 中,完全删除关键词 7 将导致再也找不到关键词 29 了。为此,开放地址散列表需要"懒惰删除",即需要增加一个"删除标记",而并不是真正删除它。这样可以不影响查找,但增加了额外的存储负担并增加了程序的复杂程度。代码 5.2 的类型声明中,EntryType 取值 Deleted 的时候就表示已被删除的意思。

实现开放定址法的类型声明在代码 5.2 中表示,其中关键词类型 ElementType 和数组下标 Index 都在这里定义为整型,实际应用中可以根据情况定义为其他类型。

```
#define MAXTABLESIZE 100000    /* 允许开辟的最大散列表长度 */
typedef int ElementType;       /* 关键词类型用整型 */
typedef int Index;             /* 散列地址类型 */
typedef Index Position;        /* 数据所在位置与散列地址是同一类型 */
```

```
/*散列单元状态类型,分别对应:有合法元素、空单元、有已删除元素 */
typedef enum { Legitimate, Empty, Deleted } EntryType;

typedef struct HashEntry Cell;   /*散列表单元类型 */
struct HashEntry{
    ElementType Data;    /*存放元素 */
    EntryType Info;      /*单元状态 */
};

typedef struct TblNode *HashTable;   /*散列表类型 */
struct TblNode {        /*散列表结点定义 */
    int TableSize;      /*表的最大长度 */
    Cell *Cells;        /*存放散列单元数据的数组 */
};
```

代码 5.2 开放定址法的类型声明

代码 5.3 给出了散列表的初始化函数 CreateTable。首先申请散列表需要的空间,再将每个单元的 info 域设置成 Empty,表示为空。注意需要确定一个不小于 TableSize 的素数,用作真正的散列表的地址空间大小,这个功能由函数 NextPrime 实现。

```
int NextPrime( int N )
{   /*返回大于 N 且不超过 MAXTABLESIZE 的最小素数 */
    int i, p=(N%2)? N+2 :N+1;   /*从大于 N 的下一个奇数开始 */
    
    while(p<=MAXTABLESIZE){
        for(i=(int)sqrt(p); i>2; i--)
            if(!(p%i))break;   /*p 不是素数 */
        if(i==2)break;   /* for 正常结束,说明 p 是素数 */
        else p+=2;   /*否则试探下一个奇数 */
    }
    return p;
}

HashTable CreateTable( int TableSize)
{
    HashTable H;
    int i;
```

```
    H=(HashTable)malloc(sizeof(struct TblNode));
    /*保证散列表最大长度是素数*/
    H->TableSize=NextPrime(TableSize);
    /*声明单元数组*/
    H->Cells=(Cell *)malloc(H->TableSize * sizeof(Cell));
    /*初始化单元状态为"空单元"*/
    for(i=0; i<H->TableSize; i++)
        H->Cells[i].Info=Empty;

    return H;
}
```

代码 5.3 开放定址法的初始化函数

代码 5.4 是平方探测法的查找函数 Find。首先调用 Hash 函数计算地址,以确定关键词所在的散列表的地址。用 while 循环控制直到明确查找成功或者找到空位置表示查找失败,遇到冲突则继续查找。注意:关键词 Key 的类型 ElementType 不一定总是如代码 5.2 中定义为整型,也可能在某些应用中被定为字符串。若是字符串类型,则 while 的判断条件中"H->Cells[NewPos].Data!=Key"要用 C 语言 strcmp 函数来替换。若找到了关键词,函数直接返回结点的地址,若找不到则返回一个空单元的位置。

```
Position Find(HashTable H, ElementType Key)
{
    Position CurrentPos, NewPos;
    int CNum=0;   /*记录冲突次数*/

    NewPos=CurrentPos=Hash(Key, H->TableSize);   /*初始散列位置*/
    /*当该位置的单元非空,并且不是要找的元素时,发生冲突*/
    while(H->Cells[NewPos].Info!=Empty &&
            H->Cells[NewPos].Data!=Key){
                /*字符串类型的关键词需要 strcmp 函数*/
        /*统计1次冲突,并判断奇偶次*/
        if(++CNum%2){/*奇数次冲突*/
            /*增量为+[(CNum+1)/2]^2*/
            NewPos=CurrentPos+(CNum+1)*(CNum+1)/4;
            if(NewPos>=H->TableSize)
                NewPos=NewPos % H->TableSize;   /*调整为合法地址*/
        }
        else {/*偶数次冲突*/
```

```
            NewPos=CurrentPos-CNum*CNum/4;    /*增量为-(CNum/2)^2*/
            while(NewPos< 0)
                NewPos+=H->TableSize;    /*调整为合法地址*/
        }
    }
    return NewPos;
    /*此时 NewPos 或者是 Key 的位置，或者是一个空单元的位置(表示找不到)*/
}
```

代码 5.4　平方探测法的查找函数

代码 5.5 是插入函数 Insert。先检查 Key 是否已经存在,该地址的单元状态只要不是合法的元素(Empty 或者 Deleted),就可以确定在此插入。插入后,把单元状态改成合法数据(Legitimate)。与查找的情况类似,如果关键词是字符串类型的数据,语句"H->Cells[Pos].Data=Key"需要用 strcpy 函数替换。

```
bool Insert(HashTable H, ElementType Key)
{
    Position Pos=Find(H, Key);    /*先检查 Key 是否已经存在*/

    if(H->Cells[Pos].Info!=Legitimate){
    /*如果这个单元没有被占,说明 Key 可以插入在此*/
        H->Cells[Pos].Info=Legitimate;
        H->Cells[Pos].Data=Key;
        /*字符串类型的关键词需要 strcpy 函数*/
        return true;
    }
    else{
        printf("键值已存在");
        return false;
    }
}
```

代码 5.5　平方探测法的插入函数

3. 双散列探测法

如果公式 5.10 中的 d_i 选为 $i*h_2(key)$,其中 $h_2(key)$ 是另一个散列函数。我们把它叫做双散列探测法(Double Hashing)。这个公式的意思是,我们的探测增量序列成了 $h_2(key),2h_2(key)$, $3h_2(key),……$ 第二个散列函数 $h_2(key)$ 如果选得不好,结果将会是灾难性的。比如,如果用

$h_2(key) = key \bmod 11$,要把 key = 22 插入到表 5.9 的最后一行中去,这是没法实现的。原因是 $h_2(22) = 0$,所有的探测都是同一个位置。因此,要求对任意的 key,$h_2(key)$ 都不能是 0 值。

另外,探测增量序列还应该保证所有的散列存储单元都应该能够被探测到。一般形如

$$h_2(key) = p - (key \bmod p) \quad (公式 5.11)$$

这样的函数会有良好的效果,其中 p 是小于 TableSize 的素数。选用一个素数作为 TableSize 也同样重要,否则可能探测不到所有的存储单元。

采用双散列探测法会增加每次探测的乘法和除法的计算,但其期望的探测次数比较少,这使得它在理论上很有吸引力。不过平方探测法不需要计算第二个散列函数,从而在实践中可能更简单又实用。

4. 再散列法

开放地址法的装填因子 $\alpha(0 <= \alpha <= 1)$ 会严重影响查找效率,由于表长在一定时间内是定值,α 与"填入表中的元素个数"成正比,所以,α 越大,填入表中的元素较多,产生冲突的可能性就越大;α 越小,填入表中的元素较少,产生冲突的可能性就越小。实用最大装填因子一般取 $0.5 <= \alpha <= 0.85$,超过最大装填因子将导致查找速度严重下降。

当装填因子过大时,解决的方法是加倍扩大散列表,这样 α 可以减小一半,这个过程叫做再散列(Rehashing)。

再散列需要新建一个两倍大的散列表,并将原表中的数据重新计算分配到新表中去,这个过程集中花费较多的时间,因此在交互系统中会使人感觉有"停顿"现象。而在一些实时系统中使用要充分谨慎,比如在医用的生命保障系统中,设备的短时"停顿"有可能导致严重的后果。此时可以采用不需要再散列的"分离链接法"。

5.4.2 分离链接法

分离链接法(Separate Chaining)是解决冲突的另一种方法,其做法是将所有关键词为同义词的数据对象通过结点链接存储在同一个单链表中。

设散列函数得到的散列地址域在区间 [0, m-1] 上,以每个散列地址作为一个指针,指向一个链,即分配指针数组如下:

List Heads[m];

建立 m 个带头结点的空链表,散列地址为 i 的所有关键词均插入到 Heads[i] 指向的单链表中。插入时,新元素插入到表头,这不仅为了方便,而且还因为新近插入的元素最有可能最先被访问,这样可以加快在单链表中的顺序查找速度。每个分离链的单链表设计成带表头结点,根据 3.2.3 节可以知道,带空头结点的单链表实现插入和删除等操作的代码可以更简洁。后面的代码 5.6 到代码 5.15 以及例 5.9 采用的就是这样的数据结构。

[**例 5.8**] 设关键字序列为 47,7,29,11,16,92,22,8,3,50,37,89,94,21,散列函数取为:$h(key) = key \bmod 11$。用分离链接法处理冲突,建表如图 5.5 所示,注意向链表中插入元素均在表头进行。

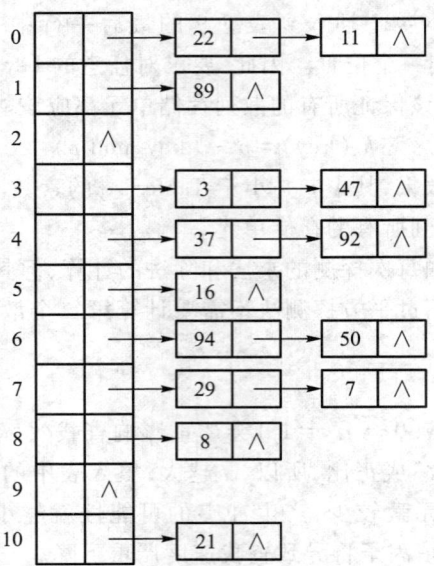

图 5.5 分离链接法处理冲突时的散列表

容易看出,该表中有 9 个结点只需 1 次查找,5 个结点需要 2 次查找,因此查找成功的平均查找次数 ASL=$(9+5*2)/14 \approx 1.36$。

接下去我们将具体介绍分离链接法的代码实现。有关声明在代码 5.6 中,在此我们设关键词类型用字符串,且字符串的长度不超过 15。

```
#define KEYLENGTH 15                        /*关键词字符串的最大长度*/
typedef char ElementType[KEYLENGTH+1];      /*关键词类型用字符串*/
typedef int Index;                          /*散列地址类型*/

/******** 以下是第 3 章中单链表的定义 ********/
typedef struct LNode *PtrToLNode;
struct LNode {
    ElementType Data;
    PtrToLNode Next;
};
typedef PtrToLNode Position;
typedef PtrToLNode List;
/******** 以上是第 3 章中单链表的定义 ********/

typedef struct TblNode *HashTable;   /*散列表类型*/
struct TblNode {    /*散列表结点定义*/
```

```
    int TableSize;      /*表的最大长度*/
    List Heads;         /*指向链表头结点的数组*/
};
```

代码 5.6　分离链接法的结构声明

散列表结构包括一个 TableSize 记录表的最大长度以及一个结点数组对应的单链表,它们在初始化时动态分配空间,并设置相应的初值。

代码 5.7 是散列表的初始化函数 CreateTable。首先申请散列表的头结点空间;然后确定一个不小于 TableSize 的素数,用作真正的散列表的地址空间大小;最后动态分配散列表的地址列表数组并初始化空的头结点(如图 5.6 所示)。

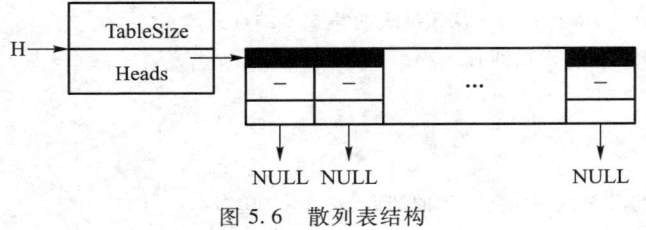

图 5.6　散列表结构

```
HashTable CreateTable(int TableSize)
{
    HashTable H;
    int i;

    H=(HashTable)malloc(sizeof(struct TblNode));
    /*保证散列表最大长度是素数,具体见代码5.3*/
    H->TableSize=NextPrime(TableSize);

    /*以下分配链表头结点数组*/
    H->Heads=(List)malloc(H->TableSize*sizeof(struct LNode));
    /*初始化表头结点*/
    for(i=0;  i<H->TableSize;  i++){
        H->Heads[i].Data[0]='\0';
        H->Heads[i].Next=NULL;
    }

    return H;
}
```

代码 5.7　分离链接法的初始化函数

代码 5.8 是查找函数 Find。首先调用 Hash 函数(代码 5.1)计算地址,得到关键词所在的 Heads 中单元的下标 Pos;P 则指向 Heads[Pos]链表中真正的第 1 个元素。因为关键词是字符串,所以 while 的条件判断中要用 strcmp 函数来比较 Data 与 Key 的值。若找到了关键词,函数直接返回结点的地址,若找不到则返回空地址。

```
Position Find(HashTable H, ElementType Key)
{
    Position P;
    Index Pos;

    Pos=Hash(Key, H->TableSize);    /*初始散列位置*/
    P=H->Heads[Pos].Next;   /*从该链表的第 1 个结点开始*/
    /* 当未到表尾,并且 Key 未找到时 */
    while(P && strcmp(P->Data, Key))
        P=P->Next;

    return P;   /*此时 P 或者指向找到的结点,或者为 NULL */
}
```

代码 5.8　分离链接法的查找函数

代码 5.9 是插入函数 Insert。该函数先调用函数 Find,如果找到了关键词则不需要插入,返回插入不成功的信息;如果找不到关键词才需要插入。插入时,先申请一个新结点 NewCell,然后计算 Key 的地址 Pos(注意,第 2 次调用 Hash 函数)。插入成为单链表 Heads[Pos]的第一个结点。

函数 Insert 有点不尽如人意的地方是它计算了两次散列函数,在最初的 Find 函数里面计算了一次,而在插入之前又重复计算它。一个简单的改进是 Find 函数增加一个参数传递计算后的散列地址,但这样在程序可读性方面会要付出代价。

```
bool Insert(HashTable H, ElementType Key)
{
    Position P, NewCell;
    Index Pos;

    P=Find(H, Key);
    if(!P){/*关键词未找到,可以插入*/
        NewCell=(Position)malloc(sizeof(struct LNode));
        strcpy(NewCell->Data, Key);
        Pos=Hash(Key, H->TableSize);    /*初始散列位置*/
```

```
        /*将NewCell插入为H->Heads[Pos]链表的第1个结点*/
        NewCell->Next=H->Heads[Pos].Next;
        H->Heads[Pos].Next=NewCell;
        return true;
    }
    else{/*关键词已存在*/
        printf("键值已存在");
        return false;
    }
}
```

代码 5.9 分离链接法的插入函数

释放 CreateTable 函数所占用的所有内存空间可以调用代码 5.10 的函数 DestroyTable。

```
void DestroyTable(HashTable H)
{
    int i;
    Position P, Tmp;

    /*释放每个链表的结点*/
    for(i=0; i<H->TableSize; i++){
        P=H->Heads[i].Next;
        while(P){
            Tmp=P->Next;
            free(P);
            P=Tmp;
        }
    }
    free(H->Heads);   /*释放头结点数组*/
    free(H);          /*释放散列表结点*/
}
```

代码 5.10 分离链接法的释放散列表函数

删除关键词的操作可以直接实现,因为链表结点的删除不会影响其他关键词。就这一点来说分离链接法比开放地址法要好。删除操作的程序实现作为一道练习留给读者。

5.5 散列表的性能分析

散列表的查找过程基本上和建表过程相同。一些关键字可通过散列函数转换的地址直接找到,另一些关键词在散列函数得到的地址上产生了冲突,需要按处理冲突的方法进行查找。在介绍的两种处理冲突的方法中,产生冲突后的查找仍然是给定值与关键字进行比较的过程。所以,在上一节中的例5.6和例5.7中,我们已经用平均查找长度(ASL)来度量散列表查找效率。

查找过程中,关键词的比较次数,取决于产生冲突的多少。产生的冲突少,查找效率就高;产生的冲突多,查找效率就低。因此,影响产生冲突多少的因素,也就是影响查找效率的因素。影响产生冲突多少有以下三个因素:

(1) 散列函数是否均匀;
(2) 处理冲突的方法;
(3) 散列表的装填因子 α。

分析这三个因素,尽管散列函数的"好坏"直接影响冲突产生的频度,但一般情况下,我们总认为所选的散列函数是"均匀的",因此,可不考虑散列函数对平均查找长度的影响。

另外,期望的平均查找次数与操作有关,插入操作和不成功的查找需要探测相同的次数,成功查找应该比不成功查找花费较少的查找次数。

1. 线性探测法的查找性能

可以证明,线性探测法的期望探测次数 p 满足下列公式:

$$p = \begin{cases} \dfrac{1}{2}\left[1 + \dfrac{1}{(1-\alpha)^2}\right] & \text{(对插入和不成功查找而言)} \\ \dfrac{1}{2}\left(1 + \dfrac{1}{1-\alpha}\right) & \text{(对成功查找而言)} \end{cases} \quad \text{(公式 5.12)}$$

假设 $\alpha=0.5$,那么可以算出,插入操作和不成功查找的期望查找长度是 2.5 次,成功查找的期望查找长度是 1.5 次。例子 5.6 的 $\alpha=0.69$,这两类期望查找次数分别 5.70 次和 2.11 次(例中实际成功查找的 ASL 是 2.56)。

2. 平方探测法和双散列探测法的查找性能

可以证明,平方探测法和双散列探测法的期望测次数 p 满足下列公式:

$$p = \begin{cases} \dfrac{1}{1-\alpha} & \text{(对插入和不成功查找而言)} \\ -\dfrac{1}{\alpha}\ln(1-\alpha) & \text{(对成功查找而言)} \end{cases} \quad \text{(公式 5.13)}$$

假设 $\alpha=0.5$,那么可以算出,插入操作和不成功查找的期望查找长度是 2 次,成功查找的期望查找长度是 $2\ln 2 \approx 1.39$ 次。例子 5.7 的 $\alpha=0.82$,这两类期望查找次数分别 5.56 次是和

2.09次(例中实际成功查找的 ASL 是 2)。

图 5.7 表示了上面几种探测法的期望探测次数与装填因子 α 的关系。当装填因子 α< 0.5 的时候,各种探测法的期望探测次数都不大,也比较接近。随着装填因子的增大,线性探测法的期望探测次数增加较快,不成功查找和插入操作的期望探测次数明显比成功查找的期望探测次数要大。合理的最大装入因子 α 应该不超过 0.85。

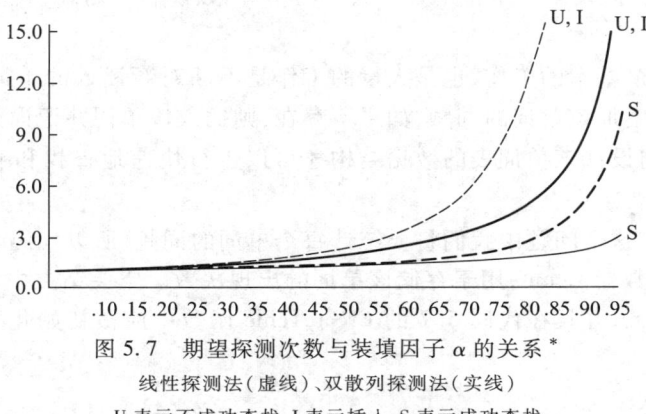

图 5.7　期望探测次数与装填因子 α 的关系*
线性探测法(虚线)、双散列探测法(实线)
U 表示不成功查找,I 表示插入,S 表示成功查找

3. 分离链接法的查找性能

为了给出分离链接法的期望查找次数,先定义分离链接法的装填因子。我们把分离链接表中每个链表的平均长度定义成装填因子 α,因此这个 α 有可能超过 1。

不难证明:分离链接表中每个链表的平均长度为 α,那么其期望探测次数 p 为:

$$p = \begin{cases} \alpha + e^{-\alpha} & \text{(对插入和不成功查找而言)} \\ 1 + \dfrac{\alpha}{2} & \text{(对成功查找而言)} \end{cases} \quad \text{(公式 5.14)}$$

假设 α=1,可以算出,插入操作和不成功查找的期望查找长度是 1.37 次,成功查找的期望查找长度是 1.5 次。例子 5.8 的 14 个元素分布在 11 个单链表中,所以 α=14/11≈1.27,这两类期望查找次数分别 1.55 次是和 1.63 次(例中实际成功查找的 ASL 是 1.36)。

5.6 应用实例

《哈利·波特》(Harry Potter)是英国作家 J·K·罗琳的奇幻文学系列小说,被翻译成了近七十多种语言,在全世界两百多个国家,截至 2008 年的累计销量已达四亿多册。下面关于

---

* 出自《数据结构与算法——C 语言描述》英文版第 2 版,Mark Allen Weiss 著。

"Harry Potter"的问题你会不会觉得很奇怪呢:谁能告诉我,在其共七集的小说中,"Harry Potter"的名字总共出现了多少次?

用本节讨论的程序,你只要输入小说的文本文件,就可以知道答案。该程序不仅可以回答上面的问题,它实际上可以统计所有单词的出现次数。

[**例 5.9**] 给定一个英文文本文件,统计文件中所有单词出现的频率,并输出词频最大的前10%的单词及其词频。假设单词字符定义为大小写字母、数字和下划线,其他字符均认为是单词分隔符。

解决这个问题的最基本的工作、也是大量的工作是不断对新读入的单词在已有单词表中查找,如果已经存在,则增加该单词的词频,如果不存在,则插入该单词并记词频为 1。

关键问题是,如何设计该单词表的数据结构才可以进行快速地查找和插入呢? 散列表结构正好符合快速查找的要求。

需要注意的是,在这个问题中我们将要统计每个单词的词频,所以代码 5.6 中的链表结点类型 LNode 必须增加计数器 Count,用于存储该单词的出现次数。空头结点中的 Count 被利用来存储该单链表中的结点数,并且在代码 5.7 的 CreateTable 函数中应被初始化为 0。更改后的结点声明如下:

```
struct LNode {
    ElementType Data;
    int Count;
    PtrToLNode Next;
};
```

下面给出解决该问题的完整程序。

主控函数(代码 5.11)先将散列表的大小估计为 100——这不是素数,不过散列表初始化时会调用代码 5.7 求出比较接近的素数,用作真正的散列表大小。这个估计大小可以根据应用问题的规模更改。如果你有《哈利·波特》的电子版文本文件,做词频统计的散列表的大小取 5 000 左右比较合适。

在创建了散列表之后,进入 while 循环,每次调用 GetAWord 函数从文件中读一个单词。这里要求根据返回的单词的长度,过滤太短的没有多大意义的单词。如果需要的话,还可以增加条件,过滤掉全数字的单词等。然后统计文件中的单词数量,并调用 InsertAndCount 函数实现把该单词插入到散列表结构中,并计算它的词频。重复以上过程直至输入文件结束。

函数 InsertAndCount 是对代码 5.9 给出的 Insert 函数的一个改编,主要的修改有三点:一是将 NewCell 插入为 H->Heads[Pos]链表的第 1 个结点时,要将 NewCell 的 Count 初始化为 1,即这是新单词第一次出现;二是插入后 Heads[Pos]头结点的 Count 要加 1,表示这个链表中增加了一个新单词;三是如果一开始 Find 函数找到了关键词,不需要打印错误信息,而是应该把找到的这个 P 指向的结点的 Count 加 1,即执行"P->Count++",表示这个单词又出现了一次。完整代码在代码 5.12 中给出。

此时，已经完成把文件中的所有单词与词频信息存入散列表中。据此，调用 Show 函数显示词频前 10% 的单词。

销毁散列表函数 DestroyTable 将释放由初始化函数申请的全部内存空间。"有借有还，再借不难"。尽管程序运行结束后，操作系统会回收应用程序的内存空间，但还是强烈建议不要忘记这个步骤。良好的程序设计习惯将使你受益匪浅。

```
int main()
{
    FILE * fp;
    HashTable H;    /*需改编代码 5.6,结点增加计数器 Count */
    ElementType word;
    int TableSize=100;    /*散列表的估计大小,可以根据应用更改*/
    int length, wordcount=0;
    char document[30]="HarryPotter.txt";    /*要被统计词频的文件名*/

    H=CreateTable(TableSize);    /*用代码 5.7 建立散列表*/
    if((fp=fopen(document, "r"))==NULL)
        printf("无法打开文件！\n");

    while(!feof(fp)){
        length=GetAWord(fp, word);    /*读取一个单词*/
        if(length>3){/*只考虑长度大于 3 个字符的单词*/
            wordcount++;
            InsertAndCount(H, word);    /*改编代码 5.9,统计 word 出现次数*/
        }
    }
    fclose(fp);

    printf("该文档共出现 %d 个有效单词", wordcount);
    Show(H, 10.0/100);    /*显示词频前 10% 的所有单词*/
    DestroyTable(H);    /*用代码 5.10 销毁散列表*/
    return 0;
}
```

代码 5.11　主函数

```
void InsertAndCount(HashTable H, ElementType Key)
{
    Position P, NewCell;
```

```
    Index Pos;

    P=Find(H, Key);
    if(!P){ /*关键词未找到,可以插入*/
        NewCell=(Position)malloc(sizeof(struct LNode));
        strcpy(NewCell->Data, Key);
        NewCell->Count=1;     /*新单词第一次出现*/
        Pos=Hash(Key, H->TableSize);  /*初始散列位置*/
        /*将 NewCell 插入为 H->Heads[Pos]链表的第1个结点*/
        NewCell->Next=H->Heads[Pos].Next;
        H->Heads[Pos].Next=NewCell;
        H->Heads[Pos].Count++;  /*链表中增加了一个新单词*/
    }
    else { /*关键词已存在*/
        P->Count++;
    }
}
```

代码 5.12　插入单词并统计词频

代码 5.13 的 **IsWordChar** 函数判断一个字符是否为合法的单词字符。本例中单词的合法字符为大小写字母、数字和下划线。

```
bool IsWordChar(char c)
{
    if(c>='a'&&c<='z' ||c>='A'&&c<='Z' ||c>='0'&&c<='9' ||c=='_')
        return true;
    else
        return false;
}
```

代码 5.13　判断合法的单词字符

代码 5.14 的 **GetAWord** 函数从给定文件中读取一个单词,返回该单词的长度,超出 KEYLENGTH(本例中定义为 15)的长度将截去。

```
#define MAXWORDLEN 80 /*所有单词最大长度*/

int GetAWord(FILE *fp, ElementType word)
{
```

```
        char tempword[MAXWORDLEN+1], c;
        int len=0;    /*单词长度*/

        c=fgetc(fp);
        while(!feof(fp)){
          if(IsWordChar(c))    /*如果是合法的单词字符*/
            tempword[len++]=c;
          c=fgetc(fp);
          /*跳过单词前的非法字符,或以非法字符结束一个单词*/
          if(len && !IsWordChar(c))
            break;    /*一个单词结束*/
        }
        tempword[len]='\0';    /*设定字符串结束符*/
        if(len>KEYLENGTH){      /*太长的单词被截断*/
            tempword[KEYLENGTH]='\0';
            len=KEYLENGTH;
        }
        strcpy(word, tempword);
        return len;
}
```

代码 5.14　读取一个单词

最后介绍代码 5.15。Show 函数显示词频前一定百分比的单词。另外,附带的一些统计功能都可以在这个函数里面加入。比如有多少不同单词的数量(有别于文件中单词数,不计重复单词)、最大词频的单词是哪些单词、冲突次数(单链表的长度)大小的分布情况(作为练习,读者自己修改实现)等。

Show 函数的大概流程如下:首先用第一个 for 循环扫描整个散列表,统计不同的单词数量和最大词频 maxf;其次,根据最大词频 maxf 申请一个数组 diffwords 用于存储词频从 1 到 maxf 的单词数量;然后,根据每个词频的单词数数组才能划定最频繁出现的前给定百分比(Percent)的单词应该有多大的词频 i;最后一个 for 循环按词频从大到小输出单词;当然,不要忘记释放数组 diffwords 占用的内存空间。

```
void Show(HashTable H, double percent)
{   int diffwordcount=0;      /*不同的单词数量*/
    int maxf=0;               /*最大的词频*/
    int *diffwords;           /*每个词频对应的不同单词数量*/
    int maxCollision=0;       /*最大冲突次数,初始化为 0*/
```

```c
    int minCollision=100;    /*最小冲突次数,初始化为 100*/
    Position L;
    int i, j, k, lowerbound, count=0;

    for(i=0; i<H->TableSize; i++){
       /*求不同的单词数量*/
       diffwordcount+=H->Heads[i].Count;   /*头结点 Count 统计链表长度*/
       /*统计最大和最小冲突次数*/
       if(maxCollision<H->Heads[i].Count)
          maxCollision=H->Heads[i].Count;
       if(minCollision>H->Heads[i].Count)
          minCollision=H->Heads[i].Count;
       /*求最大的词频*/
       L=H->Heads[i].Next;    /*从每个链表的表头开始*/
       while(L){ /*遍历链表*/
          if(maxf<L->Count)  maxf=L->Count;
          L=L->Next;
       }
    }/*结束 for 循环*/

    printf("共有 %d 个不同的单词,词频最大是 %d;\n", diffwordcount, maxf);
    printf("最大冲突次数是 %d,最小冲突次数是 %d.\n", maxCollision, minCollision);


    /*求每个词频等级拥有的不同单词数量*/
    /*根据最大的词频,分配一个整数数组*/
    diffwords=(int *)malloc((maxf+1)*sizeof(int));
    /*统计词频从 1 到 maxf 的单词数量*/
    for(i=0; i<=maxf; i++)
       diffwords[i]=0;
    for(i=0; i<H->TableSize; i++){
       L=H->Heads[i].Next;
       while(L){ /*遍历链表*/
          diffwords[L->Count]++;  /*该词频增加一个单词*/
          L=L->Next;
       }
    }
```

```
    /*求特定的词频,使得大于等于该词频的单词总和超过给定的比例*/
    lowerbound=(int)(diffwordcount*percent);
    for(i=maxf;  i>=1 && count<lowerbound;  i--)
        count+=diffwords[i];
    /*按词频从大到小输出单词*/
    for(j=maxf;  j>=i;  j--){/*对每个词频*/
        for(k=0;  k<H->TableSize;  k++){/*遍历整个散列表*/
            L=H->Heads[k].Next;
            while(L){
                if(j==L->Count)/*发现一个单词的词频与当前词频相等*/
                /*输出该单词及词频*/
                    printf(" %-15s :%d\n",  L->Data,  L->Count);
                L=L->Next;
            }
        }
    }
    free(diffwords);
}
```

代码 5.15　显示词频超过给定的比例的所有单词

代码 5.15 值得讨论的是,最后一个 for 循环按词频从大到小输出单词,其效率是成问题的,如果输入的文件很大而输出的百分比也不小的话,将花费较多的时间。读者可以用第 7 章排序中介绍的方法,尝试改写这部分代码,使其对大数量输出时提高效率。当然,如果输出单词不需要按照词频从大到小的顺序,那么可以省去最外层的 for 循环,并把语句"if(j==L->Count)"改成"if(i<=L->Count)"即可成为高效的程序。

本 章 小 结

顺序查找、二分查找和树形查找等方法,由于数据对象的存储位置与其关键字之间不存在确定的关系,因此,查找时,需要进行一系列对关键字的查找比较,即"查找算法"是建立在比较的基础上的,查找效率由比较一次能够缩小多少查找范围来决定。而本章介绍的散列方法是依据关键字直接计算得到其对应数据对象的位置,即要求关键字与数据元素间存在一定对应关系,通过这个关系,能很快地由关键字得到对应的数据对象位置,这就是散列方法的思想核心。关键词是字符串的时候,由于字符串比较过程较之于整型的地址比较需要花费更多的时间,所以散列方法相对于其他查找方法有更好的查找效率。

在合适的散列函数和装入因子下,散列法的查找效率是常数 $O(1)$,它几乎与查找空间的大小 n 无关。这一点是非常诱人的。

另一方面,常数的查找时间复杂度不是无条件的。总的来说,它是以较小的装入因子 α 为前提。因此,散列方法是一个以空间换时间的成功范例。

散列方法的两个基本内容是散列函数的构造与冲突的解决策略。

构造散列函数的原则是"计算简单"和"分布均匀"。对整数型的关键词,采用除留余数法是比较好的方法,通常取除数为素数。对字符串关键词采用移位法是好的选择。

解决冲突的策略我们介绍了开放地址法和分离链接法。开放地址法的散列表是一个数组,散列函数求得的地址对应数组下标。开放地址法相对于分离链接法而言有较高的存储密度和存取效率。开放地址法的冲突解决方法又分成线性探测法、平方探测法和双散列法。使用这些方法的两个要点是:避免或减少"聚集"现象;保证可以循环探测到每个地址。第一点主要考虑采用"好"的散列函数和合适的探测法;第二点主要采用特定形式素数($4k+3$)的散列表大小和特定的双散列函数。

当装填因子过大时,我们可以通过再散列将数据重新分配到一张两倍大的散列表中去。不过这个过程需要一次性花费较多的时间,对于一些实时性要求非常高的系统而言,宁可可以采用不需要再散列的分离链接法。

分离链接法是把冲突的关键词链接成一个单链表,而所有的单链表的头结点构成的数组与散列表地址对应。链表指针的存储和操作会付出一些空间和时间效率的代价。选择"不好"的散列函数和太小的表头数组会导致有的单链表太长,而在单链表中的查找完全是顺序的,所以长的单链表将严重影响效率。

分离链接法的装入因子 α 定义为这些单链表的平均长度。太小的装入因子 α 可能导致较多的空间浪费,较大的装入因子 α 又将付出更多的时间代价。选择($2 \leq \alpha \leq 5$)或将是比较好的折中。

另外,开放地址法中删除数据对象需要做临时的"懒惰删除",等待有插入时或者进行再散列时再行处理。这样散列表中会有部分"垃圾"影响空间和时间效率。而分离链接法中删除数据对象不需要特别处理,从而也不会存在这样的"垃圾",所以需要做频繁插入和删除操作的散列表可以首先考虑使用分离链接法。

散列方法的存储是随机的,它不便于顺序查找,比如例 5.9 中按词频大小次序输出单词,或者按照单词的字母序输出单词都是比较麻烦的事情;它也不适合于范围查找,比如查找车价在 20 万元到 30 万元的所有车型;同样它也不适合查找最大值、最小值等。

习　　题

5.1　判断正误。

(1) 在散列表中,所谓同义词就是被不同散列函数映射到同一地址的两个元素。

(2) 将 10 个元素散列到 100 000 个单元的哈希表中,一定不会产生冲突。

(3) 若用平方探测法解决冲突,则插入新元素时,若散列表容量为质数,插入就一定可以成功。

5.2 填空题。

(1) 假定有 K 个关键字互为同义词,若用线性探测法把这 K 个关键字存入散列表中,要进行的探测次数至少为_____。

(2) 从一个具有 N 个结点的单链表中查找其值等于 X 的结点时,在查找成功的情况下,需平均比较_____个结点。

5.3 用公式 5.9 计算一下你姓名的散列值是多少。假定你姓名的关键词是各个汉字的首拼音字母构成的字符串,比如"张三"的关键词是"ZS"。

5.4 在例 5.7 中,如果最后还要插入关键词 18,它应该插入到散列表的哪个位置?

5.5 设有一组关键字{29,01,13,15,56,20,87,27,69,9,10,74},散列函数为:H(key)= key % 17,采用线性探测方法解决冲突。试在 0 到 18 的散列地址空间中对该关键字序列构造散列表,并计算成功查找的平均查找长度。

5.6 设有一组关键字{29,01,13,15,56,20,87,27,69,9,10,74},散列函数为:h(key)= key % 17,采用平方探测方法解决冲突。试在 0 到 18 的散列地址空间中对该关键字序列构造散列表。

5.7 设有一组关键字{92,81,58,21,57,45,161,38,117},散列函数为:h(key)= key % 13,采用下列双散列探测方法解决第 i 次冲突:h(key)= (h(key)+i * h2(key)) mod 13,其中 h2(key)= (key mod 11)+1。试在 0 到 12 的散列地址空间中对该关键字序列构造散列表。

5.8 已知线性表的关键字集合{21,11,13,25,48,6,39,83,30,96,108},散列函数 h(key)= key % 11,采用分离链接法处理冲突,试给出散列表的结构,并计算该表的成功查找的平均查找长度。

5.9 将关键字序列{7,8,30,11,18,9,14}散列存储到散列列表中,散列表的存储空间是一个下标从 0 开始的一个一维数组。处理冲突采用线性探测法,散列函数为:h(key)= (key×3) mod TableSize,要求装入因子为 0.7。

5.10 试实现线性探测法的查找函数 Find。

5.11 试实现分离链接法的删除操作函数 Delete。

5.12 试修改代码 5.15 中的 Show 函数,使得程序能输出文件中有多少个不同的单词。

5.13 利用 5.6 节介绍的方法和程序代码,调试实现一个完整的程序。该程序能够对一个英文文本文件(最好达到数万单词),统计文件中所有不同单词的个数,以及词频最大的前 10% 的单词。

第 6 章 图

6.1 引子

网络在我们的生活中随处可见,计算机网络、交通网络、电话网络、超文本链接,甚至人际关系网络都将人们的日常生活高效地联接起来。不论是网络中的电缆、无线电通信线路,还是交通中的道路,都能以多种方式连接事物。本章我们将看到并解决在各种网络图中许多有趣的问题。

假设某个山区县为了加快发展农村建设,决定实施公路村村通项目。该项目包括必要时对已有公路的升级改造。但是资金是有限的,钱必须用在刀刃上。县长提出的要求是,如何能够用最小的资金投入完成公路村村通项目。

我们来考虑相对小一点的范围,比如一个镇,如图 6.1 所示,共有十个村:卜家村(B)、陈家村(C)、丁家村(D)、冯家村(F)、何家村(H)、李家村(L)、魏家村(W)、徐家村(X)、杨家村

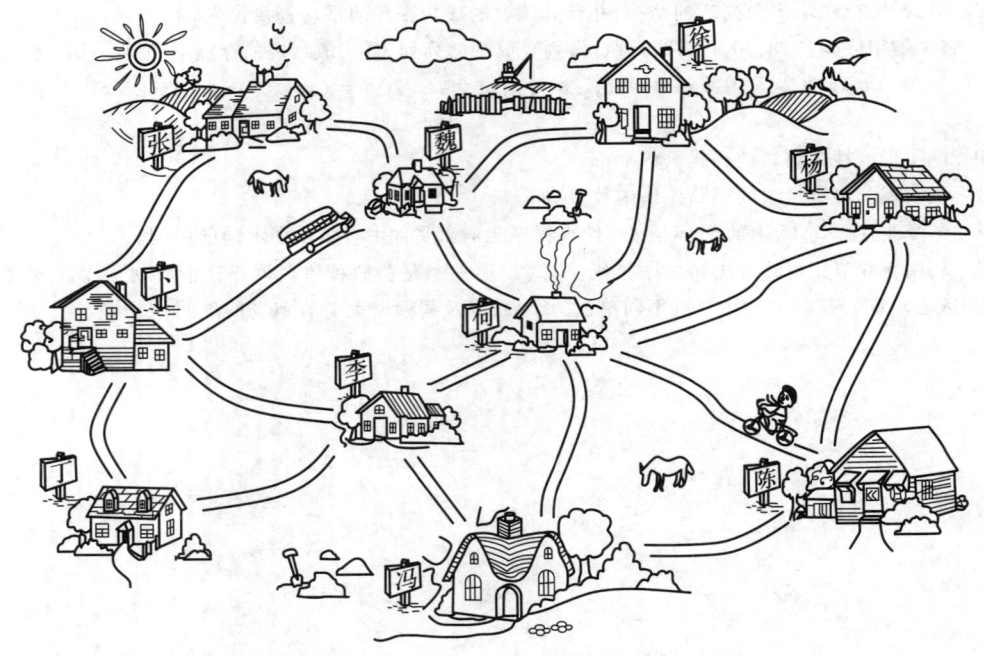

图 6.1 一个山区乡镇的公路规划示意图

（Y）、张家村（Z）。图6.1中村与村之间的道路是一个较长远的规划目标。有的邻村之间暂时没有规划道路的原因可能是自然地理不适合建设道路。

由于资金的原因暂时不能建设所有的道路，但是公路村村通项目要求用最小的投入实现每个村都能够有公路通达。那么应该选择建设哪些道路可以使这个投资最小呢？

你暂时回答不上来是很正常的。这一章要介绍一种非常有意思的数据结构——图，图的应用非常广泛，我们日常生活中的许多问题都可以归结为图的问题。学完这一章，你就知道该如何去解决公路村村通问题了。

当然，要准确描述这个问题，还需要给出每条规划公路的造价预算。图6.2就是给出了造价预算的示意图，比如魏家村（W）到徐家村（X）的公路造价预算为8（万元）。这个问题将在6.5节中详细讨论。

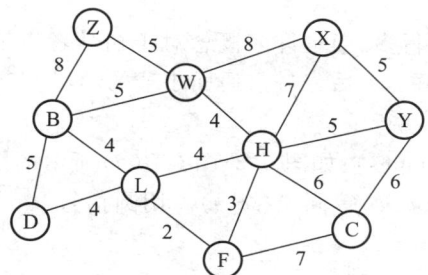

图6.2 公路规划及造价预算示意图

6.2 图的基本概念

图状结构是一种比树形结构更复杂的非线性结构。在树形结构中，结点间具有分支层次关系，每一层上的结点只能和上一层中的至多一个结点相关，但可能和下一层的多个结点相关。树的关系也叫做一对多关系。而在图状结构中，任意两个结点之间都可能相关，即结点之间的邻接关系可以是任意的。比如"朋友"关系是一种多对多的关系，因为我认识的朋友，他们之间可能也相互是朋友。**图的结构是任意两个数据对象之间都可能存在某种特定关系**的数据结构。

为了以后陈述上的方便与准确，需要对图中涉及的许多术语给出明确的定义或约定。不过这些术语不是随意取名的，只要你用心体会，它们其实还是比较有规律的。

6.2.1 图的定义和术语

1. 图的定义

图（Graph）是由两个集合构成，一个是非空但有限的顶点集合 V，另一个是描述顶点之间关系——边的集合 E（可以是∅）。因此，图可以表示为 $G=(V,E)$。每条边是一顶点对 (v,u) 且 v，

$w \in V$。通常用 $|V|$ 表示顶点的数量,用 $|E|$ 表示边的数量。

[**例 6.1**] 图 6.2 给出了一个图的示例,在该图中:

集合 $V = \{B, C, D, F, H, L, W, X, Y, Z\}$, $|V| = 10$;

集合 $E = \{(Z,B), (Z,W), (B,W), (B,L), (B,D), (D,L), (W,X), (W,L), (L,H),$
$(L,F), (X,H), (X,Y), (H,Y), (H,F), (H,C), (F,C), (Y,C)\}$, $|E| = 17$。

关于图的定义,与以前的线性表和树比较,还有几点需要明确:

(1) 在线性表中,一般叫数据对象为元素;在树中,将数据对象称为结点;而在图中,我们把数据对象称作顶点(Vertex)。

(2) 线性表中可以没有数据对象,此时叫空表;没有数据对象的树称为空树;而在图中,我们至少要求有一个顶点,但边集可以是空。

2. 图的相关术语

图的术语比树的术语要多得多,而且许多概念对于初学者来说难以一下子理解。如果阅读本节太觉乏味,你可以初步了解一下后先进入后面小节的学习,在以后发现对某个术语不甚理解的时候再回到本节来仔细琢磨就行了。

(1) 无向图(Undirected Graphs):如图 6.2、图 6.3(a)所示的图叫无向图。无向图中顶点之间的边(Edge)没有方向,即边(v,w)等同于(w,v)。用圆括号"( )"表示无向边。边的起点 w 和终点 v 次序并不重要。

[**例 6.2**] 对图 6.3(a)来说,$G_1 = (V_1, E_1)$,其顶点集合 $V_1 = \{0,1,2,3\}$,边的集合 $E_1 = \{(0,1),(0,2),(0,3),(2,3)\}$。

(2) 有向图(Directed Graphs):如图 6.3(b)所示的图叫"有向图"。有向图中顶点之间的所有边都有方向,即边$<v,w>$不同于$<w,v>$。用尖括号"< >"表示有向边。有向边也称弧(Arc)。弧的"起点(弧头)"和"终点(弧尾)"的次序不能随意颠倒。在不会混淆的场合,有向边和无向边都简称为"边"。

[**例 6.3**] 对图 6.3(b)来说,$G_2 = (V_2, E_2)$,其顶点集合 $V_2 = \{0,1,2,3,4\}$,边的集合 $E_2 = \{<1,0>, <2,0>, <0,2>, <2,1>, <4,2>, <1,3>, <3,4>\}$。

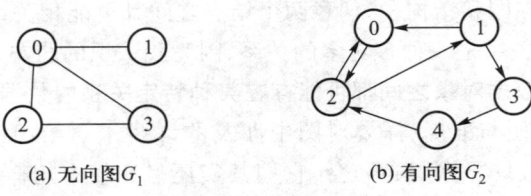

(a) 无向图 G_1 (b) 有向图 G_2

图 6.3 两种基本图

(3) 简单图(Simple Graph):如果图中出现重边(即边的集合 E 中有相同的重复元素)或者自回路边(即边的起点和终点是同一个顶点),就叫做非简单图,如图 6.4 所示。它们都不在要讨论的范围,我们考虑的都是"简单图"。

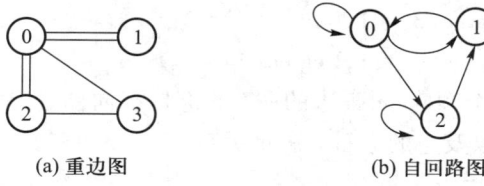

(a) 重边图   (b) 自回路图

图 6.4 两种非简单图

(4) 邻接点(Adjacent Vertices):如果(v,w)是无向图中任意一条边,那么称v和w互为邻接点;如果$<v,w>$是有向图中任意一条边,那么称起点v"邻接到"(Adjacent to)终点w,也称终点w"邻接自"(Adjacent from)起点v。比如,考察图 6.3 中的有向图G_2,顶点 2 邻接到顶点 1,或者说顶点 1 邻接自顶点 2。

(5) 路径(Path)、简单路径(Simple Path)、回路(Cycle,也叫做"环")、无环图(Acyclic Graph):图中的一条路径是一顶点序列$v_1,v_2,\cdots,v_N$,序列中任何相邻的两顶点都能在图中找到对应的边,即$(v_i,v_{i+1})\in E(1\leq i<N)$。一条路径的长度是这条路径所包含的边数。比如,考察图 6.3 中的无向图G_1,顶点序列 1,0,2,3 是从顶点 1 到顶点 3 的一条路径,该路径长度是 3。

一条简单路径是指除了路径的首尾顶点外,其余顶点都是不同的。

有向图中的一条回路是指$v_1=v_N$的一条路径。路径长度为 1 的回路是一个自回路(属于非简单图)。简单路径形成的回路称为简单回路(Simple Cycle)。

如果在一个有向图中不存在回路,那么这个有向图称为无环图。比如,考察图 6.3 中的有向图G_2,它有 3 个简单回路:{0,2,0}、{0,2,1,0}和{2,1,3,4,2};回路{3,4,2,1,0,2,1,3}不是简单回路。

对于无向图,由于顶点是无序的,环路的长度要大于等于 3。比如路径u,v,u不会是一条环路,因为(u,v)和(v,u)是同一条边,它是重边图,不属于讨论之列。

(6) 无向完全图(Undirected Complete Graph):在一个无向图中,如果任意两顶点都有一条边相连接,则称该图为无向完全图。可以证明,在一个含有n个顶点的无向完全图中,共有$n(n-1)/2$条边。

(7) 有向完全图(Directed Complete Graph):在一个有向图中,如果任意两顶点之间都由方向互为相反的两条弧相连接,则称该图为有向完全图。在一个含有n个顶点的有向完全图中,共有$n(n-1)$条弧。

(8) 顶点的度(Degree)、入度(In-degree)、出度(Out-degree):顶点v的度是指依附于该顶点的边数。在有向图中,顶点的度还要分为入度与出度。顶点v的入度是指以顶点v为终点的弧的数目;顶点v的出度是指以顶点v为起点的弧的数目。有 Degree(v)= In-degree(v)+ Out-degree(v)。

[例 6.4] 在图 6.3(a)中的G_1有:Degree(0)= 3;Degree(1)= 1;Degree(2)= 2;Degree(3)= 2。

在图 6.3(b)中的G_2有:

In-degree(0)= 2;Out-degree(0)= 1;Degree(0)= 3;

In-degree(1)= 1;Out-degree(1)= 2;Degree(1)= 3;

In-degree(2)= 2;Out-degree(2)= 2;Degree(2)= 4;

In-degree(3)=1;Out-degree(3)=1;Degree(3)=2;

In-degree(4)=1;Out-degree(4)=1;Degree(4)=2。

可以证明,对于具有 n 个顶点、e 条边的图(不论是有向图还是无向图),每个顶点 v_i 的度 Degree(v_i)与顶点的个数 n 以及边的数目 e 满足关系:

$$e = \left(\sum_{i=1}^{n}\text{Degree}(v_i)\right)/2 = \sum_{i=1}^{n}\text{In-degree}(v_i) = \sum_{i=1}^{n}\text{Out-degree}(v_i) \qquad (\text{公式 6.1})$$

(9) 稠密图(Dense Graph)、稀疏图(Sparse Graph):若一个图的边数接近完全图的边数,称这样的图为稠密图;相对地,称边数很少的图为稀疏图。通常,设图 $G=(V,E)$,如果边的数量为 $|E|$,顶点的数量为 $|V|$,一个图的稠密度(Density)定义为平均顶点度 $2|E|/|V|$,显然,对于完全图来说,平均顶点度应该是 $|V|-1$。由 $2|E|/|V|=|V|-1$,可知,$|E|=(|V|-1)|V|/2$。类似地,我们把稠密图定量定义成"平均顶点度与顶点数量 $|V|$ 成正比的图",由 $2|E|/|V|=k|V|(0<k<1)$,可知,$|E|=k|V|^2(0<k<1/2)$。对一个具体的图来说,当然这里的 k 不能太小,比如取 $k>1/8$。有的教材也用是否满足 $|E|>|V|\log_2|V|$,作为稠密图和稀疏图的分界条件。

(10) 权(Weight)、网图(Network):根据需要边可以附带一个数值信息,通常称这个信息为权或代价(Cost)。在实际应用中,权值可以有某种含义。比如,在一个反映城市交通线路的图中,边上的权值可以表示该条线路的长度、造价或者等级;对于一个电子线路图,边上的权值可以表示两个端点之间的电阻、电流或电压值;对于反映工程进度的图而言,边上的权值可以表示边代表的工作所需要的时间等。边上带权的图称为网图。如图 6.2 所示的公路规划及造价预算示意图,就是一个无向网图。如果边是有方向的带权图,则就是一个有向网图。在不会引起混淆的时候,为了简便起见,网图也简称为图。

(11) 子图(Subgraph):对于图 $G=(V,E)$ 和 $G'=(V',E')$,若满足 V' 是 V 的子集,并且 E' 是 E 的子集,则称图 G' 是 G 的一个子图。

[例 6.5] 图 6.5 示出了 G_1 和 G_2 的三个子图 G_i'、G_i'' 和 G_i''' ($i=1,2$)。

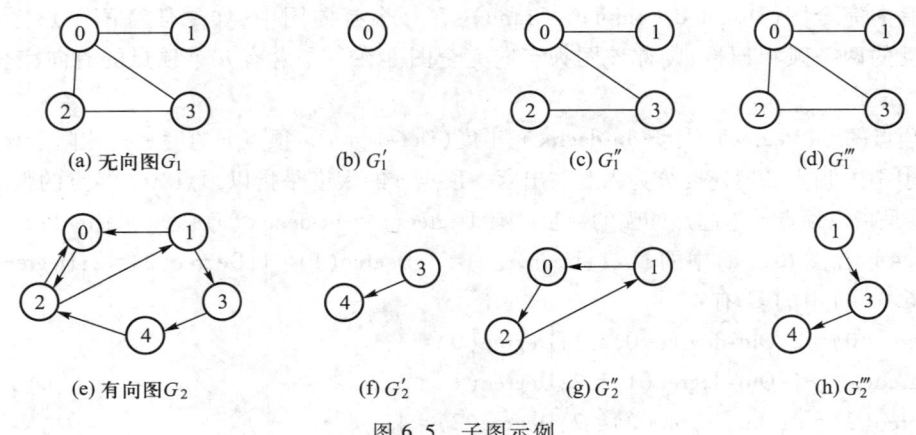

图 6.5 子图示例

（12）连通图（Connected Graph）、连通分量（Connected Component）：在无向图中，如果从一个顶点 v_i 到另一个顶点 $v_j(i \neq j)$ 有路径，则称顶点 v_i 和 v_j 是连通的（Connected）。如果图中任意两顶点都是连通的，则称该图是连通图。无向图的极大连通子图称为连通分量。连通分量的概念包含以下 4 个要点：

- 子图：连通分量应该是原图的子图；
- 连通：连通分量本身应该是连通的；
- 极大顶点数：连通子图含有极大顶点数，即再加入其他顶点将会导致子图不连通；
- 极大边数：具有极大顶点数的连通子图包含依附于这些顶点的所有边。

因此，连通的无向图只有一个连通分量，这个连通分量就是本图。比如，图 6.3 中的无向图 G_1 的连通分量就是 G_1 本身。不连通的无向图有多于一个的连通分量。

[例 6.6] 如图 6.6，其中无向非连通图 G_3 有两个连通分量，如图 6.6(b)、6.6(c)所示，而图 6.6(d)虽然也是 6.6(a)的子图，并且是连通的，但是 6.6(d)没有达到极大的顶点数，所以 6.6(d)不是 G_3 连通分量。

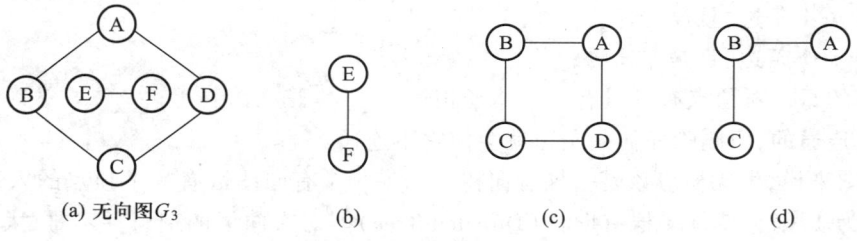

图 6.6 无向图及连通分量

（13）强连通图（Strongly Connected Graph）、强连通分量（Strongly Connected Component）：对于有向图来说，若图中任意一对顶点 v_i 和 $v_j(i \neq j)$ 均既有从 v_i 到 v_j 的路径，也有从 v_j 到 v_i 的路径，则称该有向图是强连通图。有向图的极大强连通子图称为强连通分量。

强连通分量的概念与连通分量类似，也包含 4 个要点。图 6.3 中有向图 G_2 是强连通图（任意两个顶点都存在来回双向路径，请读者自行验证），所以 G_2 本图就是一个强连通分量。不是强连通的有向图有多于一个的强连通分量。

[例 6.7] 如图 6.7，其中有向非强连通图 G_4 有两个连通分量，如图 6.7(b)、6.7(c)所示，而图 6.7(d)既不是 6.7(a)的子图，也不是强连通的，所以 6.7(d)不是 G_4 的强连通分量。

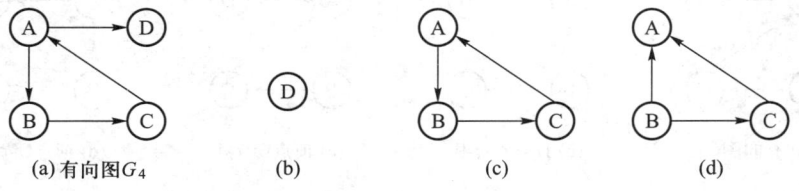

图 6.7 有向图 G_4 的两个强连通分量

(14) 生成树(Spanning Tree):所谓连通图 G 的生成树,是 G 的包含其全部 n 个顶点的一个极小连通子图。它必定包含且仅包含 G 的 $n-1$ 条边。图 6.8 中连通图 G_1 有 4 个顶点,任何包含这全部 4 个顶点的有 3 条边的连通子图都是 G_1 的生成树。显然,生成树有可能不唯一。

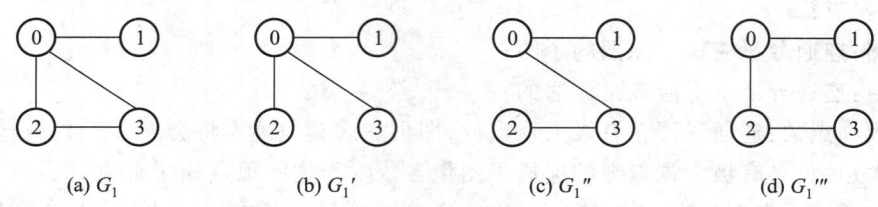

(a) G_1　　　　(b) G_1'　　　　(c) G_1''　　　　(d) G_1'''

图 6.8　G_1 及其生成树

有 n 个顶点的图,如果边的数量小于 $n-1$,那么它必定是不连通的,所以 $n-1$ 是连通图所需的"极小"的边的数量。而多于 $n-1$ 条边的图必将产生回路,它就不是树了,因为树中是没有回路的。由此可见,图 G 是一棵树,当且仅当 G 满足下面 4 个条件之一:
- G 有 $n-1$ 条边,且没有环;
- G 有 $n-1$ 条边,且是连通的;
- G 中的每一对顶点有且只有一条路径相连;
- G 是连通的,但删除任何一条边就会使它不连通。

对有向图来说,生成树应该是一棵有向树。如果一个有向图恰有一个顶点的入度为 0,其余的顶点入度为 1,则它就是一棵有向树(Directed Tree)。对有向树的理解并不难,入度为 0 的顶点就是树的根,其余顶点入度为 1 表示非根结点只有一个父结点。

(15) 生成森林(Spanning Forest):在非连通图中,由于每个连通分量都是一个极小连通子图,即一棵生成树可以对应一个连通分量。对应各个连通分量的各棵生成树就组成了一个图的生成森林。对无向图而言,一个图的生成森林中树的数量就等于它的连通分量数。

对有向图来说,一个强连通分量当然可以得到对应的生成树(不唯一);但是,非强连通图也可能只需用一棵生成树(有向树)与之对应。

[**例 6.8**] 如图 6.9 所示,图 6.9(a)有 2 个强连通分量,而 6.9(b)、6.9(c)或者 6.9(d)中的任意一棵树都是 6.9(a)的生成树。所以生成森林中树的数量可能会少于强连通分量数。

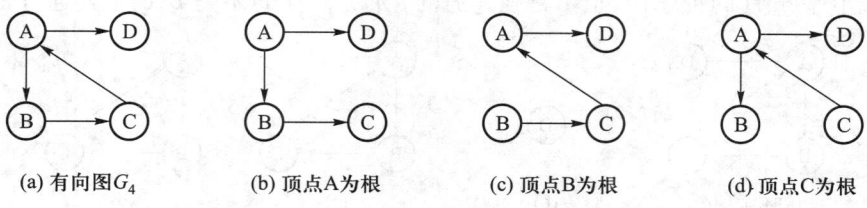

(a) 有向图 G_4　　　(b) 顶点A为根　　　(c) 顶点B为根　　　(d) 顶点C为根

图 6.9　非强连通有向图 G_4 的生成树

6.2.2 图的抽象数据类型

对图的构成及其特性了解以后,现在可以给出图的抽象数据类型,其描述为:

类型名称:图(Graph)。

数据对象集:一非空的顶点集合 Vertex 和一个边集合 Edge,每条边用对应的一对顶点表示。

操作集:对于任意的图 $G \in$ Graph,顶点 $V \in$ Vertex,边 $E \in$ Edge,以及任一访问顶点的函数 Visit( ),我们主要关心下列操作:

(1) Graph CreateGraph(int VertexNum):构造一个有 VertexNum 个顶点但没有边的图;

(2) void InsertEdge(Graph G, Edge E):在 G 中增加新边 E;

(3) void DeleteEdge(Graph G, Edge E):从 G 中删除边 E;

(4) bool IsEmpty(Graph G):如果图 G 为空,返回 true,否则返回 false;

(5) void DFS(Graph G, Vertex V, (* Visit)(Vertex)):在图 G 中,从顶点 V 出发进行深度优先遍历;

(6) void BFS(Graph G, Vertex V, (* Visit)(Vertex)):在图 G 中,从顶点 V 出发进行广度优先遍历。

与图相关的操作还有很多,这里我们只列出最常见的几个,在后面一一讨论。

6.3 图的存储结构

图是一种结构复杂的数据结构,主要表现在逻辑上任意顶点之间都可以存在特定关系。而这些顶点位置和边的次序可以有某种随意性。比如图 6.10 中的 4 个图表示的是同一个逻辑问题。

在顶点和边的数量不多的时候,比如教材上给出的所有示意图,画在纸上我们可以一目了然图的结构和边上的信息。但是当顶点和边的数量达到几十、几百、几千的时候,我们就很难看清楚这些关系了,更何况计算机没有我们的"慧眼"。那么如何把图的所有信息完整地存储在计算机中,并可以方便地存取和修改呢?

从图的定义可知,一个图的信息包括两部分,即图中顶点的信息以及描述顶点之间的关系——边或者弧的信息。因此无论采用什么方法建立图的存储结构,都要完整、准确地反映这两方面的信息。

下面介绍几种常用的图的存储结构。

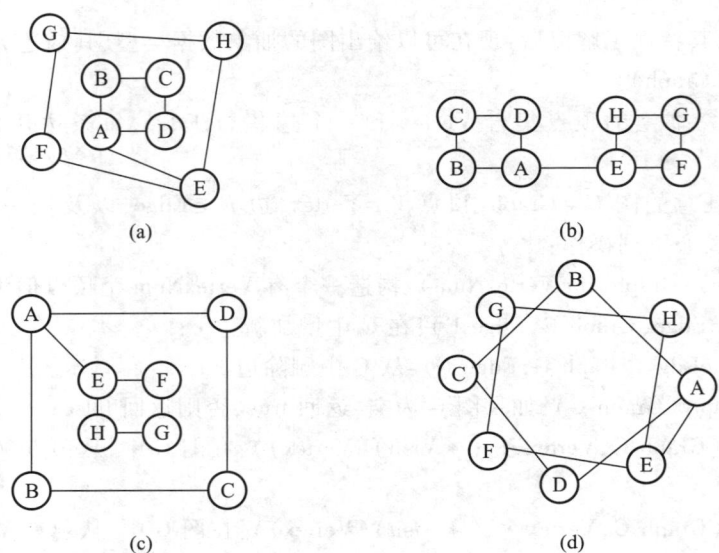

图 6.10 4 个等价的图

6.3.1 邻接矩阵

所谓邻接矩阵(Adjacency Matrix)的存储结构,就是用矩阵表示图中各顶点之间的邻接关系和权值。假设图 Graph = (V,E) 有 n 个确定的顶点,即 $V = \{v_0, v_1, \cdots, v_{n-1}\}$,则表示 Graph 中各顶点相邻关系为一个 $n \times n$ 的矩阵 G,矩阵的元素为:

$$G[i][j] = \begin{cases} 1 & \text{若}(v_i,v_j) \text{ 或 } <v_i,v_j> \text{ 是 } E(\text{Graph}) \text{ 中的边} \\ 0 & \text{若}(v_i,v_j) \text{ 或 } <v_i,v_j> \text{ 不是 } E(\text{Graph}) \text{ 中的边} \end{cases}$$

若 Graph 是网图,则邻接矩阵可定义为:

$$G[i][j] = \begin{cases} w_{ij} & \text{若}(v_i,v_j) \text{ 或 } <v_i,v_j> \text{ 是 } E(\text{Graph}) \text{ 中的边} \\ 0 \text{ 或 } \infty & \text{若}(v_i,v_j) \text{ 或 } <v_i,v_j> \text{ 不是 } E(\text{Graph}) \text{ 中的边} \end{cases}$$

其中,w_{ij} 表示边 (v_i,v_j) 或 $<v_i,v_j>$ 上的权值。在有权值的图中,因为 0 可能被误认为是权值,所以有时用 ∞ 表示没有边。∞ 表示一个计算机允许的、大于所有边上权值的数。

[例 6.9] 图 6.11 左边所示的无向图的邻接矩阵列在右边。从图 6.11 可以看出,无向图对应的邻接矩阵必定是对称矩阵(回忆一下,对称矩阵在《线性代数》中是怎么定义的?$G[i][j] = G[j][i]$)。$G[0][1] = 1$ 表示(v_0,v_1)是图的一条边;而 $G[0][2] = 0$ 表示图中不存在 (v_0,v_2) 这条边。主对角线上的元素必定为 0,因为不存在自回路顶点。v_0 顶点的度就是对应行(或对应列)中 1 的元素个数。

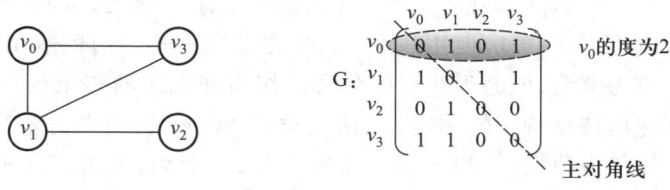

图 6.11 一个无向图的邻接矩阵表示

[**例 6.10**] 图 6.12 左边所示的有向网图的邻接矩阵表示法列在右边。从图 6.12 可以看出,有向图对应的邻接矩阵可以是不对称的(一定是不对称的吗?否!)。主对角线上的元素也必定为 ∞(或 0)。$G[3][1]=5$ 表示 <3,1> 是图的一条边(弧);而 $G[3][2]=\infty$ 表示图中不存在 <3,2> 这条边(弧)。顶点 3 的出度 = 2 就是对应第 3 行中非 ∞ 的元素个数是 2。

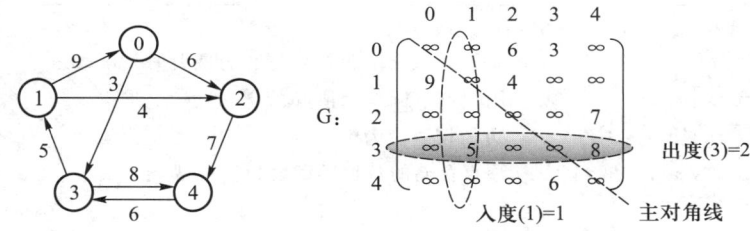

图 6.12 一个有向网图的邻接矩阵表示

从图的邻接矩阵存储方法容易看出这种表示具有以下特点。

(1) 无向图的邻接矩阵一定是一个对称矩阵。因此,在具体存放邻接矩阵时只需存放上(或下)三角矩阵的元素即可。所需存储元素的个数是 $|V| \times (|V|-1)/2$。

(2) 对于无向图,邻接矩阵的第 i 行(或第 i 列)非 0 元素(或非 ∞ 元素)的个数正好是第 i 个顶点的度 $\text{Degree}(v_i)$。

(3) 对于有向图,邻接矩阵的第 i 行(或第 i 列)非 0 元素(或非 ∞ 元素)的个数正好是第 i 个顶点的出度 $\text{Out-degree}(v_i)$(或入度 $\text{In-degree}(v_i)$)。

微视频 6-1
无向图邻接矩阵的存储技巧

(4) 用邻接矩阵方法存储图,很容易确定图中任意两个顶点之间是否有边相连,只需考察邻接矩阵对应的元素即可;确定一个顶点的所有邻接点,也只需邻接矩阵对应的一行(或一列);但是,要确定图中有多少条边,则必须按行(或按列)对每个元素进行检测,所花费的时间代价是 $\Theta(|V|^2)$。这是用邻接矩阵来存储图的局限性。

下面介绍图的邻接矩阵存储的 C 语言描述。

在用邻接矩阵存储图时,除了用一个二维数组存储表示顶点间相邻关系的邻接矩阵外,还需用一个一维数组来存储顶点信息,另外还有图的顶点数和边数。故可将其形式描述如下:

如代码 6.1 所示,最大顶点数 MaxVertexNum 暂设为 100,可以根据需要更改。顶点数据类

微视频 6-2
邻接矩阵表示法的结构和类型声明

型 DataType 设为字符型,这也是为了简单起见,事实上关于顶点的信息可以很多,一般应使用一个 struct 类型来描述。边的权值类型 WeightType 一般为整型,但必须注意区分合法权值和无边的表示值(0 或 ∞ 或负数,根据应用选择特别的约定)。顶点类型 Vertex 被定义为整型,意即用顶点的下标代表顶点(所以当我们提到顶点 i 的时候,就指的是 v_i)。

MGraph 是邻接矩阵存储的图类型,它是指向图结点的指针。我们把这两个类型都定义成指针,是为了传递函数参数的方便。图结点不仅包含图的顶点数 Nv 和边数 Ne,还有一个二维数组 G 存储邻接矩阵,一个一维数组 Data 存储顶点数据,它们的大小都采用 MaxVertexNum 固定值。采用固定大小的数组可能会导致比较大的空间浪费,实际上,最好根据问题的大小(顶点数 Nv)动态分配它们的大小。这件事情作为练习留给读者去尝试完成。

```
#define MaxVertexNum 100        /* 最大顶点数设为 100 */
#define INFINITY 65535          /* ∞ 设为双字节无符号整数的最大值 65535 */
typedef int Vertex;             /* 用顶点下标表示顶点,为整型 */
typedef int WeightType;         /* 边的权值设为整型 */
typedef char DataType;          /* 顶点存储的数据类型设为字符型 */

/* 图结点的定义 */
typedef struct GNode *PtrToGNode;
struct GNode{
    int Nv;  /* 顶点数 */
    int Ne;  /* 边数 */
    WeightType G[MaxVertexNum][MaxVertexNum];   /* 邻接矩阵 */
    DataType Data[MaxVertexNum];                /* 存顶点的数据 */
    /* 注意:若顶点无数据, 此时 Data[]可以不用出现 */
};
typedef PtrToGNode MGraph;     /* 以邻接矩阵存储的图类型 */
```

代码 6.1 邻接矩阵表示法的结构和类型声明

有了图的结构与类型定义,代码 6.2 通过先创建一个包含全部顶点但没有边的图,再逐条插入边,从而创建了一个无向网图的数据对象。其中 Edge 是边的类型,边结构中包含两个端点 V1 和 V2,还有边的权重 Weight。Edge 是指向这个结构的指针。

该程序所需的时间复杂性和空间复杂性都是 $O(Nv^2)$。

```
/* 边的定义 */
typedef struct ENode *PtrToENode;
struct ENode{
```

```
    Vertex V1, V2;         /* 有向边<V1,V2> */
    WeightType Weight;     /* 权重 */
};
typedef PtrToENode Edge;


MGraph CreateGraph( int VertexNum )
{ /* 初始化一个有 VertexNum 个顶点但没有边的图 */
    Vertex V, W;
    MGraph Graph;

    Graph = (MGraph)malloc(sizeof(struct GNode)); /* 建立图 */
    Graph->Nv = VertexNum;
    Graph->Ne = 0;
    /* 初始化邻接矩阵 */
    /* 注意:这里默认顶点编号从 0 开始,到(Graph->Nv - 1) */
    for (V=0; V<Graph->Nv; V++)
        for (W=0; W<Graph->Nv; W++)
            Graph->G[V][W] = INFINITY;

    return Graph;
}

void InsertEdge( MGraph Graph, Edge E )
{
    /* 插入边 <V1,V2> */
    Graph->G[E->V1][E->V2] = E->Weight;
    /* 若是无向图,还要插入边<V2,V1> */
    Graph->G[E->V2][E->V1] = E->Weight;
}

MGraph BuildGraph()
{
    MGraph Graph;
    Edge E;
    Vertex V;
    int Nv, i;

    scanf("%d", &Nv);  /* 读入顶点个数 */
```

微视频 6-3
邻接矩阵表示法:图的初始化

微视频 6-4
邻接矩阵表示法:图的创建

```
    Graph=CreateGraph(Nv);    /* 初始化有 Nv 个顶点但没有边的图 */

    scanf("%d", &(Graph->Ne));   /* 读入边数 */
    if(Graph->Ne != 0){  /* 如果有边 */
        E = (Edge)malloc(sizeof(struct ENode));  /* 建立边结点 */
        /* 读入边,格式为"起点 终点 权重",插入邻接矩阵 */
        for(i=0; i<Graph->Ne; i++){
            scanf("%d %d %d", &E->V1, &E->V2, &E->Weight);
            /* 注意:如果权重不是整型,Weight 的读入格式要改 */
            InsertEdge(Graph, E);
        }
    }


    /* 如果顶点有数据的话,读入数据 */
    for(V=0; V<Graph->Nv; V++)
        scanf(" %c", &(Graph->Data[V]));

    return Graph;
}
```

代码 6.2　邻接矩阵表示——无向网图的初始化程序

邻接矩阵是一种表示各类图的简洁的数据结构。但是我们发现,不论图中的边的数量多或少,我们都花费了 $\varTheta(Nv^2)$(即 $\varTheta(|V|^2)$)的存储空间,这对于稠密图来说是一种高效的方法。但是如果我们面对的是一个稀疏图,则邻接矩阵中大多数项为 0(或 ∞),形成了所谓的稀疏矩阵,就会浪费许多空间。同时,有些操作也会经常访问邻接矩阵中 0(或 ∞)代表的无效元素,这也会浪费许多时间。

为了解决这些浪费问题,我们考虑另外一种存储结构。回忆我们在线性表时曾说过,顺序存储结构需要事先分配连续内存,这就可能造成空间浪费的问题,于是引出了链式存储的思路,同样,这里也可以对边或弧采用链式存储来减少空间浪费的问题。这就是下面一小节要讨论的邻接表存储结构。

6.3.2　邻接表

邻接表(Adjacency Lists)是图的一种顺序存储与链式存储结合的存储方法。邻接表表示法类似于树的孩子链表表示法。就是对于图 G 中的每个顶点 v_i,将所有邻接于 v_i 的顶点 v_j 链成一个单链表,这个单链表就称为顶点 v_i 的邻接表,再将所有点的邻接表表头放到一个数组中,就构成了图的邻接表。在邻接表表示中有两种结点结构,如图 6.13 所示。

一种是顶点表的结点结构,它由顶点数据域(Data)和指向第一条邻接边的指针域(FirstEdge)构成,另一种是边表(即邻接表)结点,它由邻接点域(AdjV)和指向下一条邻接边的指针域(Next)构成。对于网图的边表需再增设一个存储边上信息(如权值等)的域(Weight),网图的边表结构如图 6.14 所示。图 6.15 给出无向图 6.11 对应的邻接表表示。

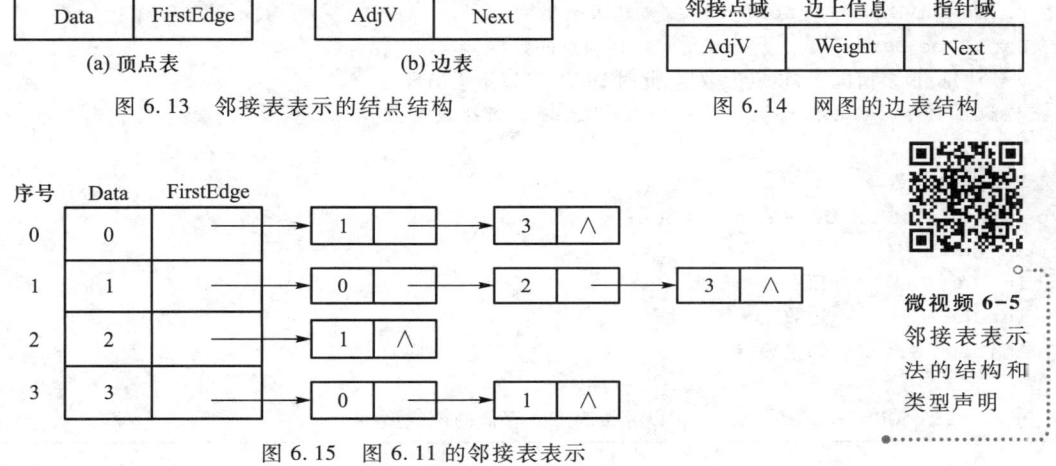

图 6.13 邻接表表示的结点结构

图 6.14 网图的边表结构

图 6.15 图 6.11 的邻接表表示

微视频 6-5 邻接表表示法的结构和类型声明

邻接表表示的图结构和类型声明由代码 6.3 给出。图的初始化过程由代码 6.4 给出。

```
#define MaxVertexNum 100    /* 最大顶点数设为 100 */
typedef int Vertex;         /* 用顶点下标表示顶点,为整型 */
typedef int WeightType;     /* 边的权值设为整型 */
typedef char DataType;      /* 顶点存储的数据类型设为字符型 */

/* 边的定义 */
typedef struct ENode * PtrToENode;
struct ENode{
    Vertex V1, V2;          /* 有向边<V1, V2> */
    WeightType Weight;      /* 权重 */
};
typedef PtrToENode Edge;

/* 邻接点的定义 */
typedef struct AdjVNode * PtrToAdjVNode;
struct AdjVNode{
    Vertex AdjV;            /* 邻接点下标 */
```

```
    WeightType Weight;      /* 边权重 */
    PtrToAdjVNode Next;     /* 指向下一个邻接点的指针 */
};

/* 顶点表头结点的定义 */
typedef struct Vnode{
    PtrToAdjVNode FirstEdge;  /* 边表头指针 */
    DataType Data;            /* 存顶点的数据 */
    /* 注意:很多情况下,顶点无数据,此时 Data 可以不用出现 */
} AdjList[MaxVertexNum];      /* AdjList 是邻接表类型 */

/* 图结点的定义 */
typedef struct GNode *PtrToGNode;
struct GNode{
    int Nv;       /* 顶点数 */
    int Ne;       /* 边数 */
    AdjList G;    /* 邻接表 */
};
typedef PtrToGNode LGraph;    /* 以邻接表方式存储的图类型 */
```

代码 6.3　邻接表表示法的结构和类型声明

```
LGraph CreateGraph( int VertexNum)
{/* 初始化一个有 VertexNum 个顶点但没有边的图 */
    Vertex V;
    LGraph Graph;

    Graph=(LGraph)malloc(sizeof(struct GNode));  /* 建立图 */
    Graph->Nv=VertexNum;
    Graph->Ne=0;
    /* 初始化邻接表头指针 */
    /* 注意:这里默认顶点编号从 0 开始,到(Graph->Nv - 1) */
    for(V=0;  V<Graph->Nv;  V++)
        Graph->G[V].FirstEdge=NULL;

    return Graph;
}

void InsertEdge(LGraph Graph,  Edge E)
{
```

```c
    PtrToAdjVNode NewNode;
    /* 插入边 <V1, V2> */
    /* 为 V2 建立新的邻接点 */
    NewNode=(PtrToAdjVNode)malloc(sizeof(struct AdjVNode));
    NewNode->AdjV=E->V2;
    NewNode->Weight=E->Weight;
    /* 将 V2 插入 V1 的表头 */
    NewNode->Next=Graph->G[E->V1].FirstEdge;
    Graph->G[E->V1].FirstEdge=NewNode;

    /* 若是无向图,还要插入边 <V2, V1> */
    /* 为 V1 建立新的邻接点 */
    NewNode=(PtrToAdjVNode)malloc(sizeof(struct AdjVNode));
    NewNode->AdjV=E->V1;
    NewNode->Weight=E->Weight;
    /* 将 V1 插入 V2 的表头 */
    NewNode->Next=Graph->G[E->V2].FirstEdge;
    Graph->G[E->V2].FirstEdge=NewNode;
}

LGraph BuildGraph()
{
    LGraph Graph;
    Edge E;
    Vertex V;
    int Nv, i;

    scanf("%d", &Nv);   /* 读入顶点个数 */
    Graph=CreateGraph(Nv);  /* 初始化有 Nv 个顶点但没有边的图 */

    scanf("%d", &(Graph->Ne));  /* 读入边数 */
    if(Graph->Ne!=0){ /* 如果有边 */
        E=(Edge)malloc(sizeof(struct ENode));  /* 建立边结点 */
        /* 读入边,格式为"起点 终点 权重",插入邻接矩阵 */
        for(i=0; i<Graph->Ne; i++){
            scanf("%d %d %d", &E->V1, &E->V2, &E->Weight);
            /* 注意:如果权重不是整型,Weight 的读入格式要改 */
            InsertEdge(Graph, E);
```

```
        }
    }
    /* 如果顶点有数据的话,读入数据 */
    for(V=0; V<Graph->Nv; V++)
        scanf("%c", &(Graph->G[V].Data));

    return Graph;
}
```

代码 6.4 邻接表表示——无向图的初始化程序

微视频 6-6
邻接表表示
法:图的创建

若无向图中有 $|V|$ 个顶点和 $|E|$ 条边,则它的邻接表需 $|V|$ 个头结点和 $2|E|$ 个表边结点。显然,在边稀疏($|E| << |V|(|V|-1)/2$)的情况下,用邻接表表示图比邻接矩阵节省存储空间,当和边相关的信息较多时更是如此。

在无向图的邻接表中,顶点 v_i 的度恰为第 i 个链表中的结点数;而在有向图中,第 i 个链表中的结点个数只是顶点 v_i 的出度,但是求入度就很不方便,必须遍历整个邻接表,在所有链表中其邻接点域的值为 i 的结点的个数是顶点 v_i 的入度。有时,为了便于确定顶点的入度或以顶点 v_i 为头的弧,可以建立一个有向图的逆邻接表,即对每个顶点 v_i 建立一个链接以 v_i 为头的弧的链表。

[**例 6.11**] 例如图 6.16 给出了(a)中有向图 G_4 的邻接表(b)和逆邻接表(c)。

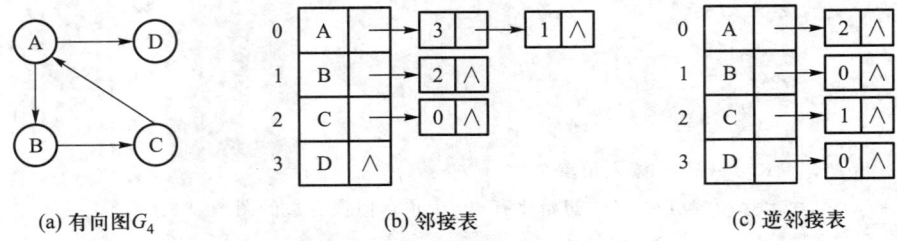

(a) 有向图 G_4 (b) 邻接表   (c) 逆邻接表

图 6.16 有向图 G_4 及其邻接表和逆邻接表

在建立邻接表或逆邻接表时,若输入的顶点信息为顶点的编号,则建立邻接表的复杂度为 $O(|V|+|E|)$,否则,需要通过查找才能得到顶点在图中位置,时间复杂度为 $O(|V|\cdot|E|)$。

在邻接表上容易找到任一顶点的第一个邻接点和下一个邻接点,但要判定任意两个顶点 v_i 和 v_j 之间是否有边或弧相连,则需搜索第 i 个或第 j 个链表,因此,不及邻接矩阵方便。

6.4 图的遍历

6.4.1 迷宫探索

在 3.5.2 节中,我们讨论了一个简单的迷宫问题。这里我们将讨论另外一个更灵活的版本,这里的迷宫不一定是由方格子组成,虽然我们仍然假设它的通道都是直的,而通道所有交叉点(包括通道的端点)上都有一盏灯和一个开关。请问你如何从某个起点开始在迷宫中点亮所有的灯并回到起点?比如,你将以什么样的策略,走遍图 6.17 所示迷宫的所有通道的交叉点(顶点 0~7)?

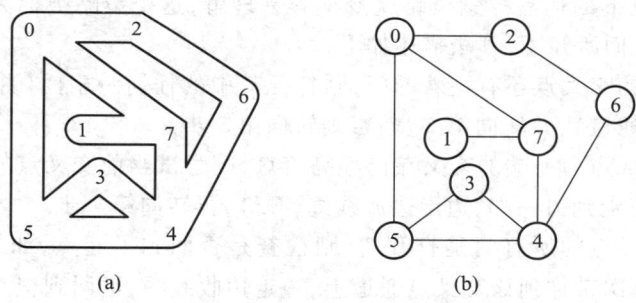

图 6.17 一个点灯迷宫及其对应的图

虽然,在一些特殊的简单的迷宫中,采用诸如"保持右手靠墙"的简单策略就可以解决问题,如图 6.18(a)所示的迷宫,但是如果在有些迷宫(如图 6.18(b)所示)中,这种策略将可能永远达不到目的,因为你可能在其中的一个环中无休止地绕圈。

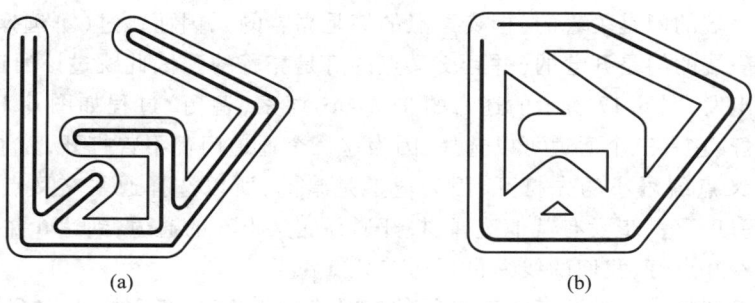

图 6.18 探索迷宫

当我们到达的通道端点如果已经亮着灯,表明曾经来到过这里,这在规则上是允许的。同样曾经走过的通道还是可以重复走。

为了设计一个策略来解决这个问题,并且在叙述上更加直观,我们暂时用术语"迷宫"而不是"图","通道"而不是"边","交叉点"而不是"顶点"。

自古以来,我们就知道探索迷宫而不迷路的技巧,就是用一个线球的线跟在我们身后,这根线除了可以保证我们总能找到出口,还可以记住最先是从哪个通道来到这个交叉点的,以便在探索了该交叉点的所有通道以后,沿着这根线退回原先过来的通道。我们始终心怀一个目标,就是探索迷宫的每个交叉点(点亮所有灯),但除万不得已,我们并不想走回头路。为了达到这些目标,就需要用一些方法来标记到过的地方。以下的描述更接近为计算机实现建模。

假设每个交叉点都有灯,开始时所有灯都是关着的,另外,每个通道的两端都有门,开始时也是关着的,并约定我们需要打开门才能观察通道的另一端是否亮着灯。进一步假设这些门都有玻璃窗户,通道的另一端并不需要开着门,我们也能从这一端看见另一端的灯是否亮着。我们的目标是打开所有的灯和所有的门。

基于这些假设,以下的迷宫探索策略就变得容易理解,这个策略被称为 Tremaux 探索,至少从 19 世纪以来就为人们所知了,算法描述如下:

(1) 如果在当前的交叉点还有关着的门,则打开其中的任何一扇门(并使该门一直开着,记住我们已经探索过该通道),并转向第 2 步;否则转向第 3 步。

(2) 如果你看到通道另一端的交叉点已经亮着灯,则尝试当前交叉点的另一扇门(转向第 1 步);否则,沿着该通道走到另一端,边走边放线绳,开灯,再转向第 1 步。

(3) 如果当前交叉点的所有门是打开的,则检查是否回到了起点,如果是,则结束算法;否则,利用线绳返回到首次带你到该交叉点通道上,边走边收线绳,退回到交叉点,再转向第 1 步。

[例 6.12] 图 6.19 描述了遍历一个简单迷宫的过程。这些图只是显示了很多可能的探索中的一种,因为我们可以随意地按照任意顺序打开一个交叉点上的多个关着的门。放绳的方法是一种高效的方法。从该例子还可以得知,对于我们考虑选取的每个通道,会出现 4 种可能的情况:

(1) 通道是暗的,所以选择该通道;

(2) 该通道曾经进去过(其中有我们的线绳),因此利用它退出(同时卷起线绳);

(3) 通道另一端的门是关着的(但交叉点的灯是亮着的),因而跳过(不选择)该通道;

(4) 通道另一端的门是开着的(并且交叉点的灯是亮着的),因此跳过该通道。

从交叉点 0 出发,图 6.17 所示的迷宫的 Tremaux 探索(遍历)过程如图 6.19 所示。先点亮入口交叉点 0 的灯,它有三个通道可以选择,因为这三个通道门都不曾打开,为了简单起见,我们总是选择到达交叉点编号小的先打开,因为通道是暗的,所以选择通往交叉点 2 的通道(情况 1),到达 2 并点亮灯;下一步没有其他选择,打开通往交叉点 6 的通道,到达 6 并点灯;同样道理,接着到达交叉点 4 并点灯;我们的线绳也到达交叉点 4。

交叉点 4 可以到达的并且通道没有开门的交叉点(邻接点)有 3、5 和 7(6 是刚刚放线绳过来的通道,不考虑,除非在回退的时候),选择最小编号 3。因为通道是暗的,所以选择通往交叉点 3 的通道(情况 1),到达 3 并点亮灯;下一步没有其他选择,打开通往交叉点 5 的通道,到达 5 并点灯;我们的线绳也到达交叉点 5。

6.4 图的遍历 217

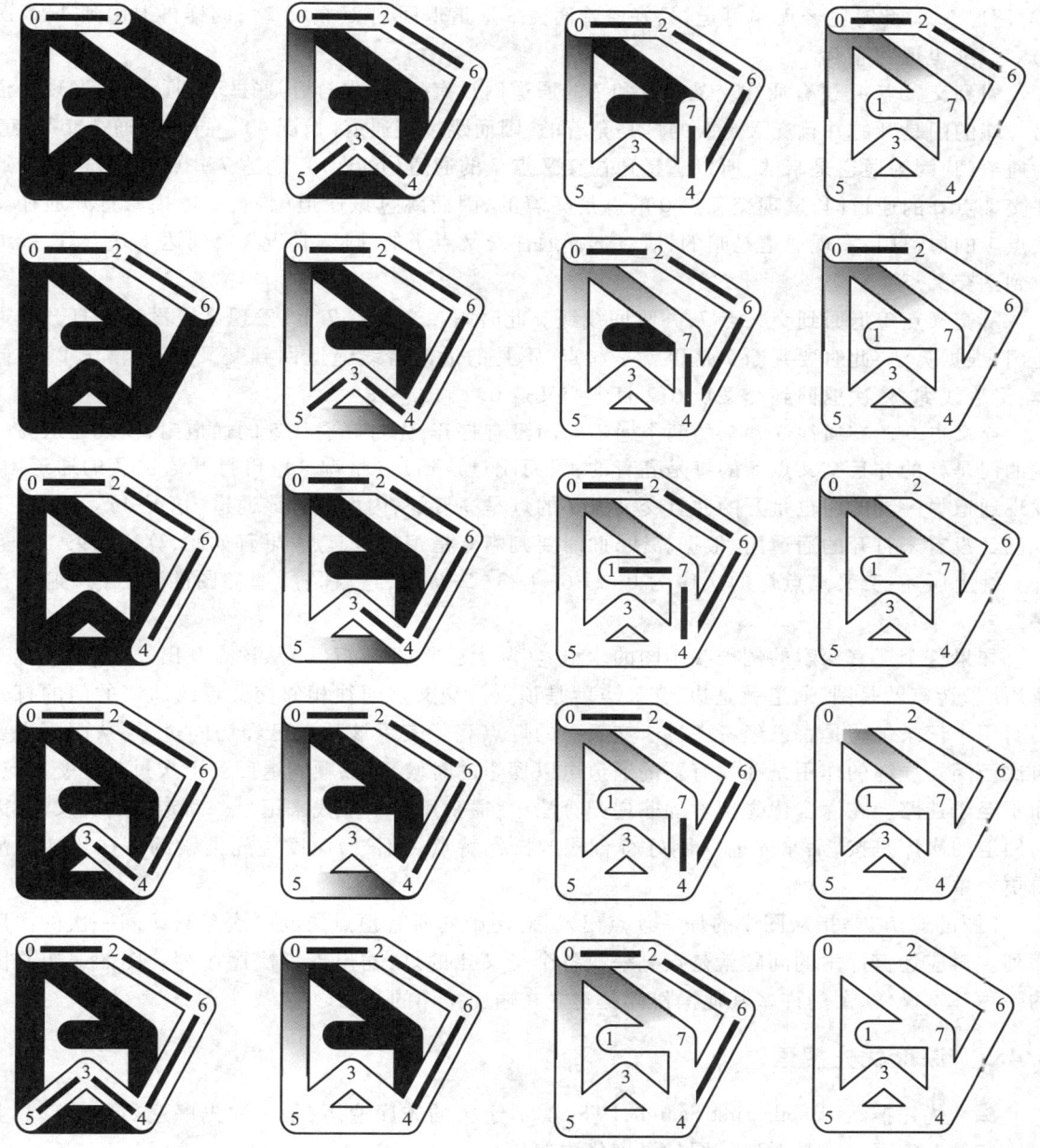

图 6.19 Tremaux 探索迷宫示例

交叉点 5 可以到达的并且通道没有开门的邻接点有 0 和 4(3 是刚刚放线绳过来的通道,不考虑,除非在回退的时候),先打开通往小编号 0 的通道门,发现交叉点 0 的灯是亮着的,因而跳过该通道(情况 3);再打开通往交叉点 4 的通道门,发现交叉点 4 的灯是亮着的,因而跳过该通道(情况3)。此时已经无路可走,只好沿着通往3通道退回到3(情况2);同样再退回到4(情况2)。线绳也退回卷起。

回到交叉点4,还有通往交叉点5和7的通道门没有打开,先打开通往5的通道门,发现通道另一端的门是开的并且交叉点5的灯是亮着的,因而跳过该通道(情况4)。再打开通往交叉点7的通道门,因为通道是暗的,所以选择通往交叉点7的通道(情况1),到达7并点亮灯;再打开通往交叉点0的通道门,发现交叉点0的灯是亮着的,因而跳过该通道(情况3);接着打开通往交叉点1的通道门,发现通道是暗的,所以选择通往交叉点1的通道(情况1),到达1并点灯,线绳也到达交叉点1。

从交叉点1退回到交叉点7,并收回线绳。此时站在交叉点7上,发现已经没有未打开的通道门,根据算法,此时要判断7是否就是起点,不是的话沿着线绳退回到交叉点4(情况2)。同样,沿着线绳,依次退回到交叉点6、2直到交叉点0。

交叉点0还有通往5和7的两个通道的门没有打开,先打开通往5的通道门,发现通道另一端的门是开的并且交叉点5的灯是亮着的,因而跳过该通道(情况4);再打开通往7的通道门,发现通道另一端的门也是开的并且交叉点7的灯是亮着的,因而跳过该通道(情况4)。于是,发现已经没有未打开的通道门,根据算法,此时要判断0是否就是起点,果真如此,算法结束。

综上所述,交叉点点灯的次序为 0-2-6-4-3-5-7-1,这就是所谓的图的顶点的"遍历次序"。

如果这个迷宫探索的例子改用图的术语,实际上就是图 6.17(b)从顶点 0 出发的"深度优先遍历"。迷宫就是图,通道就是边,交叉点就是顶点。交叉点通往相邻交叉点的通道的门的打开与否用来记录该边是否已经考虑过。交叉点的灯点亮了表示该顶点已经访问过了,从而不需要再次访问。线绳的作用是在没有新的通道可以探索的时候,可以顺利退回到上次过来的交叉点,而不至于迷路。在深度优先搜索的非递归算法中,通常用一个堆栈来记录一路走来的交叉点,因为回退的次序是按"后来先退",刚好符合栈的操作特点。不过,深度优先搜索的算法用递归显得更简单。

"图的遍历"是指从图中的任一顶点出发,对图中的所有顶点访问一次且只访问一次的次序序列。对应迷宫探索的问题就是点亮一次各个交叉点的灯,输出点灯次序序列。图的遍历是图的一种基本操作,图的许多其他操作都是建立在遍历操作的基础之上。

6.4.2 深度优先搜索

深度优先搜索(Depth First Search,DFS)类似于树的先序遍历,是树的先序遍历的推广。上一小节的迷宫探索就是对迷宫图的深度优先遍历。

假设初始状态是图中所有顶点未曾被访问,则深度优先搜索可从图中某个顶点 v_0 出发,访问此顶点,然后依次从 v_0 的未被访问的邻接点出发递归地进行同样的深度优先搜索,直至图中所有和 v_0 有路径相通的顶点都被访问到;若此时图中尚有顶点未被访问(非连通图),则另选图中一个未曾被访问的顶点作起始点,重复上述过程,直至图中所有顶点都被访问到为止。

[**例 6.13**] 以图 6.20(a)的无向图 G_5 为例,进行图的深度优先搜索。假设从顶点 E 出发进行搜索(建议读者从其他顶点出发,自行练习),在访问了顶点 E 之后,选择 E 的邻接点进行递归,此时 E 的未曾访问过的邻接点有 A、F 和 H,理论上说,选哪个邻接点都是可以的,但实际应用中,算法是在一个确定的数据结构上运行,所以会按照某种存储次序选取邻接点。在这里,为了方便起见,当有多种选择的时候,采用字母序的策略选择下一个邻接点。遍历顺序如图 6.20(b)所示。

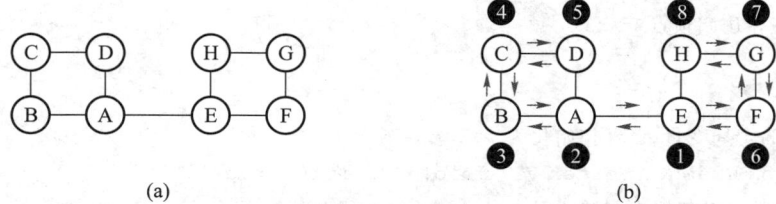

图 6.20 一个无向图 G_5 及其一种深度优先遍历顺序

选择 A 为下一个邻接点,则从 A 出发进行递归搜索。依次类推,接着从 B、C、D 出发进行搜索。在访问了 D 之后,由于 D 的邻接点(A 和 C)都已被访问,则搜索回退(递归调用返回)到 C。由于同样的理由,搜索继续回到 B、A 直至 E。此时由于 E 有没有访问过的邻接点 F 和 H,按照字母序先选 F,访问了 F 以后依次访问 G、H;再从 G、F 退回到 E。此时 E 已经没有未经访问的邻接点,并且递归搜索回到了起点,这样我们就完成了一个连通分量的深度优先搜索。访问的顺序是 E → A → B → C → D → F → G → H。

显然,这是一个递归的过程。为了在遍历过程中便于区分顶点是否已被访问,需附设访问标志数组 Visited[ ],它是全局变量,其 Nv 个分量初值都是 false。一旦某个顶点被访问,则其相应的分量置为 true。这相当于 Tremaux 探索迷宫时点亮交叉点的灯。

实现上述深度优先遍历(DFS)递归算法的伪码描述如代码 6.5 所示。

```
/* Visited[]为全局变量,已经初始化为false */
void DFS(Graph G, Vertex V, void(*Visit)(Vertex))
{   /* 从第 V 个顶点出发递归地深度优先遍历图 G */
    Visit(V);   /* 访问第 V 个顶点 */
    Visited[V]=true;
    for(V 的每个邻接点 W)
        if(! Visited[W])
            /* 对 V 的尚未访问的邻接顶点 W 递归调用 DFS */
            DFS(G, W, Visit);
}
```

代码 6.5 深度优先遍历的递归算法——伪码描述

其中 Visit(V) 是访问顶点 V 的函数调用,它可以根据不同的应用改变。算法 DFS 是对抽象数据结构"图"的一个连通分量进行遍历的操作,与选择的存储图的具体数据结构无关。

更具体地,如果选择邻接表作为图的数据结构,则代码 6.6 用打印顶点编号作为访问函数 Visit(V) 的任务,实现了对一个连通分量的 DFS 遍历。

```
void Visit(Vertex V)
{
    printf("正在访问顶点%d\n", V);
}

/* Visited[]为全局变量,已经初始化为 false */
void DFS(LGraph Graph,  Vertex V,  void( *Visit)(Vertex))
{   /* 以 V 为出发点对邻接表存储的图 Graph 进行 DFS 搜索 */
    PtrToAdjVNode W;

    Visit(V);   /* 访问第 V 个顶点 */
    Visited[V]=true;   /* 标记 V 已访问 */

    for(W=Graph->G[V].FirstEdge;  W;  W=W->Next)/* 对 V 的每个邻接点 W->AdjV */
        if(! Visited[W->AdjV])    /* 若 W->AdjV 未被访问 */
            DFS(Graph,  W->AdjV,  Visit);   /* 则递归访问之 */
}
```

代码 6.6 邻接表存储图的深度优先遍历

如果要列出图中所有连通分量,则可以用一个 for 循环遍历图中所有顶点,对每个顶点 V,如果其 Visited[V] 是 false(即还没有被打印过),就从它开始进行一次 DFS 遍历,从而打印出包含 V 的连通分量中的所有顶点。

在遍历时,对图中每个顶点至多调用一次 DFS 函数,因为一旦某个顶点被标志成已被访问,就不再从它出发进行搜索。因此,遍历图的过程实质上是对每个顶点查找其邻接点的过程。其耗费的时间则取决于所采用的存储结构。当用邻接矩阵作为图的存储结构时,查找所有顶点的邻接点所需时间为 $O(|V|^2)$。而当以邻接表作图的存储结构时,找邻接点所需时间为 $O(|E|)$。由此,当以邻接表作存储结构时,深度优先搜索遍历图的时间复杂度为 $O(|V|+|E|)$。

6.4.3 广度优先搜索

广度优先搜索(Breadth First Search,BFS)类似于树的按层次遍历的过程。本章最后的应用实例,即验证六度空间理论问题,就是广度优先遍历的一个富有成效的应用。

假设从图中某顶点 v_0 出发,在访问了 v_0 之后依次访问 v_0 的各个未曾访问过的邻接点,然后分别从这些邻接点出发依次访问它们的邻接点,并使"先被访问的顶点的邻接点"先于"后被访问的顶点的邻接点"被访问,直至图中所有已被访问的顶点的邻接点都被访问到。若此时图中尚有顶点未被访问,则另选图中一个未曾被访问的顶点作起始点,重复上述过程,直至图中所有顶点都被访问到为止。换句话说,广度优先搜索遍历图的过程中以 v_0 为起始点,由近至远,依次访问和 v_0 有路径相通且路径长度为 1,2,…… 的顶点。

为了能够使得这种访问次序得以实现,需要一个队列把访问过的顶点依次保存下来,以便下次依次访问它们的邻接点。利用队列先进先出的特性,可以保持访问的次序。队列为空的时候表明一个连通分量遍历完成。

[**例 6.14**] 对图 6.20(a)所示无向图 G_5 进行广度优先搜索遍历,假设从顶点 E 出发进行搜索(建议读者从其他顶点出发,自行练习),在访问了顶点 E 之后,接着访问 E 的未曾访问过的所有邻接点,此时 E 的未曾访问过的邻接点有 A、F 和 H,理论上说,选哪个邻接点先访问都是可以的,与深度优先搜索同样的原因,有多种选择的时候,采用字母序的策略选择邻接点的访问次序:A、F 和 H。

在访问了距离 E 路径长度是 1 的 A、F 和 H 以后,接下去要访问的是距离 E 路径长度是 2 的 A 的邻接点、F 的邻接点和 H 的邻接点,次序仍然是 A 的所有邻接点(未曾访问过的)、F 的所有邻接点(未曾访问过的)、最后才是 H 的所有邻接点(未曾访问过的)。如此等。得到的顶点访问序列为 E → A → F → H → B → D → G → C(对应距离 E 的路径长度为 1、1、1、2、2、2、3),如图 6.21 所示。

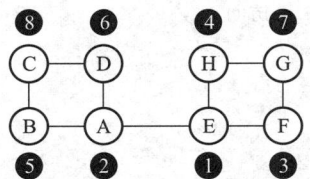

图 6.21 无向图 G_5 对应的一种广度优先遍历顺序

与深度优先搜索类似,在遍历的过程中也需要一个访问标志数组 Visited[],它是全局变量,其 Nv 个初值都是 false。一旦某个顶点被访问,则其相应的分量置为 true。

采用队列的实现过程如下:假如首先访问顶点 E,然后 E 进队列。接下来对非空队列进行如下循环:

(1) 删除队列头元素 E,E 的未曾访问过的邻接点 A、F 和 H 相继被访问并进队列;
(2) 删除队列头元素 A,A 的未曾访问过的邻接点 B 和 D 相继被访问并进队列;
(3) 删除队列头元素 F,F 的未曾访问过的邻接点 G 被访问并进队列;
(4) 删除队列头元素 H,H 没有未曾访问过的邻接点;
(5) 删除队列头元素 B,B 的未曾访问过的邻接点 C 被访问并进队列;
(6) 删除队列头元素 D,D 没有未曾访问过的邻接点;
(7) 删除队列头元素 G,G 没有未曾访问过的邻接点;
(8) 删除队列头元素 C,C 没有未曾访问过的邻接点。

此时队列为空,循环结束,表明一个连通分量访问结束。由于本例的图是连通图,所有顶点都被访问,由此完成了图的遍历。

实现上述广度优先遍历(BFS)的算法如代码 6.7 所示。

```
bool IsEdge(MGraph Graph, Vertex V, Vertex W)
{
    return Graph->G[V][W]<INFINITY ? true:false;
}

/* Visited[]为全局变量,已经初始化为 false */
void BFS(MGraph Graph, Vertex S, void(*Visit)(Vertex))
{   /* 以 S 为出发点对邻接矩阵存储的图 Graph 进行 BFS 搜索 */
    Queue Q;
    Vertex V, W;

    Q=CreateQueue(MaxSize);  /* 创建空队列,MaxSize 为外部定义的常数 */
    /* 访问顶点 S:此处可根据具体访问需要改写 */
    Visit(S);
    Visited[S]=true;   /* 标记 S 已访问 */
    AddQ(Q, S);   /* S 入队列 */

    while(!IsEmpty(Q)){
        V=DeleteQ(Q);  /* 弹出 V */
        for(W=0; W<Graph->Nv; W++)/* 对图中的每个顶点 W */
            /* 若 W 是 V 的邻接点并且未访问过 */
            if(!Visited[W]&& IsEdge(Graph, V, W)){
                /* 访问顶点 W */
                Visit(W);
                Visited[W]=true;   /* 标记 W 已访问 */
                AddQ(Q, W);   /* W 入队列 */
            }
    } /* while 结束 */
}
```

代码 6.7 邻接矩阵存储图的广度优先遍历

函数 IsEdge(Graph,V,W)检查<V,W>是否图 Graph 中的一条边,即 W 是否 V 的邻接点。此函数根据图的不同类型要做不同的实现,关键取决于对不存在的边的表示方法。代码 6.7 中的实现是针对有权图的,其中不存在的边被初始化为 INFINITY。

若选择邻接表作为图的数据结构,则对代码 6.7 的改造会与代码 6.6 相似,该工作留给读者作为练习。

分析上述算法,每个顶点至多进一次队列。遍历图的过程实质是通过边或弧找邻接点的过程,因此广度优先搜索遍历图的时间复杂度和深度优先搜索遍历相同,两者不同之处仅仅在于对顶点访问的顺序不同。当用邻接矩阵表示图的存储结构时,所需时间为 $O(|V|^2)$,而当以邻接表作图的存储结构时,找邻接点所需时间为 $O(|E|)$,广度优先搜索遍历图的时间复杂度为 $O(|V|+|E|)$。

综上所述,由于图结构的复杂性,所以图的遍历操作也较树的遍历复杂,主要表现在以下四个方面。

(1) 在图结构中,没有一个"自然"的首结点,图中任意一个顶点都可作为第一个被访问的结点,所以遍历的序列通常还要指出从哪个顶点出发。

(2) 在非连通图中,从一个顶点出发,只能够访问它所在的连通分量上的所有顶点,因此,还需考虑如何选取下一个出发点以访问图中其余的连通分量。

(3) 在图结构中,如果有回路存在,那么一个顶点被访问之后,有可能沿回路又回到该顶点。因此需要标记已经被访问的顶点,比如点亮交叉点的灯或者用 Visited 数组。

(4) 在图结构中,一个顶点可以和其他多个顶点相连,当这样的顶点访问过后,存在如何选取下一个要访问的顶点的问题。比如通道的门是否打开表示是否已经尝试该通道,或者对应具体的存储结构控制下一个尝试的邻接点。

图的遍历可以有许多应用,比如求连通分量、欧拉回路、生成树、DAG 的判定、DAG 的根、桥边、关节点等的计算都可以通过遍历来进行。具体内容参见相关习题。

6.5 最小生成树

图的生成树和生成森林的概念在 6.2.1 节中已经作了介绍,本节将介绍如何从图中导出生成树(或生成森林),并且介绍很有用的最小生成树的概念与生成算法。并解决 6.1 节引出的公路村村通问题。

6.5.1 生成树的构建与最小生成树的概念

由生成树的定义可知,无向连通图的生成树不是唯一的。连通图的一次遍历所经过的边的集合及图中所有顶点的集合就构成了该图的一棵生成树,对连通图的不同遍历,就可能得到不同的生成树。

例 6.13 对图 6.20(a) 所示的无向图的深度优先的一种访问的顺序是:E→A→B→C→D→F→G→H,根据遍历时的递归过程,这相当于得到了图 6.22(a) 所示的生成树。例 6.15 对图 6.24 的广度优先的一种访问的顺序是:E→A→F→H→B→D→G→C,根据遍历算法引入队列的父子关系(孩子由其父顶点引入队列),这相当于得到了图 6.22(b) 所示的生成树。

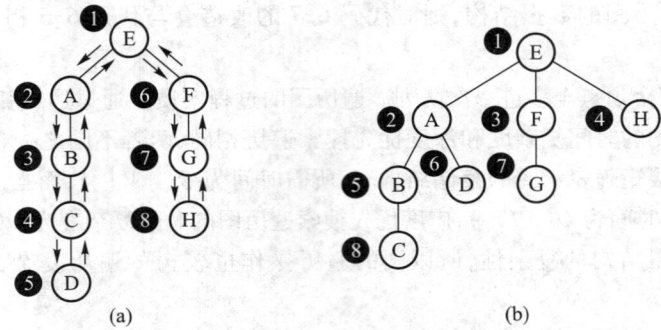

图 6.22 无向图 G_5 的一棵深度优先生成树与一棵广度优先生成树

如果例 6.12 和例 6.13 不采用"有多个未访问邻接点可选时以字母序策略",那么图 6.23 是无向图 G_5 的另一棵深度优先生成树与另一棵广度优先生成树。

但是图 6.24 的(a)、(b)两图都不可能是 G_5 的深度优先生成树与广度优先生成树。图 6.24(a) 中 D 到 B 是没有边的,不可能出现在生成树中,所以它根本就不是 G_5 的生成树。图 6.24(b)中 D 到 C 是 G_5 的边,所以它是 G_5 的生成树,但是根据广度优先遍历顺序,B 在 D 前的话,B 的邻接点就应该在 D 的邻接点之前,换句话说,C 应该作为 B 的邻接点被访问,所以应该是 B 的孩子。

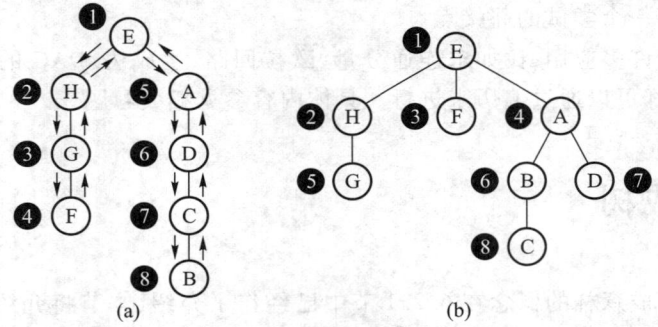

图 6.23 无向图 G_5 的另一棵深度优先生成树与另一棵广度优先生成树

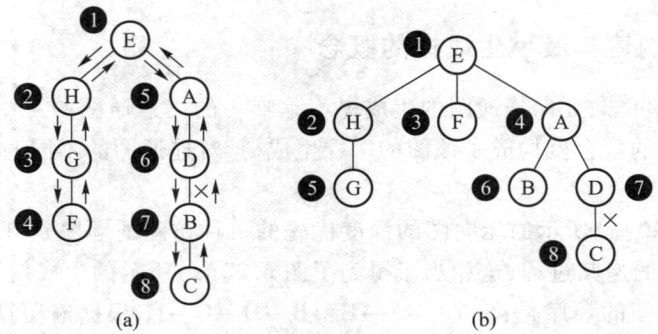

图 6.24 无向图 G_5 错误的深度优先生成树与错误的广度优先生成树

显然，对于有 n 个顶点的无向连通图，无论其生成树的形态如何，只要是树，就都有且仅有 $n-1$ 条边。

如果无向连通图是一个网图，那么，它的所有生成树中必有一棵边的权值总和最小的生成树，我们称这棵生成树为最小生成树(Minimum Spanning Tree, MST)。当然，对任意一个带权的连通网图来说，最小生成树也未必是唯一的。

对一个网图来讲，边上权值总和最小的连通子图是不是一定是一棵树呢？我们一般假定权值非负，连通图上如果存在回路，那么删去回路上的任意一条边仍然是连通图，但权值和可以减少。因此，权值总和最小的连通图一定是没有环的，它也就是一棵生成树。

回忆 6.1 节的图 6.1 和图 6.2 表示的公路村村通问题，目标是要选择建设哪几条公路，既能够连通所有村子，又能够使投资最少。就是要找到一个连通子图，边上权值总和最小，也即要找对应网图的最小生成树。

图 6.25 和图 6.26 都是图 6.2 的生成树，前者的权值和为 56，后者的权值和只有 38。所以我们选择图 6.26 的方案解决公路村村通问题，要比选择图 6.25 的方案节省 18(万元)的投入。但是，我们还有两个疑问：图 6.26 是不是就是唯一的最佳答案？我们又该如何找到一个最佳答案呢？通过观察可以知道，即便图 6.26 就是最佳答案，它也不是唯一的，因为用边(H,C)代替(Y,C)得到的也是权值和为 38 的生成树，见图 6.27(j)。至于第二个问题，就是本节要介绍的重点。

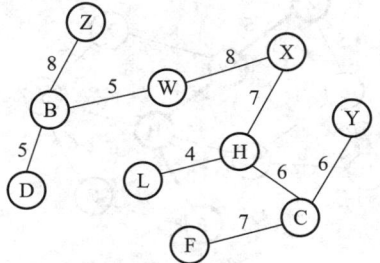

图 6.25 权值和为 56 的一棵生成树

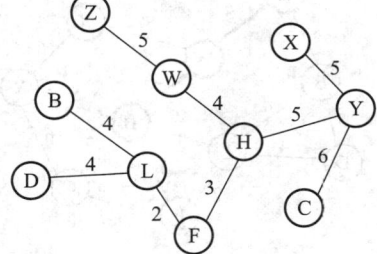

图 6.26 权值和为 38 的一棵生成树

下面介绍两种常用的构造最小生成树的方法——普利姆(Prim)算法和克鲁斯卡尔(Kruskal)算法。

6.5.2 构造最小生成树的 Prim 算法

我们先从实例的最小生成树构造过程入手，介绍(不是证明)构造过程的正确性，然后再用严格的符号表达方式描述，最后给出 Prim 算法的代码。

对 n 个顶点的连通图来说，其最小生成树可以由图中的 $n-1$ 条边(当然还包括相关的顶点)构成，我们要做的就是如何从图中的边里面选择适当边的方法。从任何一个顶点出发，构建过程从初始只有这个顶点的"当前树"开始，不断加入边和相关顶点到当前树中，使得当前树不断"生长",最终成为最小生成树。

[例 6.15] 用 Prim 算法构造网图 6.2 的最小生成树的生长过程如图 6.27 所示。各图的"粗线边"构成了当前树,"虚线边"表示当前树的所有邻接点与当前树的最短边。我们用 $T = \{E; V\}$ 来表示一棵树 T,其中 E 是 T 的边集合,V 是 T 的结点集合。

对图 6.27(a):从顶点 Z 开始,当前树 $T_1 = \{\{\varnothing\}; \{Z\}\}$,从所有与当前树有关顶点 Z 相连的边(图 6.27(a)中用虚线表示,一端在当前树,另一端不在当前树)中,选择权重最小的边 (Z,W,5)加入到当前树 T_1,当前树成了 $T_2 = \{\{(Z,W,5)\}; \{Z,W\}\}$,同时修改"虚线边",如图 6.27(b)所示。

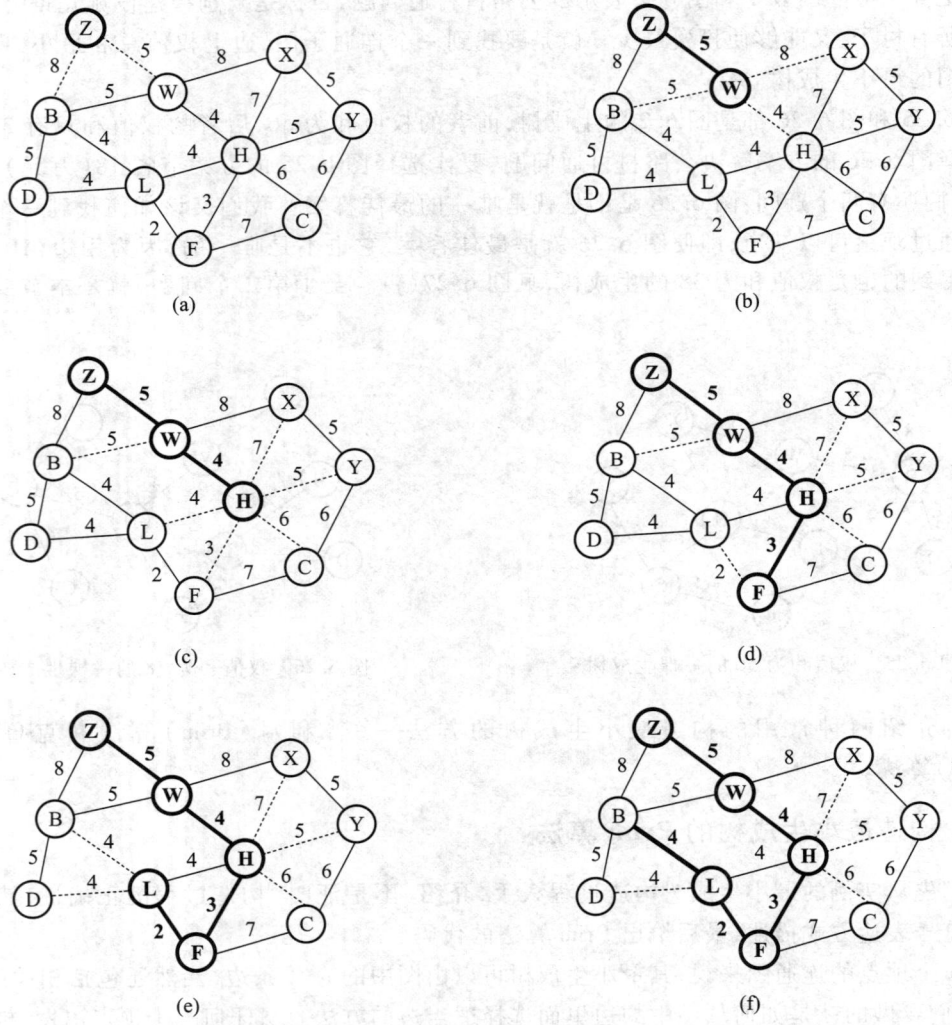

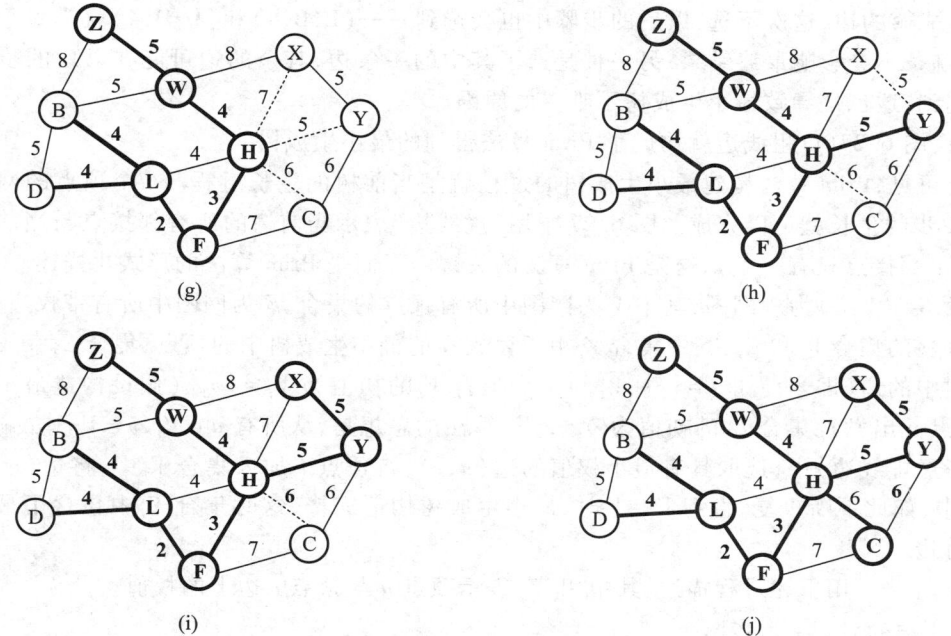

图 6.27 Prim 算法构造最小生成树的过程

修改"虚线边"的规则是：对新加入的顶点 W，考察其所有的邻接点{B,H,X}，这些邻接点到当前树的距离是否会因为 W 的加入而变的更近。邻接点 B 到当前树的距离原来是 8，现在成了 5，所以把边(B,W,5)改成虚线边的同时，边(B,Z,8)改成实线边。

为什么边(Z,W,5)必定是最小生成树中的边呢？其正确性可以这样理解：假如除 Z 以外的全部顶点已经找到了一棵最小生成树，那么把 Z 加入该树的最小代价是用边(Z,W,5)。

对图 6.27(b)，考虑当前树 T_2，从所有 T_2 的邻接点与 T_2 相连的最短边（图 6.27(b)中用虚线表示）中，选择权重最小的边(W,H,4)加入到当前树 T_2，当前树成了 $T_3 = \{\{(Z,W,5),(W,H,4)\}$；$\{Z,W,H\}\}$，同时修改"虚线边"，如图 6.27(c)所示。"(W,H,4)必定是最小生成树中的边"的正确性同样可以与前面类似地理解。

完全类似地考虑图 6.27(c)和图 6.27(d)，不过图 6.27(d)中加入边(H,F,3)以后，增加虚线边(F,L,2)，同时边(L,H,4)改成了实线，因为该边的两端都在当前树中了，如图 6.27(e)所示。

对图 6.27(e)，考虑当前树 $T_5 = \{\{(Z,W,5),(W,H,4),(H,F,3),(F,L,2)\}$；$\{Z,W,H,F,L\}\}$，从所有 T_5 邻接点与 T_5 相连的最短边（图 6.27(e)中用虚线表示）中，选择权重最小的边(L,B,4)（关于这种选择的解释见后）加入到当前树 T_5，当前树成了 $T_6 = \{\{(Z,W,5),(W,H,4),(H,F,3),(F,L,2),(L,B,4)\}$；$\{Z,W,H,F,L,B\}\}$，同时修改"虚线边"，如图 6.27(f)所示。

上面考虑权重最小的边有两条：(L,B,4)和(L,D,4)，选择哪一条加入到当前树 T_5 中，应该都是可以的，本质上得到的都是最小生成树。不同选择可能会导致两种情况，一种是这几条边都是最小生成树的边,这次不选,以后的步骤中也会选到——(L,B,4)和(L,D,4)就是属于这种情况,先选哪条不会影响最终结果;另一种是选了其中的一条边,其余的边可能在以后的步骤中就不会再选到,这也是导致最小生成树不唯一的原因。

最后,图6.27(j)粗线边就构成了Prim算法得到的最小生成树。

由此可见,Prim算法构建最小生成树的过程就是当前树的生长过程。n个顶点的网图只要通过$n-1$步的生长就可以完成。图6.27中用"虚线边"表示当前树的所有邻接点与当前树的最短边(每个邻接点只有一条),这是Prim算法的关键。下面是Prim算法的形式化描述。

假设$G=(V,E)$为一网图,其中V为网图中所有顶点的集合,E为网图中所有带权边的集合。设置两个新的集合V_T和E_T,其中集合V_T用于存放G的最小生成树中的顶点,集合E_T存放G的最小生成树中的边(即当前树$T=\{E_T;V_T\}$)。令集合V_T的初值为$V_T=\{v_0\}$(假设构造最小生成树时,从顶点v_0出发),集合E_T的初值为$\varnothing$。Prim算法的思想是,从所有$u \in V_T, v \in V-V_T$的边(算法中只需考虑虚线边)中,选取具有最小权值的边(u,v),将顶点v加入集合V_T中,将边(u,v)加入集合E_T中,如此不断重复,直到$V_T=V$时,最小生成树构造完毕,这时集合E_T中包含了最小生成树的所有边。

Prim算法可用下述过程描述,其中用W_{uv}表示顶点u与顶点v边上的权值。

$V_T=\{v_0\}, E_T=\{\varnothing\}$;
while($V_T \neq V$){
    $(u,v)=\min\{W_{uv} \mid u \in V_T, v \in V-V_T\}$;
    $E_T=E_T+\{(u,v)\}$;
    $V_T=V_T+\{v\}$;
}
结束。

为实现Prim算法,顶点用$0 \sim |V|-1$编号,顶点之间没有边用权值∞表示,并设置两个辅助一维数组parent和dist。其中数组parent用来保存当前树的顶点生长过程中,每个顶点的父顶点,parent[0]=-1表示v_0为根。dist[j]用来保存顶点v_j到V_T顶点的边的最小权值(即图6.27中的虚线边的权值),即存储各顶点与当前树的"距离"——如果v_j属于当前树,则dist[j]=0;如果v_j不属于当前树且不是当前树所有顶点的邻接点,则用dist[j]=∞表示。

在程序中我们用顶点编号代表顶点,假设初始状态时,$V_T=\{0\}$(v_0为出发的顶点),这时有dist[0]=0,它表示顶点v_0已加入集合V_T中;数组dist的其他各分量的值是顶点v_0到其余各顶点所构成的直接边的权值,可以从图的存储结构中直接复制。

然后从dist中不断选取权值最小的边(w,v)($w \in V_T, v \in V-V_T$,数据存储在dist[v]中),每选取一条边,就将dist[v]置为0(当前树生长至v)。由于顶点v从集合$V-V_T$进入集合V_T后,这两个集合的内容发生了变化,就需对每个$w \in V-V_T$更新数组parent和dist的内容:若收录v使得dist[w]变小,则将dist[w]更新为(v,w)的权值,并且将v设置为w的父顶点。

用邻接矩阵存储图的Prim算法的实现如代码6.8所示,其中求当前树和非当前树顶点之间的最小距离的算法由代码 6.9 给出。由于最后产生的最小生成树肯定是个稀疏图(只有 Nv-1 条边),所以我们用邻接表存储它。

```c
#define ERROR -1  /* 错误标记,表示生成树不存在 */

int Prim(MGraph Graph, LGraph MST)
{ /* 将最小生成树保存为邻接表存储的图 MST,返回最小权重和 */
    WeightType dist[MaxVertexNum], TotalWeight;
    Vertex parent[MaxVertexNum], V, W;
    int VCount;
    Edge E;

    /* 初始化。默认初始点下标是 0 */
    for (V=0; V<Graph->Nv; V++) {
        /* 这里假设若 V 到 W 没有直接的边,则 Graph->G[V][W]定义为 INFINITY */
        dist[V] = Graph->G[0][V];
        parent[V] = 0;  /* 暂且定义所有顶点的父结点都是初始点 0 */
    }
    TotalWeight = 0;  /* 初始化权重和 */
    VCount = 0;       /* 初始化收录的顶点数 */
    /* 创建包含所有顶点但没有边的图。注意用邻接表版本 */
    MST = CreateGraph(Graph->Nv);
    E = (Edge)malloc(sizeof(struct ENode));  /* 建立空的边结点 */

    /* 将初始点 0 收录进 MST */
    dist[0] = 0;
    VCount ++;
    parent[0] = -1;  /* 当前树根是 0 */

    while (1) {
        V = FindMinDist(Graph, dist);
        /* V=未被收录顶点中 dist 最小者 */
        if (V==ERROR)  /* 若这样的 V 不存在 */
            break;   /* 算法结束 */

        /* 将 V 及相应的边<parent[V], V>收录进 MST */
        E->V1 = parent[V];
        E->V2 = V;
```

```
            E->Weight=dist[V];
            InsertEdge(MST, E);
            TotalWeight+=dist[V];
            dist[V]=0;
            VCount++;

            for(W=0; W<Graph->Nv; W++) /* 对图中的每个顶点W */
                if (dist[W]!=0 && Graph->G[V][W]<INFINITY) {
                /* 若W是V的邻接点并且未被收录 */
                    if (Graph->G[V][W] < dist[W]) {
                    /* 若收录V使得dist[W]变小 */
                        dist[W]=Graph->G[V][W]; /* 更新dist[W] */
                        parent[W]=V; /* 更新树 */
                    }
                }
        } /* while结束 */
        if(VCount < Graph->Nv) /* MST中收的顶点不到|V|个 */
            TotalWeight=ERROR;
        return TotalWeight; /* 算法执行完毕,返回最小权重和或错误标记 */
    }
```

代码 6.8　邻接矩阵存储图的 Prim 算法

```
Vertex FindMinDist(MGraph Graph, WeightType dist[])
{ /*返回未被收录顶点中dist最小者 */
    Vertex MinV, V;
    WeightType MinDist=INFINITY;

    for (V=0; V<Graph->Nv; V++) {
        if (dist[V]!=0 && dist[V]<MinDist) {
            /* 若V未被收录,且dist[V]更小 */
            MinDist=dist[V]; /* 更新最小距离 */
            MinV=V; /* 更新对应顶点 */
        }
    }
    if (MinDist < INFINITY) /*若找到最小dist */
        return MinV; /* 返回对应的顶点下标 */
    else return ERROR; /* 若这样的顶点不存在,返回-1作为标记 */
}
```

代码 6.9　FindMinDist 函数

表 6.1 给出了用上述算法构造网图(例 6.15)的最小生成树的过程中数组 parent、dist 的变化情况,读者可进一步加深对 Prim 算法的理解。

表 6.1 例 6.15 中用 Prim 算法构造最小生成树过程中各参数的变化示意

		$v_0(Z)$	$v_1(B)$	$v_2(W)$	$v_3(X)$	$v_4(D)$	$v_5(L)$	$v_6(H)$	$v_7(Y)$	$v_8(F)$	$v_9(C)$
初始	dist	0	**8**	**5**	∞	∞	∞	∞	∞	∞	∞
	parent	−1	0	0	0	0	0	0	0	0	0
选 v_2	dist	0	5	**0**	8	∞	∞	**4**	∞	∞	∞
	parent	−1	**2**	0	**2**	0	0	**2**	0	0	0
选 v_6	dist	0	5	0	7	∞	4	**0**	5	**3**	6
	parent	−1	2	0	**6**	0	**6**	2	**6**	**6**	**6**
选 v_8	dist	0	5	0	7	∞	2	0	5	**0**	6
	parent	−1	2	0	6	0	**8**	2	6	6	6
选 v_5	dist	0	**4**	0	7	4	**0**	0	5	0	6
	parent	−1	**5**	0	6	**5**	8	2	6	6	6
选 v_1	dist	0	**0**	0	7	4	0	0	5	0	6
	parent	−1	5	0	6	5	8	2	6	6	6
选 v_4	dist	0	0	0	7	**0**	0	0	5	0	6
	parent	−1	5	0	6	5	8	2	6	6	6
选 v_7	dist	0	0	0	5	0	0	0	**0**	0	6
	parent	−1	5	0	**7**	5	8	2	6	6	6
选 v_3	dist	0	0	0	**0**	0	0	0	0	0	6
	parent	−1	5	0	7	5	8	2	6	6	6
选 v_9	dist	0	0	0	0	0	0	0	0	0	**0**
	parent	−1	5	0	7	5	8	2	6	6	6

在这个以邻接矩阵为存储结构的 Prim 算法中,第一个初始化辅助数组的 for 循环的执行次数为 $|V|-1$;CreateGraph 用 $O(|V|)$ 建立起一个空的邻接表表示的 MST;接下来的 while 循环最多执行 $|V|-1$ 次,但是其中又要执行 FindMinDist 和一个 for 循环,执行次数为 $2(|V|-1)^2$,所以 Prim 算法的时间复杂度为 $O(|V|^2)$。这对稠密图来说是比较好的方法,也因此我们用邻接矩阵表示 Graph。

对于稀疏图来说,这个时间界未必是理想的。一个改进是:改用邻接表作为存储结构并更换代码 6.9,求 $V-V_T$ 中到 V_T 最小距离的点的 FindMinDist 函数改用第 4 章介绍的最小堆结构。另一

个做法是采用随后介绍的 Kruskal 算法,它们的时间复杂度都可以改进为 $O(|E|\log|V|)$。

6.5.3 构造最小生成树的 Kruskal 算法

Kruskal 算法是一种按照网图中边的权值递增的顺序构造最小生成树的方法。其基本思想是:设无向连通网图为 $G=(V,E)$,令 G 的最小生成树为 T,其初态(不是树,可以看成生成森林)为 $T=\{\{空边集\};V\}$,即开始时,T 由图 G 中的全部 $|V|$ 个顶点构成,顶点之间没有一条边,这样 T 中各顶点各自构成仅有一个顶点的连通分量。然后,按边的权值由小到大的顺序,按照贪心原则考察 G 的边集 E 中的各条边。

所谓贪心原则就是既然我们要找"最小"生成树,那么每次就选取权值最小的边作为 T 的候选边。然而同时我们要求最后生成的是一棵"树",树中不可以有回路,所以我们必须确认候选边不在现有的 T 集合中构成回路。要检查这一点,就要注意到一个事实:如果两个顶点属于同一个连通分量,那么在它们之间加一条边就必定构成回路。所以,若候选边的两个顶点属于 T 的两个不同的连通分量,则此边是可以作为最小生成树的边加入到 T 中的(同时也就把两个连通分量连接为一个连通分量);否则舍去此边,以免构成回路。如此下去,当 T 中收集到 $|V|-1$ 条边时——也即 T 中连通分量个数为 1 时,T 便成为 G 的一棵最小生成树。

可见,与 Prim 算法从根结点长出一棵树的过程不同,Kruskal 方法是把初始仅包含 $|V|$ 个孤立顶点的森林逐步合成一棵生成树的过程。

[例 6.16] 用 Kruskal 算法构造网图 6.2 的最小生成树的过程如图 6.28 所示。图的全部顶点以及由"粗线边"连成的树构成了"当前森林"。最终,当前森林成为最小生成树。由于顶点集合 V 始终不变,我们以 T 的边集变化来记录树的生成过程,即记 $T=\{E\}$。

图 6.28(a):当前森林是由全部顶点但没有边构成的 $|V|$ 棵树 $T_1=\{\varnothing\}$,从所有的边(图中用虚线表示)中,选择权重最小的边(L,F,2)合并两棵树,把虚线边(L,F,2)改成"粗线边",当前森林成了 $|V|-1$ 棵树的森林 $T_2=\{(L,F,2)\}$,如图 6.28(b)所示。

权重最小的边,如果该边的两个端点不在当前森林的同一棵树中,那么它必定是最终最小生成树中的边。其正确性比较显然,因为我们是在用最小的代价连通两棵树。

图 6.28(b):考虑当前森林 $T_2=\{(L,F,2)\}$,从所有的边(图 6.28(b)中用虚线表示)中,选择权重最小的边(H,F,3)合并两棵树,把虚线边(H,F,3)改成"粗线边",当前森林成了 $|V|-2$ 棵树的森林 $T_3=\{(L,F,2),(H,F,3)\}$,如图 6.28(c)所示。

图 6.28(c):考虑当前森林 T_3,从所有的边(图中用虚线表示)中,选择权重最小的边,最小权重是 4 的边共有 4 条:(H,W,4)、(H,L,4)、(L,B,4)和(L,D,4)。其中边(H,L,4)的两端已经是同一棵树,加入它将导致回路,所以不能选。而其他 3 条边都不会出现上述情况,因而都是可选的,比如我们先选边(L,B,4),合并两棵树,把虚线边(L,B,4)改成"粗线边",当前森林成了 $|V|-3$ 棵树的森林 $T_4=\{(L,F,2),(H,F,3),(L,B,4)\}$,如图 6.28(d)所示。

当出现有多条权重最小的边(不会导致回路的边)可选时,选择哪一条来合并两棵树,应该都是可以的,本质上得到的都是最小生成树。不同选择可能会导致两种情况,一种是这几条边都是最小生成树的边,这次不选,以后的步骤中也会选到,先选哪条不会影响最终结果,这里的 3 条

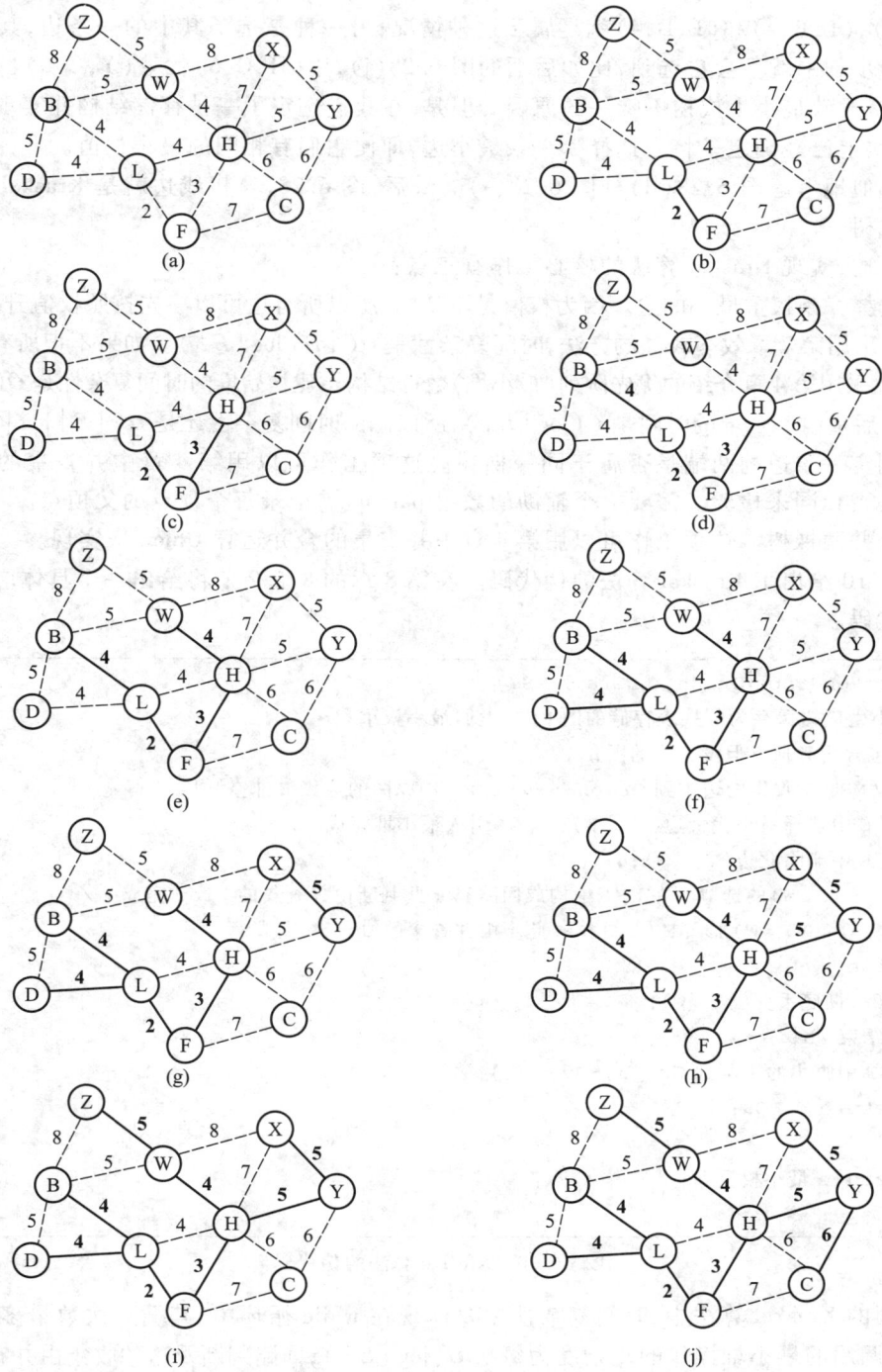

图 6.28 Kruskal 算法构造最小生成树的过程

边(H,W,4)、(L,B,4)和(L,D,4)就是属于这种情况;另一种是选了其中的一条边,其余的边可能在以后的步骤中就不会再选到,比如后面的图 6.28(j),用(H,C,6)代替(Y,C,6)也是最小生成树,这也是导致最小生成树不唯一的原因。但是,在我们选定了一种存储结构并实现了具体算法以后,事实上已经确定了将会选择哪一条最小边,即便它们有相同的最小权值。

完全类似地考虑图 6.28(d)到图 6.28(i)。最后,图 6.28(j)粗线边就是 Kruskal 算法得到的最小生成树。

综上所述,实现 Kruskal 算法的核心工作有三点:

(1) 选择一条权重最小的边。因为权值是不变的,所以所有边可以事先按照权值升序排列,这项工作如果采用第 7 章效率较高的方法,时间复杂性是 $O(|E|\log|E|)$。如果不把所有的边事先排序,也可以采用第 4 章介绍的优先队列(最小堆)数据结构。建初始堆的时间复杂性是 $O(|E|)$,删除堆顶元素后重组一个堆的时间是 $O(\log|E|)$,所以总的时间复杂性还是 $O(|E|\log|E|)$。

(2) 判断一条边的两端是否属于同一棵树。这项工作可以用第 4 章中并查集的运算 Find 的返回值是否相同来检验。需要一个辅助的数组 parents[ ]记录每个顶点的父顶点。

(3) 合并两棵树。这项工作可以用第 4 章中并查集的合并运算 Union 来实现。

代码 6.10 给出了 Kruskal 算法的伪代码。在第 8 章的 8.2.2 节将给出一个具体应用问题的详细实现代码。

```
int Kruskal(LGraph Graph,  LGraph MST)
{ /*将最小生成树保存为邻接表存储的图 MST,返回最小权重和*/
    MST = 包含所有顶点但没有边的图;
    while(MST 中收集的边不到 Graph->Nv-1 条 && 原图的边集 E 非空){
        从 E 中选择最小代价边(V,  W);    /*引入最小堆完成*/
        从 E 中删除此边(V,  W);
        if((V,  W)的选取不在 MST 中构成回路)/*此判断由并查集的 Find 完成*/
            将(V,  W)加入 MST;   /* 此步由并查集的 Union 完成*/
        else
            彻底丢弃(V,  W);
    } /* 结束 while */
    if(MST 中收集的边不到 Graph->Nv-1 条)
        return ERROR;
    else
        return 最小权重和;
}
```

代码 6.10　Kruskal 算法的伪代码

在上面的 Kruskal 算法中,时间复杂性主要体现在 while 循环中,其循环次数最多为 $|E|$ 次数;其内部调用的最小堆操作的复杂度为每次 $O(\log|E|)$;回路判断及边的收集由并查集中带路径压缩的 Find 函数和按秩合并的 Union 函数完成,最快需要 $O(\log|V|)$;所以总体时间复杂度为

$O(|E|\log|V|)$。可见当图比较稀疏(例如$|E|=O(|V|)$)时,用 Kruskal 算法的效率会比用 Prim 算法好,也因此我们在代码 6.10 中将 Graph 的类型写为 LGraph,即用邻接表表示的图。

6.6 最短路径

我们经常会面临路径选择的决策问题。如果你去过上海世博会,相信你一定还记得曾经精心计划过到上海以后如何前往世博会的交通线路。不论你是上海本地游客,还是乘飞机、火车或是汽车到达上海的外地游客,通常都会最后选择地铁交通。地铁网络有许多条线路交错布置,不同线路换乘站作为图的顶点,如图 6.29 所示。我们要在其中选择一条前往世博会的路径。

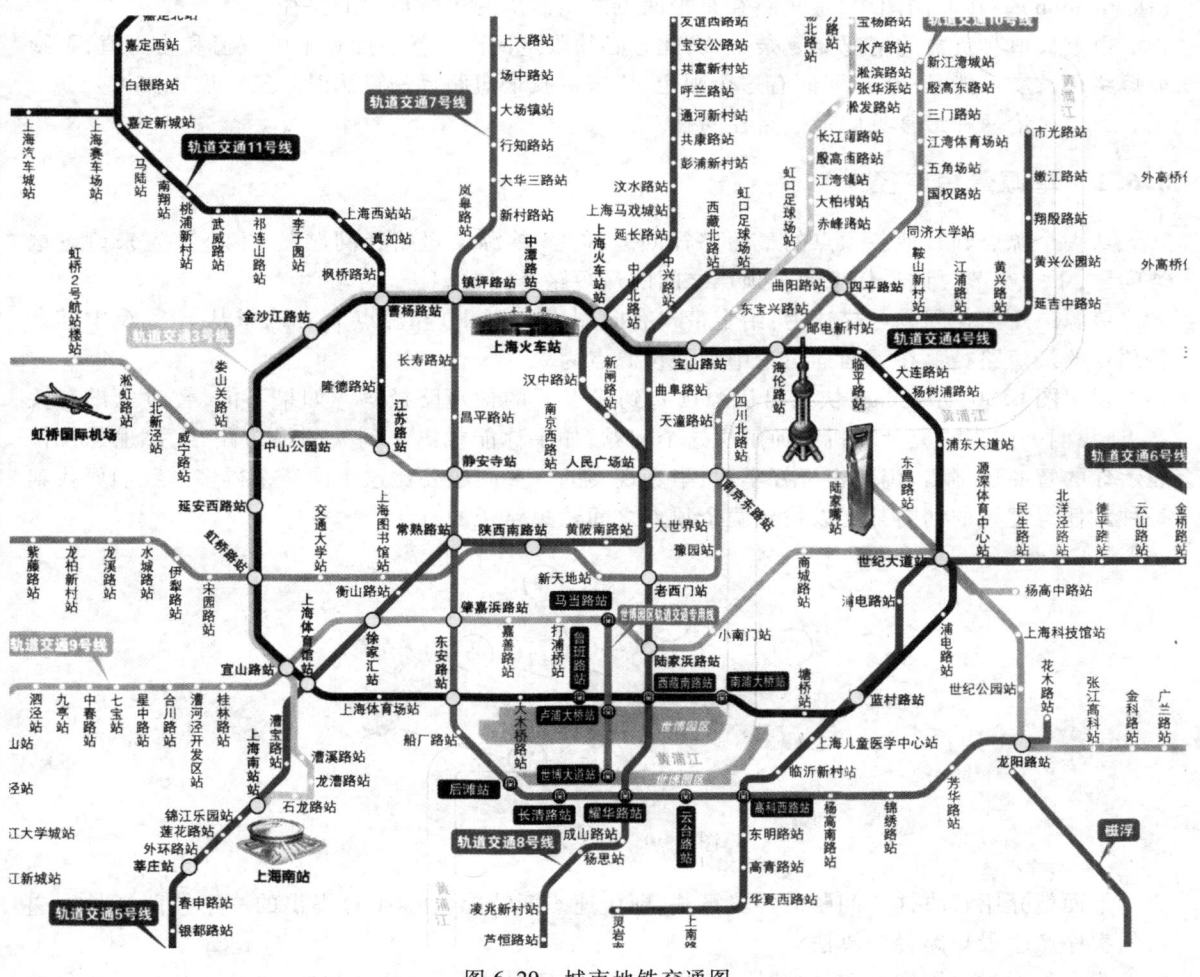

图 6.29 城市地铁交通图

每个人的想法不同,选择的方案不尽相同。有的人选择换乘次数最少的线路(不计时间和路程),有的人选择能最快时间内到达的线路(要选择地铁发车时间间隔小的线路,而路程也不能太远),有的人选择花钱最省的线路(假如票价与距离成正比,就是选择最短距离)。实际上,以上各种选择考虑问题的差异,仅仅是对网图边上的权值的含义的理解不同而已。选择最快时间的,权值理解为时间;选择花钱最省的,权值理解为价格;而选择换乘次数最少的,可以理解为任意两个换乘站之间的距离都是1。它们都属于本节要介绍的"最短路径问题"。

最短路径问题是图的又一个比较典型的应用问题。一般来说,对于一个无向网图(也可以是有向网图),边上的权值可以理解为距离(自然约定为非负)。那么,这个问题就可归结为:在网图中,求两个不同顶点的所有路径中,边的权值之和最短的那一条路径。这条路径就是两点之间的最短路径(Shortest Path),并称路径上的第一个顶点为源点(Source),最后一个顶点为终点(Destination)。在非网图中,最短路径是指两点之间经历的边数最少的路径。

边上权值有负数的情况要复杂一些,此时必须限定网图中任意回路上的权值和为正值,否则最短路径长度可能是$-\infty$。即便有这个限定,用来寻找最短路径的算法时间复杂度也更大。

下面讨论两种最常见的最短路径问题。

6.6.1 单源最短路径

从一个源点到其他各顶点的最短路径问题称为"单源最短路径问题"。本小节先来讨论这类问题,下一小节再讨论任意两个顶点之间的最短路径问题。

单源最短路径问题可描述为:给定带权有向图$G=(V,E)$和源点$v_0 \in V$,求从v_0到G中其余各顶点的最短路径。在下面的讨论中均假设源点为v_0。

观察图 6.30,你能够很快找出从源点v_0到终点v_9的最短路径吗?如果不能,暂时也没有关系,让我们一同来研究计算机如何解决这个问题;如果你能找出v_0到v_9的最短路径,那也是仅仅表示你的智商还不错,仍然得好好学习,毕竟现实的许多问题要比这个图复杂得多。我们要找到一种对任意复杂的网图都可以找到两个顶点之间最短路径的方法。

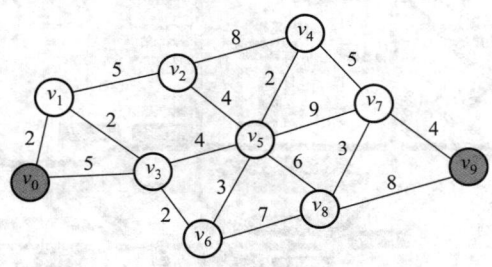

图 6.30 一个无向网图

下面就介绍解决这一问题的经典算法,即由迪杰斯特拉(Dijkstra)提出的一个按路径长度递增的次序产生最短路径的算法。

我们先通过对网图 6.30 的计算过程陈述,来介绍 Dijkstra 算法的思想,然后再比较形式化地描述该算法,最后给出程序。

[例 6.17] 用 Dijkstra 方法求网图 6.30 中(注意:权值均是正的)v_0 到所有其余顶点的最短路径。

这是一个按距离递增的顺序逐步找出 v_0 到各个顶点的最短距离(路径)的过程,实际上整个过程完全类似于 Prim 算法求最小生成树。我们用两个数组 dist 和 path 分别存储 v_0 到其余顶点的"当前最短距离"和相应的最短路径邻接于哪个顶点。两个数组分别类似于 Prim 算法的 dist 和 parent。$|V|$ 个顶点要经过 $|V|$ 步完成,如表 6.2 所示,计算从左至右推进。

初始时(第 0 步),数组 dist 的内容就是该图邻接矩阵表示时 v_0 对应的行向量:v_0 到 v_1 和 v_3 的距离分别是 2 和 5(dist[1]=2,dist[3]=5),其余都是 ∞;数组 P 的内容就是记录到 v_1 和 v_3 的路径父顶点是 v_0(path[1]=path[3]=0)。在数组 dist 中选择到 v_0 距离最小的顶点 v_1,可以断定,顶点 v_1 已经找到了到 v_0 的最终的最短距离,因为不可能通过绕行别的顶点使 v_0 到 v_1 的距离会变得更小(由权值均是正数容易推得)。

因此,v_1 作为已经求得最短路径的顶点,通过绕行 v_1,v_0 到其余顶点的当前最短距离可以更新:考虑 v_1 的邻接点 v_2 和 v_3(不需考虑已经求得最短距离的邻接点 v_0),dist[2]由原来的 ∞ 变成了 7;dist[3]由原来的 5 变成了 4;到 v_2 和 v_3 的路径父顶点是 v_1(path[2]=path[3]=1)。如表 6.2 的(第 1 步)。表中 dist[1]表格项用深色底纹,表示 v_1 已经求得最短路径,dist[1]不参与下一步最短距离的选择。在后面的算法中,我们用一个数组 collected[v]=true 表示顶点 v 已经求得最短路径。

因此,下一步在 dist 中选择到 v_0 距离最小的顶点是 v_3(最小距离是 4),表示到 v_3 已经找到了最短路径。接下去,v_0 到其余顶点的当前最短距离可以用一样的思想方法更新:考虑 v_3 的邻接点 v_5 和 v_6(不需考虑已经求得最短距离的邻接点 v_0 和 v_1),dist[5]由原来的 ∞ 变成了 8;dist[6]由原来的 ∞ 变成了 6;到 v_5 和 v_6 的路径父顶点是 v_3(path[5]=path[6]=3)。如表 6.2 的第 2 步。

表 6.2 例 6.16 的最短距离数组 dist 和记录最短路径的结点序列数组 path 的变化过程

过程 终点	初始 (第0步)		选v_1 (第1步)		选v_3 (第2步)		选v_6 (第3步)		选v_2 (第4步)		选v_5 (第5步)		选v_4 (第6步)		选v_8 (第7步)		选v_7 (第8步)		选v_9 (第9步)	
	D	P	D	P	D	P	D	P	D	P	D	P	D	P	D	P	D	P	D	P
v_1	2	0	2	0	2	0	2	0	2	0	2	0	2	0	2	0	2	0	2	0
v_2	∞		7	1	7	1	7	1	7	1	7	1	7	1	7	1	7	1	7	1
v_3	5	0	4	1	4	1	4	1	4	1	4	1	4	1	4	1	4	1	4	1
v_4	∞		∞		∞		∞		15	2	10	5	10	5	10	5	10	5	10	5
v_5	∞		∞		8	3	8	3	8	3	8	3	8	3	8	3	8	3	8	3
v_6	∞		∞		6	3	6	3	6	3	6	3	6	3	6	3	6	3	6	3

续表

过程\\终点	初始(第0步)		选v_1(第1步)		选v_3(第2步)		选v_6(第3步)		选v_2(第4步)		选v_5(第5步)		选v_4(第6步)		选v_8(第7步)		选v_7(第8步)		选v_9(第9步)	
	D	P	D	P	D	P	D	P	D	P	D	P	D	P	D	P	D	P	D	P
v_7	∞		∞		∞		∞		∞		17	5	15	4	15	4	15	4	15	4
v_8	∞		∞		∞		13	6	13	6	13	6	13	6	13	6	13	6	13	6
v_9	∞		∞		∞		∞		∞		∞		∞		21	8	19	7	19	7
说明	更新v_1，v_3，v_0是父顶点，最小值1		更新v_2，v_3，v_1是父顶点，最小值3		更新v_5，v_6，v_3是父顶点，最小值5		更新v_8，v_6是父顶点，最小值6		更新v_4，v_2是父顶点，最小值7		更新v_4，v_7，v_5是父顶点，最小值9		更新v_7，v_4是父顶点，最小值12		更新v_9，v_8是父顶点，最小值14		更新v_9，v_7是父顶点，最小值18		结束。D是最短距离，v是路径父顶点	

用同样的方法一直做到第 9 步。dist[1]～dist[9]表示从 v_0 到 v_1～v_9 的最短距离，比如 dist[9]=19 的意思就是 v_0 到 v_9 的最短距离是 19。可以通过搜索数组 path 得到最短路径，比如，v_0 到 v_9 的最短路径可以这样得到：path[9]=7、path[7]=4、path[4]=5、path[5]=3、path[3]=1、path[1]=0，顺序倒过来就是：v_0、v_1、v_3、v_5、v_4、v_7、v_9。

上述例子使我们熟悉了算法的大概过程，现在我们比较容易理解 Dijkstra 算法的更一般化的描述：假设有向图 $G=\{V,E\}$（无向图可以看成所有边都是双向边的有向图），设置两个顶点的集合 S 和 $T(T=V-S)$，集合 S 中存放已找到最短路径的顶点，集合 T 存放当前还未找到最短路径的顶点。初始状态时，集合 S 中只包含源点 v_0，然后不断从集合 T 中选取到顶点 v_0 路径长度最短的顶点 u 加入到集合 S 中。集合 S 每加入一个新的顶点 u（表 6.2 中用深色底纹表示的 D 值），都要修改顶点 v_0 到集合 T 中剩余顶点的最短路径长度值，集合 T 中各顶点新的最短路径长度值为原来的最短路径长度值与顶点 u 的最短路径长度值加上 u 到该顶点的路径长度值中的较小值。此过程不断重复，直到集合 T 的顶点全部加入到 S 中为止。

Dijkstra 算法的正确性可以用反证法加以证明。假设下一条最短路径的终点为 v，那么，该路径必然或者是弧 (v_0,v)，或者是中间只经过集合 S 中的顶点而到达顶点 v 的路径。因为假若此路径上除 v 之外还有一个或一个以上的顶点不在集合 S 中，那么必然存在另外的终点不在 S 中而路径长度比此路径还短的路径，这与我们按路径长度递增的顺序产生最短路径的前提相矛盾，所以此假设不成立。

下面介绍 Dijkstra 算法的实现。

首先，用 dist[v]表示当前所找到的从始点 s 到终点 v 的最短路径的长度。它的初态为：若从 s 到 v 有弧，则 dist[v]为弧上的权值；否则置 dist[v]为 ∞。然后，从 dist 数组中选取路径长度最小的 dist[v]，满足：

6.6 最 短 路 径

$$\text{dist}[v] = \min\{\text{dist}[w] \mid w \in V-\{s\}\}$$

的路径就是从 s 出发到 v 的长度最短的一条最短路径。此路径为 (s,v)。

那么,下一条长度次短的最短路是哪一条呢？假设该次短路径的终点是 w,则可想而知,这条路径或者是 (s,w),或者是 (s,v,w)。它的长度或者是从 s 到 w 的弧上的权值,或者是 $\text{dist}[v]$ 和从 v 到 w 的弧上的权值之和。

依据前面介绍的算法思想,在一般情况下,下一条长度次短的最短路径的长度必是:

$$\text{dist}[v] = \min\{\text{dist}[w] \mid w \in V-S\}$$

其中,$\text{dist}[w]$ 或者是弧 (s,w) 上的权值,或者是 $\text{dist}[v]$ ($v \in S$) 和弧 (v,w) 上的权值之和。

根据以上分析,可以得到如下描述的算法:

(1) 假设用带权的邻接矩阵 G 来表示带权有向图,$G[v][w]$ 表示弧 $\langle v,w \rangle$ 上的权值。若 $\langle v,w \rangle$ 不存在,则置 $G[v][w]$ 为 ∞ (INFINITY)。S 为已找到从 s 出发的最短路径的终点的集合,它的初始状态为 $\varnothing$。那么,从 s 出发到图上其余各顶点(终点)v 可能达到最短路径长度的初值为

$$\text{dist}[v] = G[s][v] \quad v \in V$$

$$\text{path}[v] = -1 (\text{表示 } v \text{ 尚无父顶点})$$

(2) 选择 v,使得

$$\text{dist}[v] = \min\{\text{dist}[w] \mid w \in V-S\}$$

则 v 就是当前求得的一条从 s 出发的最短路径的终点。令 $S = S \cup \{v\}$,即 collected$[v]$ = true。

(3) 修改从 s 出发到集合 $V-S$ 上任一顶点 w 可达的最短路径长度 $\text{dist}[w]$ 如下:

$$\text{dist}[w] = \min\{\text{dist}[w], \text{dist}[v] + G[v][w]\}$$

同时更新 w 的父顶点:path$[w] = v$。

重复操作(2)、(3)共 $|V|-1$ 次。由此求得从 s 到图上其余各顶点的最短路径是依路径长度递增的序列。

代码 6.11 为用 C 语言描述的 Dijkstra 算法。

```
Vertex FindMinDist(MGraph Graph, int dist[], int collected[])
{ /* 返回未被收录顶点中 dist 最小者 */
    Vertex MinV, V;
    int MinDist = INFINITY;

    for (V = 0; V<Graph->Nv; V++) {
        if (collected[V] == false && dist[V]<MinDist) {
            /* 若 V 未被收录,且 dist[V]更小 */
            MinDist = dist[V];   /* 更新最小距离 */
            MinV = V;   /* 更新对应顶点 */
        }
    }
    if (MinDist < INFINITY) /*若找到最小 dist */
        return MinV;   /* 返回对应的顶点下标 */
```

```c
        else return ERROR;  /* 若这样的顶点不存在,返回错误标记 */
}

bool Dijkstra(MGraph Graph, int dist[], int path[], Vertex S)
{
    int collected[MaxVertexNum];
    Vertex V, W;

    /* 初始化:此处默认邻接矩阵中不存在的边用 INFINITY 表示 */
    for(V=0; V<Graph->Nv; V++) {
        dist[V]=Graph->G[S][V];
        if (dist[V]<INFINITY)
            path[V]=S;
        else
            path[V]=-1;
        collected[V]=false;
    }
    /* 先将起点收入集合 */
    dist[S]=0;
    collected[S]=true;

    while (1) {
        /* V=未被收录顶点中 dist 最小者 */
        V=FindMinDist(Graph, dist, collected);
        if (V==ERROR)  /* 若这样的 V 不存在 */
            break;      /* 算法结束 */
        collected[V]=true;  /* 收录 V */
        for(W=0; W<Graph->Nv; W++) /* 对图中的每个顶点 W */
            /* 若 W 是 V 的邻接点并且未被收录 */
            if (collected[W]==false && Graph->G[V][W]<INFINITY) {
                if (Graph->G[V][W]<0) /* 若有负边 */
                    return false;  /* 不能正确解决,返回错误标记 */
                /* 若收录 V 使得 dist[W]变小 */
                if (dist[V]+Graph->G[V][W] < dist[W]) {
                    dist[W]=dist[V]+Graph->G[V][W];  /* 更新 dist[W] */
                    path[W]=V;   /* 更新 S 到 W 的路径 */
                }
            }
    } /* while 结束 */
    return true;   /* 算法执行完毕,返回正确标记 */
}
```

代码 6.11 Dijkstra 算法

下面分析一下这个算法的时间复杂度。第一个 for 循环的时间复杂度是 $O(|V|)$，随后 while 循环共进行 $|V|-1$ 次，每次执行的时间是 $O(|V|)$。所以总的时间复杂度是 $O(|V|^2)$。如果用带权的邻接表作为有向图的存储结构，则虽然修改 dist 的时间可以减少，但由于在 dist 中选择最小分量的时间不变，所以总的时间仍为 $O(|V|^2)$，对稠密图来说这是很好的结果。

但对于稀疏图来说，这个时间界未必是理想的。一个改进是：改用邻接表作为存储结构并改用第 4 章介绍的优先队列（最小堆）的 DeleteMin 操作。查找最小值的时间是 $O(\log|V|)$，它的时间界可以改进为 $O(|E|\log|V|)$。

如果只希望找到从源点到某一个特定的终点的最短路径，从上面我们求最短路径的原理来看，这个问题和求源点到其他所有顶点的最短路径一样复杂，其时间复杂度也是 $O(|V|^2)$，稀疏图可以改进为 $O(|E|\log|V|)$。

6.6.2 每一对顶点之间的最短路径

要求每一对顶点之间的最短距离，可以每次以一个顶点为源点，重复执行 Dijkstra 算法 $|V|$ 次。这样，便可求得每一对顶点的最短路径。总的执行时间为 $O(|V|^3)$。

这里要介绍由弗洛伊德（Floyd）提出的另一个算法。这个算法的时间复杂度也是 $O(|V|^3)$，但形式上非常简洁、优雅，而且对于比较稠密的图，实际运行效率更快。

为了能很快理解 Floyd 算法的精妙所在，先从一个简单的例子开始。

[**例 6.18**] 图 6.31 给出了一个简单的有向网及其邻接矩阵 G。用 Floyd 算法求该有向网中每对顶点之间的最短路径长度及其最短路径。

图 6.31 一个有向网图及其邻接矩阵 G

显然，最后得到的每对顶点之间的最短路径长度及其最短路径都应该分别是一个二维矩阵，分别用二维数组 D 和二维数组 path 表示。D[i][j] 表示从 v_i 到 v_j 的最短路径长度，path[i][j] 表示从 v_i 到 v_j 的最短路径上 v_j 的父顶点号。

这两个数组都是从初始数组演变到最终数组的。数组 D 的初始值就是邻接矩阵 G，为了方便记录演变过程，把初始数组 D 写成 $D^{(-1)}$，通过依次考察 3 个顶点对应的行列，如图 6.32，$D^{(-1)}$ 演变成 $D^{(2)}$，就是最终的各顶点之间的最短路径长度矩阵。

考察 v_0：0 行 0 列以外的非对角线元素，D[1][2]=2，垂直和水平方向往 0 列 0 行投影的两个元素之和 D[1][0]+D[0][2]=6+11=17，因为 17>2，所以 D[1][2]=2 保持不变。而另一个元素 D[2][1]=∞，水平和垂直方向往 0 列 0 行投影的两个元素之和 D[2][0]+D[0][1]=3+4=7，因

为 $7<\infty$，所以 $D[2][1]$ 要替换成 7。这个替换的含义是：原来从 v_2 到 v_1 的距离是 ∞，现在替换成 v_2 到 v_0 再到 v_1，这样的距离是 $3+4=7$，变成更小。$D^{(-1)}$ 演变成 $D^{(0)}$。

考察 v_1：1 行 1 列以外的非对角线元素，$D[2][0]=3$，水平和垂直方向往 1 列 1 行投影的两个元素之和 $D[2][1]+D[1][0]=7+6=13$，因为 $13>3$，所以 $D[2][0]=3$ 保持不变。而另一个元素 $D[0][2]=11$，水平和垂直方向往 1 列 1 行投影的两个元素之和 $D[0][1]+D[1][2]=4+2=6$，因为 $6<11$，所以 $D[0][2]$ 要替换成 6。这个替换的含义是：原来从 v_0 到 v_2 的距离是 11，现在替换成 v_0 到 v_1 再到 v_2，这样的距离是 $4+2=6$，变成更小。$D^{(0)}$ 演变成 $D^{(1)}$。

考察 v_2：2 行 2 列以外的非对角线元素，$D[0][1]=4$，水平和垂直方向往 2 列 2 行投影的两个元素之和 $D[0][2]+D[2][1]=6+7=13$，因为 $13>4$，所以 $D[0][1]=4$ 保持不变。而另一个元素 $D[1][0]=6$，水平和垂直方向往 2 列 2 行投影的两个元素之和 $D[1][2]+D[2][0]=2+3=5$，因为 $5<6$，所以 $D[1][0]$ 要替换成 5。这个替换的含义是：原来从 v_1 到 v_0 的距离是 6，现在替换成 v_1 到 v_2 再到 v_0，这样的距离是 $2+3=5$，变成更小。$D^{(1)}$ 演变成 $D^{(2)}$。

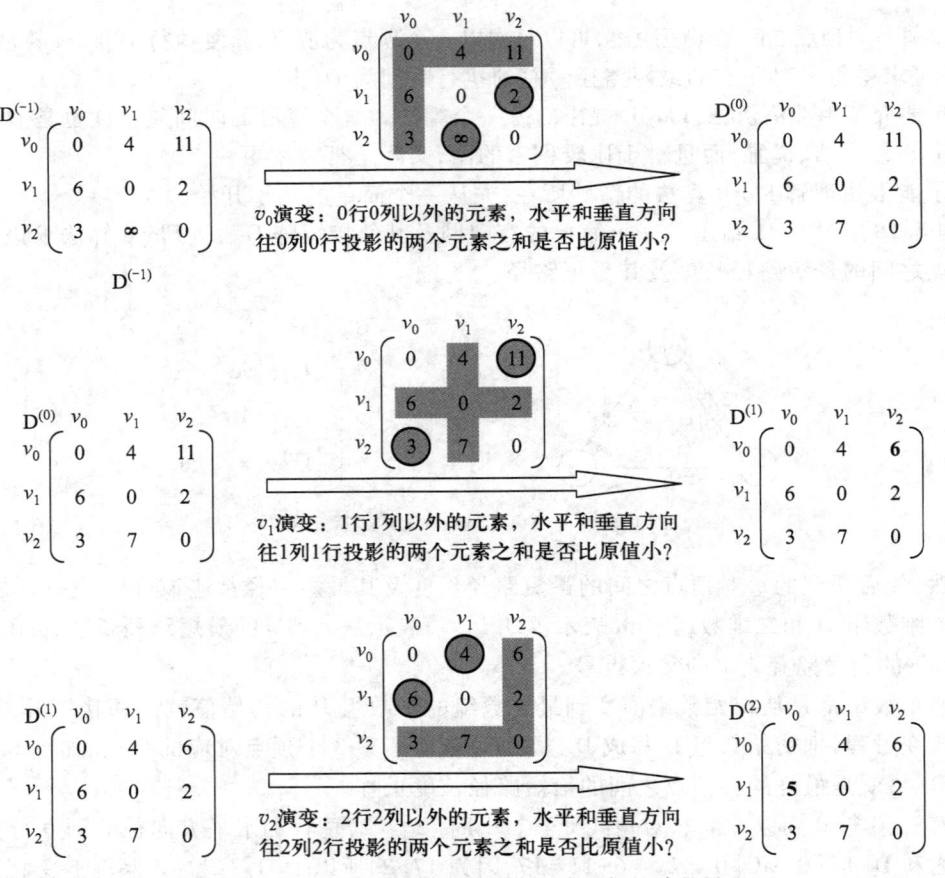

图 6.32 Floyd 算法把邻接矩阵演变成目标矩阵的过程

最后，$D^{(2)}$给出的是每对顶点之间的最短距离。

下面考察最短路径矩阵 path。与 D 的演变过程对应，初始路径矩阵记为 $path^{(-1)}$，然后经过 3 次（依次对应 3 个顶点）演变成 $path^{(2)}$。初始 $path^{(-1)}$ 如图 6.33 所示，path[i][j]=k 的含义是：从 v_i 到 v_j 的最短路径中，v_j 的前驱结点（父顶点）为 v_k，即初始假设直接的边就是最短路径（如果不存在直接的边，D[i][j] = ∞，最终也不会混淆）。图 6.33 给出了最短路径矩阵 path（图 6.33 中简写为 P）的演变过程。其路径上的父顶点的修改完全取决于 D 矩阵中元素的修改。

$$P^{(-1)}\begin{matrix} & v_0 & v_1 & v_2 \end{matrix} \quad P^{(0)}\begin{matrix} & v_0 & v_1 & v_2 \end{matrix} \quad P^{(1)}\begin{matrix} & v_0 & v_1 & v_2 \end{matrix} \quad P^{(2)}\begin{matrix} & v_0 & v_1 & v_2 \end{matrix}$$

$$\begin{matrix} v_0 \\ v_1 \\ v_2 \end{matrix} \begin{pmatrix} -1 & -1 & -1 \\ -1 & -1 & -1 \\ -1 & -1 & -1 \end{pmatrix} \Rightarrow \begin{matrix} v_0 \\ v_1 \\ v_2 \end{matrix} \begin{pmatrix} -1 & -1 & -1 \\ -1 & -1 & -1 \\ -1 & \mathbf{0} & -1 \end{pmatrix} \Rightarrow \begin{matrix} v_0 \\ v_1 \\ v_2 \end{matrix} \begin{pmatrix} -1 & -1 & \mathbf{1} \\ -1 & -1 & -1 \\ -1 & 0 & -1 \end{pmatrix} \Rightarrow \begin{matrix} v_0 \\ v_1 \\ v_2 \end{matrix} \begin{pmatrix} -1 & -1 & 1 \\ \mathbf{2} & -1 & -1 \\ -1 & 0 & -1 \end{pmatrix}$$

图 6.33 Floyd 算法把初始路径矩阵演变成最短路径矩阵的过程

下面考察一般情况下的 Floyd 算法。同样，我们从图的带权邻接矩阵出发，其基本思想如下。

假设求从顶点 v_i 到 v_j 的最短路径。如果从 v_i 到 v_j 有弧，则从 v_i 到 v_j 存在一条长度为 G[i][j] 的路径，该路径不一定是最短路径，尚需进行 |V| 次试探。首先考虑路径 $<v_i,v_0,v_j>$ 是否存在（即判别弧 $<v_i,v_0>$ 和 $<v_0,v_j>$ 是否存在）。如果存在，则比较 $<v_i,v_j>$ 和 $<v_i,v_0,v_j>$ 的路径长度取长度较短者为从 v_i 到 v_j 的"中间顶点的序号不大于 0 的最短路径"。

假如在路径上再增加一个顶点 v_1，也就是说，如果 $<v_i,\cdots,v_1>$ 和 $<v_1,\cdots,v_j>$ 分别是当前找到的"中间顶点的序号不大于 0 的最短路径"，那么 $<v_i,\cdots,v_1,\cdots,v_j>$ 就有可能是从 v_i 到 v_j 的"中间顶点的序号不大于 1 的最短路径"。将它和已经得到的从 v_i 到 v_j "中间顶点序号不大于 0 的最短路径"相比较，从中选出"中间顶点的序号不大于 1 的最短路径"之后，再考察下一个顶点 v_2，依次类推。

在一般情况下，若 $<v_i,\cdots,v_k>$ 和 $<v_k,\cdots,v_j>$ 分别是从 v_i 到 v_k 和从 v_k 到 v_j 的"中间顶点的序号不大于 k-1 的最短路径"，则将 $<v_i,\cdots,v_k,\cdots,v_j>$ 和已经得到的从 v_i 到 v_j 且中间顶点序号不大于 k-1 的最短路径相比较，其长度较短者便是从 v_i 到 v_j 的"中间顶点的序号不大于 k 的最短路径"。这样，在经过 |V| 次比较后，最后求得的必是从 v_i 到 v_j 的最短路径。

按此方法，可以同时求得各对顶点间的最短路径。

现定义一个 |V| 阶方阵序列。

$$D^{(-1)}, D^{(0)}, D^{(1)}, \cdots, D^{(k)}, D^{(|V|-1)}$$

其中：

$D^{(-1)}[i][j] = G[i][j]$；

$D^{(k)}[i][j] = \min\{D^{(k-1)}[i][j], D^{(k-1)}[i][k]+D^{(k-1)}[k][j]\}, 0 \leqslant k \leqslant |V|-1$。

从上述计算公式可见，$D^{(0)}[i][j]$ 是从 v_i 到 v_j 的中间顶点的序号不大于 0 的最短路径的长度；$D^{(k)}[i][j]$ 是从 v_i 到 v_j 的中间顶点的序号不大于 k 的最短路径的长度；$D^{(|V|-1)}[i][j]$ 就是从

v_i到v_j的最短路径的长度。

由此得到求任意两顶点间的最短路径的代码6.12。显然,算法的时间复杂度是$O(|V|^3)$。

```
bool Floyd(MGraph Graph,  WeightType D[][MaxVertexNum],  Vertex path[][MaxVertex-
Num])
{
    Vertex i, j, k;

    /* 初始化 */
    for(i=0; i<Graph->Nv; i++)
        for(j=0; j<Graph->Nv; j++) {
            D[i][j]=Graph->G[i][j];
            path[i][j]=-1;
        }

    for(k=0; k<Graph->Nv; k++)
        for(i=0; i<Graph->Nv; i++)
            for(j=0; j<Graph->Nv; j++)
                if(D[i][k] + D[k][j] < D[i][j]) {
                    D[i][j]=D[i][k] + D[k][j];
                    if (i==j && D[i][j]<0) /* 若发现负值圈 */
                        return false;  /* 不能正确解决,返回错误标记 */
                    path[i][j]=k;
                }
    return true;  /* 算法执行完毕,返回正确标记 */
}
```

代码6.12 Floyd算法

注意:当图中存在负值圈(即存在顶点v_i有D[i][i]<0)时,Floyd算法是无法得到正确结果的,这时程序要返回错误标记。

6.7 拓扑排序

在现实生活中,某些事物可以用有向无环图(Directed Acyclic Graph,DAG)表述。这种有向无环图通常也称作"流程图",比如,施工流程图、生产流程图,图中每个顶点可以代表一个具体的工序,每条有向边则反映了两个工序的前后次序。

我们所要讲的拓扑排序是指用有向无环图中各顶点构成有序序列。设图中一顶点v_i到另一顶点v_j存在一条路径,那么v_j在此图的拓扑排序序列中位于v_i之后。

如果不是无环图,拓扑排序将不存在,因为如果有环路的话,那么对于环路上的两个顶点 v 和 w,既可以认为 v 在 w 之前,也可以认为 w 是在 v 之前,它们之间的先后顺序是不确定的。

图 6.34 为某大学计算机专业学生必修的课程以及这些课程之间的先后顺序关系。其中顶点为课程编号,两顶点间的有向边表示它们之间的预修关系。比如,课程 C_1 到 C_3 以及 C_2 到 C_3 分别有两条有向边,表明学习 C_3 之前,必须已经完成 C_1 和 C_2 的学习,以具备一定的基础。表 6.3 列出了课程名称及其各课程要求具备的先修基础。

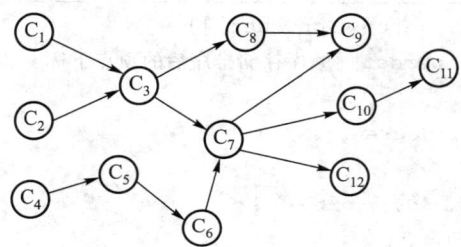

图 6.34 课程设置

表 6.3 课 程 列 表

课程编号	课程名称	先修课程
C_1	程序设计基础	无
C_2	离散数学	无
C_3	数据结构	C_1, C_2
C_4	高等数学 1	无
C_5	高等数学 2	C_4
C_6	线性代数	C_5
C_7	汇编语言	C_3, C_6
C_8	数据库	C_3
C_9	操作系统	C_7
C_{10}	计算机组成原理	C_7
C_{11}	编译原理	C_{10}
C_{12}	计算机网络	C_7

按拓扑排序的定义,下列两种顶点序列都是图 6.34 的拓扑排序:

$C_1, C_2, C_3, C_4, C_5, C_6, C_7, C_8, C_9, C_{10}, C_{11}, C_{12}$

$C_4, C_1, C_2, C_3, C_5, C_6, C_7, C_8, C_9, C_{10}, C_{12}, C_{11}$

当然图 6.34 的拓扑排序并不只是上述两种,还可以列出其他许多有效序列。

可以采用一种十分简单的思想实现拓扑排序,只要先找到任何一个入度为 0 的顶点,然后输

出该顶点,并从图中删除该顶点以及与其相连的所有边。对改变后的图重复这一过程,直到所有顶点输出为止。可以这样实施的依据是基于下面的结论:一个顶点数$|v|>1$的有向图,如果每个顶点的入度都大于0,那么它必定存在回路。

代码6.13给出了拓扑排序算法的伪代码。用数组Indegree存储各顶点的入度,当Indegree[V]为0时,表示顶点v可作为拓扑序列的输出点;TopOrder顺序存储排序后的顶点下标(所以在拓扑排序完成后直接顺序打印TopOrder就得到了拓扑有序序列的输出)。

```
bool TopSort(Graph Graph,  Vertex TopOrder[])
{ /*对Graph进行拓扑排序,TopOrder[]顺序存储排序后的顶点下标*/

    遍历图,得到各顶点的入度Indegree[];

    for(cnt = 0;  cnt<Graph->Nv;  cnt++){
        V =未输出的入度为0的顶点;
        if (这样的V不存在){
            printf("图中有回路");
            break;
        }
        TopOrder[cnt]=V;   /* 将V存为结果序列的下一个元素 */
        /* 将V及其出边从图中删除 */
        for (V 的每个邻接点 W)
            Indegree[W]--;
    }
    if (cnt !=Graph->Nv)
        return false;   /* 说明图中有回路,返回不成功标志 */
    else
        return true;
}
```

代码6.13 拓扑排序算法的伪代码

在TopSort中,比较耗时的是找到下一个"未输出的入度为0的顶点",如果要检查整个Indegree数组,所需时间是$O(|v|)$,且循环结构决定了这一步要进行$|v|$次,因此,本算法的时间代价为$O(|v|^2)$。

而实际上,每次图的改变往往只会涉及少数顶点的入度发生变化,没有必要每次都查看整个Indegree数组。为了提高算法的时效,可以改进上述算法,将入度为0的顶点单独存放,每当删除一个顶点而改变其他顶点的入度时,检测到入度为0的顶点,就存放到这个专门开辟的存储区域,而这个区域可以用各种不同的结构实现。

例如,我们可以用一个队列实现这个特定存储。开始时将所有入度为0的顶点插入队列;当队列不为空时,取出一个顶点v并输出;然后将与v相邻的顶点入度减1。当产生新的入度为0

的顶点时,将其插入队列。重复这一过程直到队列为空时算法终止。所要寻找的拓扑排序为各顶点从队列取出的顺序。改进后的算法如代码 6.14 所示,这里我们用邻接表表示图。

```
bool TopSort(LGraph Graph, Vertex TopOrder[])
{ /* 对 Graph 进行拓扑排序,TopOrder[]顺序存储排序后的顶点下标 */
    int Indegree[MaxVertexNum], cnt;
    Vertex V;
    PtrToAdjVNode W;
    Queue Q = CreateQueue(Graph->Nv);

    /* 初始化 Indegree[] */
    for (V=0; V<Graph->Nv; V++)
        Indegree[V]=0;

    /* 遍历图,得到 Indegree[] */
    for (V=0; V<Graph->Nv; V++)
        for (W=Graph->G[V].FirstEdge; W; W=W->Next)
            Indegree[W->AdjV]++;   /* 对有向边<V, W->AdjV>累计终点的入度 */

    /* 将所有入度为 0 的顶点入列 */
    for (V=0; V<Graph->Nv; V++)
        if (Indegree[V]==0)
            AddQ(Q, V);

    /* 下面进入拓扑排序 */
    cnt = 0;
    while(!IsEmpty(Q)){
        V=DeleteQ(Q);  /* 弹出一个入度为 0 的顶点 */
        TopOrder[cnt++]=V;  /* 将之存为结果序列的下一个元素 */
        /* 对 V 的每个邻接点 W->AdjV */
        for (W=Graph->G[V].FirstEdge; W; W=W->Next)
            if (--Indegree[W->AdjV]==0)/* 若删除 V 使得 W->AdjV 入度为 0 */
                AddQ(Q, W->AdjV);  /* 则该顶点入列 */
    } /* while 结束 */

    if (cnt != Graph->Nv)
        return false;  /* 说明图中有回路,返回不成功标志 */
    else
        return true;
}
```

代码 6.14 改进后的拓扑排序算法

图 6.35(a)~(i)详细列出了有向图 6.35(a)的拓扑排序过程。

表 6.4 概括了上述过程,表的上方"顶点入度变化"包含 8 列数据,对应于图 6.35(b)~(i)。表的底端两行列出了顶点出入队列的情况,与图 6.35 中每图下面队列的形象表示是一致的。从顶点出队列的结果可以得到图 6.35(a)的一种拓扑排序为$(v_1, v_4, v_2, v_5, v_3, v_6, v_7, v_8)$。

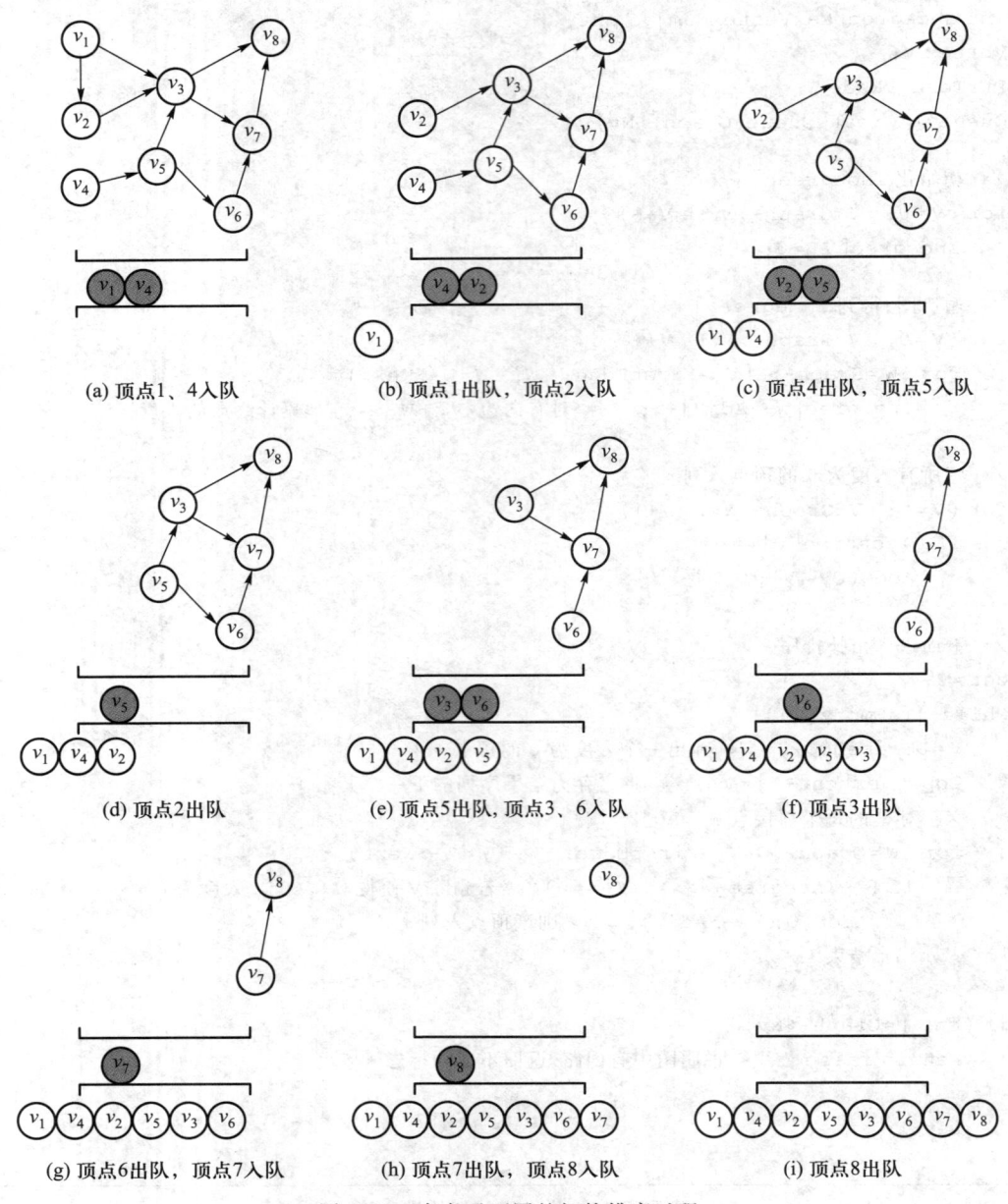

图 6.35 有向无环图的拓扑排序过程

表 6.4 拓扑排序过程列表

顶点	顶点入度变化（1:初始→8:结束）							
	1	2	3	4	5	6	7	8
v_1	0	0	0	0	0	0	0	0
v_2	1	0	0	0	0	0	0	0
v_3	3	2	2	1	0	0	0	0
v_4	0	0	0	0	0	0	0	0
v_5	1	1	0	0	0	0	0	0
v_6	1	1	1	0	0	0	0	0
v_7	2	2	2	2	2	1	0	0
v_8	2	2	2	2	2	1	1	0
入队列	$v_1 v_4$	v_2	v_5		$v_3 v_6$		v_7	v_8
出队列	v_1	v_4	v_2	v_5	v_3	v_6	v_7	v_8

如果图的表示采用邻接表，改进后的算法所付出的时间代价为 $O(|E|+|V|)$。拓扑排序算法可以用来检测一个有向图是否是 DAG。

6.8 关键路径计算

通过 6.7 节介绍的拓扑排序，我们知道，现实生活中，许多任务可以分解为一系列活动，各个活动之间是相互关联的，关系可以是串行的，也可以是并行的。合理地调度和安排各活动，保证在计划时间内完成任务是十分重要的。

本节所要讲的关键路径分析，适合于规划工程项目，解决类似"工程完成的最早时间是什么时候？""一个工程中哪些活动可以适当延迟，可以延迟多长时间，而不影响整个工期？"等问题。

仿照拓扑排序给出的网络表示，一个工程可以用无环有向图表示。图中的顶点代表活动，并记录完成它的时间。图中的边表示活动的先后关系，有向边 $<v,w>$ 意味着活动 v 必须在活动 w 开始之前完成。这种顶点表示活动或任务的图也称为 AOV（Activity On Vertex）图。图 6.34 是一个 AOV 图，图 6.36 也是一个 AOV 图。

[例 6.19] 图 6.36 中结点内大写字母 A~H 表示活动，字母右下角括起来的数字表示完成此活动所需的时间。分析图中活动时间可知道，完成路径 A、C、F、H 上的各活动需要 11 个时间单位，这几个活动中任意一个的延迟都会延长整个工期，实际上这是一条"关键路径"。但活动 B 可以延迟 3 个时间单位，并不会影响整个工程的完成进度，相对于关键路径，包含活动 B 的路径是非关键路径。

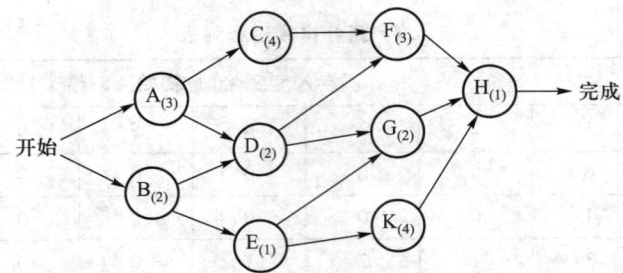

图 6.36 表示一个工程活动关系的 AOV 图

为了便于分析关键路径,我们将活动为顶点的 AOV 图转换为活动为边的 AOE(Activity On Edge)图,有向边表示任务或活动,边上的权表示该活动持续的时间。在 AOE 图中顶点表示事件,每个事件对应一个活动及其与之相关的其他活动的完成。图 6.37 是对应于图 6.36 的 AOE 图,顶点 1 和顶点 10 分别表示工程的开始和完成事件。

如果一个活动是在几个活动完成后才能开始的话,需要增加虚构的边和结点,来表示活动之间的这种依赖关系。例如,从图 6.36 中我们知道,活动 D 是在活动 A 和 B 都完成后才能进行。A 和 B 两个活动的完成在图 6.37 中表示为结点 2 和 3 两个事件,在这两个事件之间引入虚构结点 6′(灰色表示)和两条 0 标识(该活动所需时间为 0)的虚构活动边,使得活动 D 是在 A、B 完成后才能开始。同样还有活动 F、G、H,它们也是依赖多个先前的活动,因此,引入虚构结点 7′、8′、10′ 和相应的虚构边。

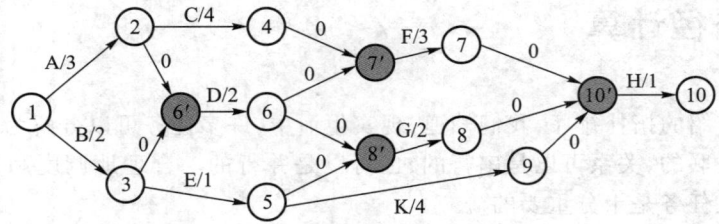

图 6.37 对应于图 6.36 的 AOE 图

可以用以下方法简化图 6.37:对出度为 1 的顶点,如果其出边的权重是 0 的话,可以删去该顶点及其出边,该顶点的入边直接指向后面的顶点。比如,顶点 4、7、8 和 9 就可以删去而不会影响整个图的意义。调整顶点序号如图 6.38 所示。

为了能够确定工程的最早完成时间,只需在开始事件到完成事件间寻找最长有向路径,它的长度就是答案。路径长度是指这条路径上所有活动时间的总和。

可以通过求解树中每个结点(事件)的最早完成时间,来计算整个工程的最早完成时间。若 Earliest[i] 表示结点 i 的最早完成时间,$C_{v,w}$ 表示 <v,w> 边的权重,则有:

$$\text{Earliest}[1] = 0$$
$$\text{Earliest}[w] = \max_{<v,w> \in E} (\text{Earliest}[v] + c_{v,w})$$

按照 AOE 图中各事件的先后次序，从起始事件开始，依次用上式求出各事件结点的最早完成时间，直到最后推算到结束事件为止，也就得到了整个工程的最早完成时间。图 6.38 中各顶点的上方标出了我们所举例子的各事件最早完成时间，在结束事件上方标出的 11 个时间单位是整个工程的最早完成时间。

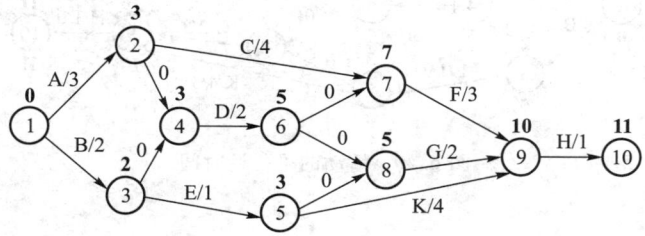

图 6.38　各顶点事件最早完成时间

同样，还可以求解每一事件 i 在不影响整个工程完成情况下的允许最晚完成时间 Latest[i]。计算是从结束事件开始，设结束顶点为事件 n，按事件拓扑的相反次序逐个顶点推算，直到工程的初始顶点为止。结束顶点的最晚完成事件等于它的最早完成时间，其他顶点按下式计算：

Latest[n] = Earliest[n]

Latest[v] = $\min_{<v,w> \in E}$ (Latest[w] － $c_{v,w}$)

图 6.39 标识出了上面例子中各事件的最晚开始时间，具体数值是标注在各顶点的下方。

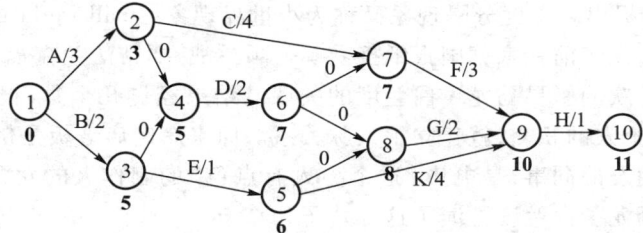

图 6.39　各顶点事件最晚完成时间

各顶点的最早和最晚完成时间被求出以后，能够很容易地确定在不影响工程进度的前提下，每一活动最多能耽误的时间长短。这个时间是否为 0 决定了该活动是否为关键路径。求 <v,w> 边上的允许耽误的最大时间 $Delay_{v,w}$ 采用的计算公式为：

$Delay_{v,w}$ = Latest[w] － Earlieat[v] － $C_{v,w}$

图 6.40 标识出了各活动的允许耽误时间，其数值添加在图中各边活动所需时间的后面，并用斜杠"/"分割开来。而 Earliest[i] 和 Latest[i] 仍然标注在顶点的上方和下方。

显然，最多能耽误的时间为 0（即不允许有时间耽误）的活动都是关键活动（Critical Activity），由关键活动构成的从头至尾的路径就是关键路径（Critical Path）。本例中 A、C、F、H 是关键活动，而其他活动的允许耽误时间都大于 0，所以不是关键活动。

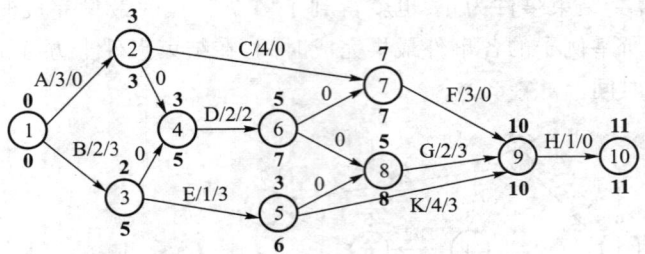

图 6.40 活动的可延迟时间

6.9 应用实例

6.9.1 六度空间理论

六度空间理论又称作六度分隔（Six Degrees of Separation）理论。这个理论可以通俗地阐述为："你和任何一个陌生人之间所间隔的人不会超过六个，也就是说，最多通过五个中间人你就能够认识任何一个陌生人。"该理论产生于 20 世纪 60 年代，由美国心理学家米尔格伦 Stanley Milgram（1933—1984）提出。六度分隔现象又称为小世界现象（small world phenomenon）。

有这么一个故事，几年前一家德国报纸接受了一项挑战，要帮法兰克福的一位土耳其烤肉店老板，找到他和他最喜欢的影星马龙·白兰度的关联。结果经过几个月，报社的员工发现，这两个人只经过不超过六个人的私交，就建立了人脉关系。原来烤肉店老板是伊拉克移民，有个朋友住在加州，刚好这个朋友的同事，是电影《这个男人有点色》的制作人的女儿在女生联谊会的结拜姐妹的男朋友，而马龙·白兰度主演了这部片子。

用无向图的路径来描述上述的"关联关系"如图 6.41 所示。S 表示烧烤店老板，D 表示影星马龙·白兰度，中间间隔了 5 个人。

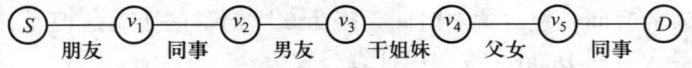

图 6.41 关联关系的路径

"六度空间"理论的应用价值越来越受到人们的关注。无论是人际网络，还是万维网的架构，还是通过超文本链接的网络、经济活动中的商业联系网络、生态系统中的食物链，甚至人类脑神经元以及细胞内的分子交互作用网络，有着完全相似的组织结构。通过网络使"六度分隔"理论对人与人之间都可以构成弱纽带，当然理想的状态是人人都置身在连接的世界中，这个目标在不断接近。社会中普遍存在"弱纽带",通过弱纽带人与人之间的距离变得非常"相近",这在社会关系中发挥着非常强大的作用。经常运用六度分隔理论的领域有:直销网络、电子游戏社区、SNS 网站和 BLOG 网站等。

但是,在过去的数十年的时间里,米尔格伦的理论从来没有得到过严谨的证明,虽然屡屡应验,虽然很多社会学家一直都对其兴趣浓厚,但它只是一种假说。现在,美国两所不同大学的社会学家们正在分别对此进行研究,它们都不约而同地使用了网络时代的新型通信手段——Email——来对"小世界现象"进行验证。

2001 年,哥伦比亚大学社会学系的登肯·瓦兹主持了一项最新的对"六度分隔"理论的验证工程。166 个不同国家的六万多名志愿者参加了该研究。瓦兹随机选定 18 名目标(比如一名美国的教授、一名澳大利亚警察和一名挪威兽医等),要求志愿者选择其中的一名作为自己的目标,并发送电子邮件给自己认为最有可能发送邮件给目标的亲友。到目前为止,瓦兹在世界顶级的科学学术期刊《科学》杂志上发表最新论文表明邮件要达到目标,平均也只要经历 5~7 个人。

"六度分隔"假说的出现使得人们对于自身的人际关系网络的威力有了新的认识。但为什么偏偏是"六度分隔"而不是"七度"、"八度"或者"千百度"呢?这可能要从人际关系网络的小世界性质的另外一个特征"150 定律"来寻找解释。其数学解释(但并不是证明)如下:若每个人平均认识 150 人,其六度就是 $150^6 = 11\ 390\ 625\ 000\ 000$ 人。这个数字远超过人类历史上所有各代的人数总和。

"150 定律"可以简单描述为"人类可以与大约 150 人左右建立比较合适的人际关系"。从《纽约客》杂志的专栏作家马可姆·格兰德威尔在他的著作《引爆流行》中考证了一个名为"郝特兄弟会"的欧洲农民组织,这个组织有个约定俗成的规定:一个聚居点的人员规模超过 150 个人时,就要将该聚居点变成两个,这两个点再进行"150-分离-150"的循环。格兰德威尔说:"把人群控制在 150 人以下似乎是管理人群的一个最佳和最有效的方式"。古往今来,许多团体建制都无意识地采用了这条规律。例如:在 14 世纪以后瑞典陆军编有旅,每旅辖 3 个营,每营辖 4 个连,每连编 150 人。人们不免要问为什么偏偏是 150 人这个数字呢?人类学家特蕾茜·H·约菲研究发现人类所能处理的社会信息与人类的大脑的视觉和社会认知能力的发达程度有关。由罗宾·邓巴领导的研究小组 1993 年报道了动物种群的规模与其大脑新皮层相对于整个大脑比例相关,在现代人,这个规模是 147 人左右。进而,邓巴在 2002 年通过西方人比较熟悉圣诞卡片交换行为的调查发现这个人数在 153 左右。类似的大量研究都表明"150 定律"的科学性。

6.9.2 六度分隔理论的验证

显然,社会学家主持的验证研究,都不约而同地使用了网络时代的新型通信手段——Email。然而,这样的研究具有太大的局限性和困难。其一,使用 Email 保持社会关系的人群有较大的局限性。其二,我们很难记录和跟踪所有 Email 的走向,这是一个信息量太过巨大的工程,即便只涉及数万名志愿者,也需要一个非常长的周期才能完成。其三,志愿者很可能会遗漏一些与之相识的人,而这些人或许刚好就是快速通往目标人的中间人。其四,整个过程有赖于志愿者的意愿,部分或许是重要的中间人,可能没有兴趣为这个验证转发 Email。

现代人用电话和短信保持联络的远远大于用 Email 保持联络。截至 2011 年初,我国三大运营商的手机和固话用户数大约在 11 亿(中国移动的用户数量已经接近 6 亿,联通和电信各超过 2.5 亿),除去部分重复使用者,应该有 10 亿用户左右。基本上覆盖了全部成年人口。由于电话和短信的通信都有一个运行服务商,从而人脉关系的数据已经集中在服务商那儿,不需要再进行跟踪。因此采用现成的电话和短信通信信息,很容易建立两个人是否为"认识"的关系。比如,假定任意两个人在一年内,电话或短信相互收发两次以上定义为两人"认识",这可以排除绝大部分的广告电话和广告短信。

实际操作中,由于竞争和保密的原因,运营商对用户的通信数据不会公开。因此,我们只能理论上介绍并分析验证"六度空间理论"的思想方法。

"六度空间理论"可以形式化描述成以下图论中的最短距离问题:首先,用一个无向图 G 来表示 N 个人的人际关系网络。假定有 $N(N=10$ 亿$)$ 个人,用图 G 的一个顶点表示一个人,那么该图有 $N=10^9$ 个顶点。两个人"认识"与否,用代表这两个人的顶点之间是否有一条边来表示,如果平均每个人"认识"其他 150 个人,则该图大约有 $150×N/2=75×10^9$ 条边,并假定边上的权值都是 1。"六度空间理论"可以陈述为:在人际关系网络图 G 中,任意两个顶点之间都有一条最短距离不超过 6 的路径。在实际验证过程中,可以改用一定的百分比(比如 99%)来陈述:在人际关系网络图 G 中,任意一个顶点到其余 99% 以上的顶点都有一条最短距离不超过 6 的路径。

要求每一对顶点之间的最短距离,理论上采用 6.6.2 节的 Floyd 算法,就可以完全解决问题。但是由于这个算法的空间复杂度是 $O(N^2)$,时间复杂度是 $O(N^3)$,这对于 $N=10^9$ 规模的问题来说,这个复杂性太大,没有实施的可能。

另一种思路是,随机抽样部分人进行验证。每次以某个顶点为源点,执行 6.6.1 节的 Dijkstra 算法,可以计算一个人到其余所有人之间的最短距离。因为这个图是稀疏图,可以用邻接表作为存储结构并用第 4 章介绍的优先队列进行 DeleteMin 操作。它的时间界大约可以改进为 $O(|E|\log|V|) \approx 75×10^9×\log 10^9 \approx 75×10^9×30 \approx 2\,250\,G$。对于现代每秒万亿次运算速度的计算机来说,在几秒钟可以验证一个顶点,每天可以验证近万人。从存储的角度看,采用邻接表存储该图,如果每个顶点平均有 150 个左右的邻接点,大体上会有数百个吉(G)的存储量。因此在有太(T)数量级存储的超大型计算机上可以实现。为了解决存储的问题,还可以考虑把这个邻接表存储在外存的数据库上(需要付出增加时间的代价),内存中只存储当前的最短路径长度和当前路径(表 6.2 中的 D 向量和 P 向量),它们分别需要数吉(G)的存储量。

微视频 6-7
六度空间

求得一个人到其余所有人的最短距离以后,就很容易计算出最短距离不超过 6 的顶点所占比例。

6.9 应用实例

还有一种更好的思路是，不用 Dijkstra 算法。首先，我们把人际关系网络图 G 看成是一个不带权的图。然后，"六度空间理论"也可以陈述为：在人际关系网络图 G 中，任意两个顶点之间都有一条路径长度不超过 6 的路径。可以采用 6.4.3 节广度优先搜索（BFS）的方法，对任意一个起点，通过对图 G 的"6 层"遍历，就可以统计出所有路径长度不超过 6 的顶点数。从而得知这些顶点在所有顶点数中的所占比例。代码 6.15 是算法的实现。该算法的时间复杂度是 $O(|E|+|V|) \approx 75 \times 10^9 \approx 100\ G$，对于现代每秒万亿次运算速度的计算机来说，每秒钟可以验证数个顶点，每天可以验证数万人。空间复杂度与 Dijkstra 算法相当，需存储 Visited 向量和当前队列向量，它们分别需要数个吉（G）的存储量。

```c
#define SIX 6
int Visited[MaxVertexNum];

void InitializeVisited(int Nv)
{
    Vertex V;
    for(V=0;  V<Nv;  V++)
        Visited[V]=false;
}

int SDS_BFS(LGraph Graph,  Vertex S)
{ /* 以 S 为出发点对 Graph 进行 6 层 BFS 搜索 */
    Queue Q;
    Vertex V,  Last,  Tail;
    PtrToAdjVNode W;
    int Count,  Level;

    Q=CreateQueue(MaxSize);   /* 创建空队列,MaxSize 为外部定义的常数 */
    Visited[S]=true;   /* 标记 S 已访问 */
    Count=1;           /* 统计人数从 1 开始 */
    Level=0;           /* 起始点定义为第 0 层 */
    Last=S;            /* 该层只有 S 一个顶点,是该层被访问的最后一个顶点 */
    AddQ(Q,  S);       /* S 入队列 */

    while(!IsEmpty(Q)){
        V=DeleteQ(Q);   /* 弹出 V */
        for(W=Graph->G[V].FirstEdge;  W;  W=W->Next){ /* 对 V 的每个邻接点 W->AdjV */
            if (!Visited[W->AdjV]) {   /* 若 W->AdjV 未被访问 */
```

```
            Visited[W->AdjV]=true;   /* 标记 W->AdjV 已访问 */
            Count++;                 /* 统计人数 */
            Tail=W->AdjV;            /* 当前层尾 */
            AddQ(Q, W->AdjV);        /* W->AdjV 入队列 */
        }
    }
    if (V==Last) { /* 如果上一层的最后一个顶点弹出了 */
        Level++;   /* 层数递增 */
        Last=Tail; /* 更新当前层尾为该层被访问的最后一个顶点 */
    }
    if (Level==SIX) break;  /* 6 层遍历结束,退出搜索 */
  } /* while 结束 */
  DestroyQueue(Q);
  return Count;   /* 返回统计数据 */
}

void Six_Degrees_of_Separation(LGraph Graph)
{ /* 用邻接表存储图,对每个顶点检验六度空间理论 */
    Vertex V;
    int count;

    for(V=0; V<Graph->Nv; V++) { /* 对图中的每个顶点 V */
        InitializeVisited(Graph->Nv);
        count=SDS_BFS(Graph, V);
        printf("顶点%d 的六度覆盖比例=%.2f%%\n", V, 100.0*(double)count/(double)Graph->Nv);
    }
}
```

代码 6.15　统计路径长度不超过 6 的顶点数比例

算法 SDS_BFS 没有给出路径上的这六个中间人是谁,需要这些信息的话,也不难修改算法得到它们。

现在回到原始问题,"六度空间"理论中所指的"每个人"应该是指全球的 70 亿人口,上述的讨论从原理上可以应用于全球每个人。但是,出于比较现实的可获得原始数据的原因,我们把范围暂时限定在国内,或者相对容易实现的某一个"电话运营商"用户的范围内。有兴趣的研究学者不妨寻求与运营商合作来验证一下。

本 章 小 结

  相对于线性表和树,图这种数据结构具有更强的描述现实问题的能力。正如线性表是树的特例一样,线性表和树都可以看成图的特例,因而利用图数据结构能解决更为广泛和复杂的问题。相应地,在计算机中表达一个图及其相关的操作也要复杂得多。

  存储一个图的常用方法主要有两种,即邻接矩阵和邻接表。前者属于顺序存储,需要 $\Theta(|V|^2)$ 的存储空间;后者属于顺序存储和链式存储的结合,需要 $\Theta(|V|+|E|)$ 的存储空间。对于稠密图来说,两者差别不大,由于前者的结构简单,所以是首选;对于稀疏图来说,后者比较省空间,当 $|V|$ 比较大的时候,节省的空间就相当可观,对于超级巨大的 $|V|$ 来说(比如 6.9 节的应用实例),前者可能就无能为力,你非选择后者不可了。

  不同的存储结构也会影响算法的时间复杂性。一般来说,稀疏图采用邻接表存储可以大大提高从顶点寻找邻接边的处理效率,从而提高算法的时间性能;稠密图可以首先考虑较为简单的邻接矩阵存储结构。

  6.4.1 节迷宫探索的思路很好地表达了深度优先搜索(DFS)的过程,其实现的核心技巧是利用一个辅助的堆栈。实现广度优先遍历(BFS)的核心技巧是利用一个辅助的队列。应用中,选择 DFS 还是 BFS 进行遍历,主要看遍历的目的是什么。如果仅仅为了访问每个顶点,选用哪个方法都可以。但是如果图的顶点和边的数量庞大,遍历的目的也只是寻找某合适的顶点,那么选择哪种遍历方式就有讲究了。如果估计目标顶点离开起始顶点不会太远,那么选择广度优先遍历是比较合适的,因为它是一种由近及远的搜索策略,有较大的可能性快速找到目标;如果估计目标顶点与起始顶点没有太大的关系,那么选择深度优先遍历是比较合适的,深度优先是通过邻接点尽快接近较远目标的搜索策略。举个未必十分准确却也类似的例子,在野外寻找失踪人员,搜索方法也可以有两种。假如失踪时间不长,可以采用类似于广度优先策略的"地毯式"搜索,因为我们估计失踪人员短时间内不会离开很远,快速搜索成功的可能性也比较大;假如失踪时间已经很长久,最好的策略是沿着失踪人员留下的"足迹线索"不断跟踪搜索,这类似于深度优先策略,而费时盲目的"地毯式"搜索显然无助于快速找到失踪者。

  6.5 节的最小生成树不仅解决了本章一开始提出的公路村村通问题,其现实应用非常广泛,一般的最小连通成本问题都可以通过最小生成树算法求得最优解。普利姆(Prim)算法和克鲁斯卡尔(Kruskal)算法分别从顶点出发和从边出发,最后"扩展"成一棵代价最小生成树,算法思想都是采用"贪婪"的方法,从时间效率上来说,前者适合稠密图,后者适合稀疏图。

  6.6 节讨论最短路径问题。主要讨论了两个问题,即边上正权值图的"单源最短路径问题"和"任意两个顶点的最短路径问题"。前者采用迪杰斯特拉(Dijkstra)算法,算法思想是"贪婪"方法,时间和空间效率都比较高;后者采用弗洛伊德(Floyd)算法,算法思想是"动态规划"方法。最短路径问题算法的应用也很广泛,现代人们常用的汽车导航系统就是一个直接的应用。

  6.7 节的拓扑排序是解决一个"项目流程规划图"的合理性问题,即判断其是否属于有向无环图(DAG),若是则给出一种可行的顺序。而 6.8 节的关键路径问题是在此基础上,进一步找出哪些活动是影响项目工期的关键活动。不过,如果仅仅是拓扑排序问题的话,DAG 可以描述成不带权的 AOV(顶点表示活动)就可以了,而如果要进一步解决项目工期问题,那么,"项目流程规划图"就应该描述成一个带权的 AOE(边表示活动)才比较方便。

在涉及全图的问题中,算法的时间代价 $O(|E|+|V|)$ 通常是最优了,因为考察每个顶点和边一次就需要这个时间复杂性。如果是稠密图,则 $O(|V|^2)$ 的时间代价算法也是最优的了。

另外一个问题,应用非常广。理论上是哈密尔顿回路(Hamilton Cycle)问题,它的提法可以简单陈述为"是否存在仅仅经过各个顶点一次的回路"。但是它的一些变形的提法可能更具现实应用背景:"寻找至少经过各个顶点一次的最短回路"。我们把它叫做巡回售货员问题(Traveling Salesman Problem,TSP),也叫货郎担问题。它不是最短路径问题,也不属于最小生成树问题。令人遗憾的是,至今没有找到解决 TSP 的多项式时间界的方法。事实上,到目前为止的研究表明,这类问题很可能需要指数时间界的算法才能解决,但这个结论仍然只是一个猜测。同属于哈密尔顿回路的变形问题还有:最佳旅游线路问题、最佳灾情巡视路线选择问题、印刷电路板最优穿孔问题等。

同样非常著名、并且也有相同难度的问题还有:装箱问题、背包问题、图的着色、团问题等,读者如果有兴趣,建议查阅有关文献或网站资料。

欧拉回路(Euler Cycle)问题看起来似乎与哈密尔顿回路问题有点相似,它的提法简单陈述为"是否存在仅仅经过各条边一次的回路",所以也叫图的"一笔画"问题。它的一个著名应用就是"哥尼斯堡七桥问题"。然而令人惊奇的是,判断是否存在欧拉回路和寻找一条欧拉回路的时间界只需要 $O(|E|+|V|)$!理论的结果非常简单:存在欧拉回路的充分必要条件是所有顶点的度均为偶数。找到一条欧拉回路的算法同样不复杂:采用一次深度优先搜索可以得到一个回路,在原图中删去这个回路后再次进行深度优先搜索,拼接得到的各个回路就可以得到覆盖所有边的欧拉回路。具体算法读者可以查阅有关资料。

习　题

6.1　判断正误。

(1) 用邻接表法存储图,占用的存储空间数只与图中结点个数有关,而与边数无关。

(2) 用邻接矩阵法存储图,占用的存储空间数只与图中结点个数有关,而与边数无关。

(3) 无向连通图所有顶点的度之和为偶数。

(4) 在任一有向图中,所有顶点的入度之和等于所有顶点的出度之和。

(5) 如果无向图 G 必须进行两次广度优先搜索才能访问其所有顶点,则 G 中一定有回路。

(6) 如果从有向图 G 的每一点均能通过深度优先搜索遍历到所有其他顶点,那么该图一定不存在拓扑序列。

(7) 如果 e 是有权无向图 G 唯一的一条最短边,那么边 e 一定会在该图的最小生成树上。

6.2　填空题。

(1) 在用邻接表表示有 N 个结点 E 条边的图时,深度优先遍历算法的时间复杂度为_____。

（2）如果 G 是一个有 28 条边的非连通无向图，那么该图顶点个数最少为_____。

（3）在一个有权无向图中，如果顶点 b 到顶点 a 的最短路径长度是 10，顶点 c 与顶点 b 之间存在一条长度为 3 的边。那么 c 与 a 的最短路径长度_____。

6.3 设无向图为 $G=(V,E)$，其中 $V=\{v_1,v_2,v_3,v_4\}$，$E=\{(v_1,v_2),(v_3,v_4),(v_4,v_1),(v_2,v_3),(v_1,v_3)\}$。请回答下列问题：

（1）画出该图。

（2）分别写出每个顶点的度。

（3）画出相应的邻接矩阵。

6.4 已知有向图如图 6.42 所示，请给出该图的

（1）每个顶点的入度和出度。

（2）邻接矩阵。

（3）邻接表。

（4）逆邻接表。

（5）各个强连通分量。

6.5 已知一个无向图的顶点集为 $\{V_0,V_1,\cdots,V_7\}$，其邻接矩阵如下所示：

$$\begin{array}{c} V_0 \\ V_1 \\ V_2 \\ V_3 \\ V_4 \\ V_5 \\ V_6 \\ V_7 \end{array} \begin{pmatrix} 0 & 1 & 0 & 1 & 1 & 0 & 0 & 0 \\ 1 & 0 & 1 & 0 & 1 & 0 & 0 & 0 \\ 0 & 1 & 0 & 0 & 0 & 1 & 0 & 0 \\ 1 & 0 & 0 & 0 & 0 & 0 & 1 & 0 \\ 1 & 1 & 0 & 0 & 0 & 0 & 1 & 0 \\ 0 & 0 & 1 & 0 & 0 & 0 & 0 & 0 \\ 0 & 0 & 0 & 1 & 1 & 0 & 0 & 1 \\ 0 & 0 & 0 & 0 & 0 & 0 & 1 & 0 \end{pmatrix}$$

（1）画出该图的图形。

（2）给出从 V_0 出发的深度优先遍历序和广度优先遍历序。

6.6 设有图的数据逻辑结构 $B=(K,R)$，其中：顶点 $K=\{k_1,k_2,\cdots,k_9\}$，有向边集 $R=\{<k_1,k_3>,<k_1,k_8>,<k_2,k_3>,<k_2,k_4>,<k_2,k_5>,<k_3,k_9>,<k_5,k_6>,<k_8,k_9>,<k_9,k_7>,<k_4,k_7>,<k_4,k_6>\}$。

（1）请在图 6.43 中完成，画出这个逻辑结构的图示。

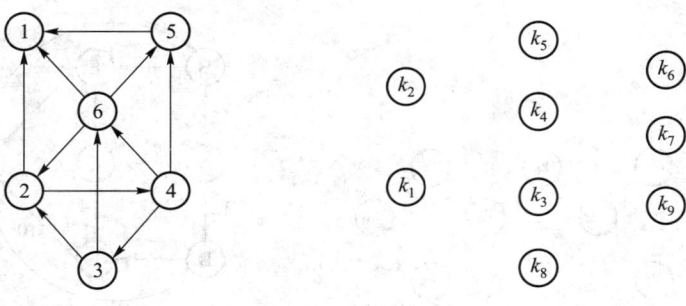

图 6.42　题 6.4 图　　　　图 6.43　题 6.6 图

(2) 对该 DAG 图,分别举出四个拓扑序列的例子(开始结点和结束结点不完全相同)。

(3) 将所有有向边变为无向边,给出从顶点 k_5 出发深度优先搜索遍历该无向图的顶点序列(有多种遍历方式时,顶点标号小者优先)。

6.7 根据图 6.44 所示的无向带权图回答下列问题:

(1) 写出它的邻接矩阵。

(2) 画出图 6.44 的最小生成树。

(3) 给出从顶点 a 出发深度优先搜索遍历该图的顶点序列(多个顶点可以选择时按字母序)。

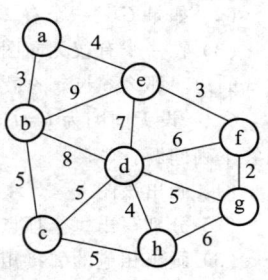

图 6.44 题 6.7 图

6.8 给定一个图的邻接矩阵如下:

	V_1	V_2	V_3	V_4	V_5	V_6	V_7	V_8	V_9	V_{10}
V_1	0	1	1	1	0	0	0	0	0	0
V_2	0	0	0	1	1	0	0	0	0	0
V_3	0	0	0	1	0	0	0	0	0	0
V_4	0	0	0	0	0	1	1	0	1	0
V_5	0	0	0	0	0	0	1	0	0	0
V_6	0	0	0	0	0	0	0	1	1	0
V_7	0	0	0	0	0	0	0	0	1	0
V_8	0	0	0	0	0	0	0	0	0	1
V_9	0	0	0	0	0	0	0	0	0	1
V_{10}	0	0	0	0	0	0	0	0	0	0

(1) 在图 6.45 中画出该图的边:

(2) 从 V_1 出发的深度优先遍历序列(DFS,有多种选择时小标号优先)。

(3) 从 V_1 出发的宽度优先遍历序列(BFS,有多种选择时小标号优先)。

6.9 试利用 Dijkstra 算法求图 6.46 中从顶点 A 到其他顶点的最短距离及对应的路径,写出计算过程中各步状态。

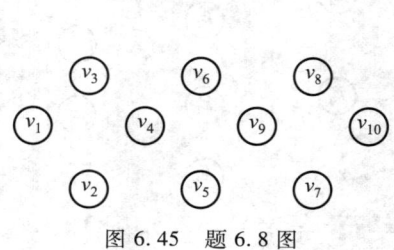

图 6.45 题 6.8 图

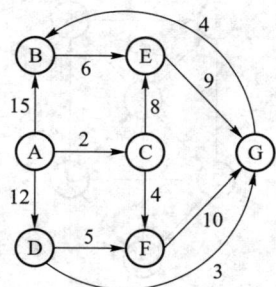

图 6.46 题 6.9 图

习　题

6.10　给出如图 6.47 所示的具有 7 个结点的网 G。请：
（1）画出该网的邻接矩阵。
（2）采用 Prim 算法，从 4 号结点开始，给出该网的最小生成树（画出 Prim 算法的执行过程及最小生成树的生成示意图）。

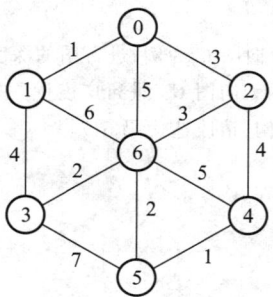

图 6.47　题 6.10 图

6.11　试利用 Floyed 算法，求如图 6.48 所示有向图的各对顶点之间的最短路径，并写出在执行算法过程中，所得的最短路径长度矩阵序列和最短路径矩阵序列。

6.12　给定如图 6.49 所示的有向图，请问其不同的拓扑排序序列有几种，请给出按字母序从小到大的拓扑序列。

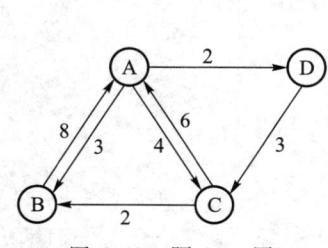

图 6.48　题 6.11 图

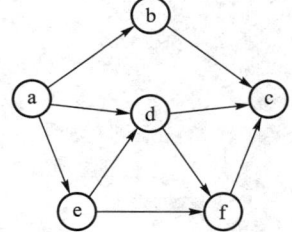

图 6.49　题 6.12 图

6.13　一个工程项目由下列 A～L 共 12 个活动构成，各活动的持续时间和前驱活动如表 6.5 所示。

表 6.5　题 6.13 表

活动	持续时间	前驱活动	活动	持续时间	前驱活动
A	15	无	G	10	E
B	17	无	H	40	G
C	10	A	I	20	E
D	8	B	J	25	I
E	15	C,D	K	30	F
F	33	B	L	20	H,J,K

（1）画出表示该工程项目的 AOE 网络图。

（2）列出图中各顶点（状态）的最早发生时间和最迟发生时间。

（3）计算完成该项目的所需时间；指出哪些是关键活动。

6.14 参考代码 6.1 和代码 6.2，把它们修改成根据问题的大小（顶点数 n）动态分配一维 Data 数组和二维 G 矩阵的大小。

6.15 参考例 6.12，以图 6.20(a) 的无向图 G_5 为例，进行图的深度优先搜索。假设从顶点 C 出发进行搜索。

6.16 参考例 6.13，以图 6.20(a) 所示无向图 G_5，进行广度优先搜索遍历，假设从顶点 C 出发进行搜索。

6.17 若选择邻接表作为图的数据结构，请改造代码 6.7。

第7章 排　序

7.1　引子

前面我们已经学习过线性表、树、图等数据结构，数据结构和算法是密不可分的，特定的算法需要特定的数据结构才能发挥出应有的效率。本章我们来谈谈最常见的一类算法：排序。

在计算机中，所谓排序就是将一组无序的记录序列调整为有序的记录序列，是计算机处理问题时经常会遇到的一项工作。一个排序算法是指一种能将一串记录序列按照某种特定的方式进行调整的一种方法。

请大家试想下，如何让计算机将 7，6，3，4，2，5，1 这组序列排成从小到大的序列？就算完全没有排序算法的概念，相信读者也能找到办法来解决这个问题。有些读者可能已经学过一些简单的排序方法，比如冒泡排序、直接插入排序等，这些简单排序方法都可以很好地解决类似前面这种数据量比较小的排序问题。那么现在换个问题，如果要对 Google 的搜索关键词进行排序，选出 10 大热门关键词，请问该如何实现？对于这类数据量很大的问题，排序算法的效率就非常关键。

接下来让我们通过例子来了解与排序密切相关的一个问题，从中可以看到，相同的问题，由于采用的算法思路不同，最终问题求解的效率差别会很大。

[例 7.1] 有 1 亿个随机给出的浮点数，请找出其中最大的 1 万个。假设每个浮点数占 4 个字节。

[分析] 解决该问题的办法有很多，下面列举 3 种。这里我们重点分析问题的求解思路，并关注它们的时间复杂度。读者通过本章的学习可以编写出具体的程序。

方法 1：

每个浮点数占 4 个字节，1 亿个浮点数需要 400 MB。最直接的方法是：每次通过一轮循环比较，选择其中最大的数据，这样进行 1 万次选择，就可以得到最大的 1 万个数。这种思路就是选择排序的基本思想。由于从 N 个数的序列中选择一个最大的数需要经过 $N-1$ 次的比较，故此方法总比较次数为 $N-1+(N-2)+\cdots+(N-10\,000)$ 次。当 N 为 1 亿时，比较次数大约为 1 万亿次。这样的时间复杂度和排序效率都是不能忍受的，可见，一些简单的排序算法在海量数据面前是不适用的。

方法 2：

对于如此规模的排序，一种比较好的方法是采用"分而治之"的策略。比如，以 1 百万为一个块,分为 100 块,分别对这 100 块数据进行排序。由于只需要得到最大的 1 万个数,故每块排完后可以只要前 1 万个数,再从这 100 块共 100 万个数中取最大的 1 万个就可以了。后面我们会讲到的快速排序和归并排序都是这种"分而治之"算法设计思想的体现。如果数据是完全没有规律的话,快速排序的平均复杂度是 $O(NlogN)$。当 N 为 100 万时,$O(NlogN)$ 是 2 000 万,所以求解 100 块百万数据的排序问题以及随后对 100 万数据的再排序,时间复杂性大约是 20 亿,与前一种方法比较已经有很大的改进。

方法 3:

还有一种更为精巧的方法:先读出 1 百万个数,可以利用快速排序等高效算法进行排序,找出最大的 1 万个数。然后维护好这 1 万个数,对剩下的近 1 亿个数进行过滤:每次读入剩下的一个数,如果该数小于等于这 1 万个数的最小值,则继续读下一个数;否则,用该数替代 1 万个数里的最小值。这里的关键问题是如何维护好这 1 万个数,使之能随时知道这 1 万个数的最小值并方便删除它,以及加入新的数。从前面 4.6 节可以知道,堆结构就可以很好地完成这个任务。因此,基于堆结构也有一种好的排序算法,那就是堆排序。如果最早选取的这 1 百万个数据够理想的话,其中最大 1 万个数里面的最小数应该接近最终所求的 1 万个最大数里面的最小数,故可以排除掉剩下近 1 亿个数中的大部分数。假设有 90%左右的数被排除了,那么也就只有 1 千万个左右的数入堆,堆的操作效率是 $O(logN)$。由于堆里只有 1 万个数,每次堆操作复杂性是 log10 000,约等于 14,所以这个方法的效率大致是:2 000 万(百万数排序)+1 亿(顺序过滤)+14 * 1 千万,共约 2.6 亿,比第 2 种方法在计算效率上又提高了不少。

另外,这种方法也不用把所有数都一次性放到内存里来处理,因此在大数据量情况下可以节省内存空间。这种思想就是本章最后要提到的外部排序的思路。

由上例可以看出,不同的方法,其效率可以相差很多,而效率其实是跟数据的特点直接或间接相关的。本章的任务就是向大家介绍几种经典的排序算法,同时分析它们各自的优缺点。需要特别指出的是:没有一种排序算法在任何情况下都是最优的,我们必须学会根据实际情况选择最优的算法来解决问题。

这里还有个常用的概念要解释下。排序算法的"稳定性"是指:在一组待排序记录中,如果存在任意两个相等的记录 R 和 S,且在待排序记录中 R 在 S 前,如果在排序后 R 依然在 S 前,即它们的前后位置在排序前后不发生改变,则称该排序算法为稳定的。

为了叙述方便,本章随后讨论的排序问题都约定为从小到大的排序。

7.2 选择排序

7.2.1 简单选择排序

简单选择排序(Simple Selection Sort)是一种直观的排序算法,其思想是在未排序的序列中选出最小的元素和序列的首位元素交换,接下来在剩下的未排序序列中再选出最小元素与序列的第二位元素交换,依次类推,最后形成从小到大的已排序序列。

代码 7.1 给出了这个算法的 C 语言实现。

```c
void Swap(ElementType *a, ElementType *b)
{
    ElementType t = *a; *a = *b; *b=t;
}

void SimpleSelectionSort(ElementType A[], int N)
{/*简单选择排序*/
    int i, j, min;

    for(i=0; i<N-1; i++){/*寻找最小元素*/
        min=i;
        for(j=i+1; j<N; j++)
            if(A[j]<A[min])
                min=j;  /* min 记录最小元素位置 */
        /* 将第 i 个元素与最小元素交换 */
        Swap(&A[i], &A[min]);
    }
}
```

代码 7.1　简单选择排序的 C 语言实现

可以看出,简单选择排序无论在什么情况下,都需要比较 $N*(N-1)/2$ 次,故其时间复杂度为 $O(N^2)$。事实上,在将第 i 个元素与最小元素交换之前,我们可以判断一下,如果 min==i,则不用交换,那么简单选择排序移动元素的次数在最好的情况下是 0 次(待排序的元素序列已经是有序),在最坏的情况下为 $3(N-1)$ 次(除了最后一个元素外,每个元素都要经过 3 步交换位置)。

7.2.2　堆排序

堆排序(Heap Sort)是由 1991 年计算机先驱奖获得者、斯坦福大学计算机科学系教授罗伯特·弗洛伊德(Robert W.Floyd)和威廉姆斯(J.Williams)在 1964 年共同提出的。

堆排序是指利用堆这种数据结构所设计的一种排序算法。在第 4 章中我们已经介绍了堆,是一种特殊的二叉树,每个子结点的值总是小于(或者大于)它的父结点,相应地分为最大堆和最小堆。由于堆是一个完全二叉树,一般情况下堆排序都是用数组的方式来实现。

堆排序的核心思想是:利用最大堆(或者最小堆)输出堆顶元素,即最大值(或最小值),将剩余元素重新生成最大堆（或者最小堆），继续输出堆顶元素，重复此过程，直到全部元素都已输出，得到的输出元素序列即为有序序列。

实现堆排序方法一种简单的做法是额外开辟一个辅助的数组空间，将堆顶元素逐一放入辅助数组里，最后再把辅助数组的内容复制回原始的数组。这种方法的额外空间复杂度是 $O(N)$。下面我们讨论一种更聪明的方法，只用 $O(1)$ 的额外空间即可。

如图 7.1 所示，首先将一个无序的序列生成一个最大堆，如图 7.1(a) 所示。接下来我们不需要将堆顶元素输出，只要将它与堆的最后一个元素对换位置即可，如图 7.1(b) 所示。这时我们确知最后一个元素 99 一定是递增序列的最后一个元素，而且已经在正确的位置上。现在问题变成了如何将剩余的元素重新生成一个最大堆——也很简单，只要依次自上而下进行过滤，使其符合最大堆的性质。图 7.1(c) 是调整后形成的新的最大堆。要注意的是，99 已经被排除在最大堆之外，即在调整的时候，堆中元素的个数应该减 1。结束第 1 轮调整后，再次将当前堆中的最后一个元素 22 与堆顶元素换位，如图 7.1(d) 所示，再继续调整成新的最大堆……如此循环，直到堆中只剩 1 个元素，即可停止，得到一个从小到大排列的有序序列。

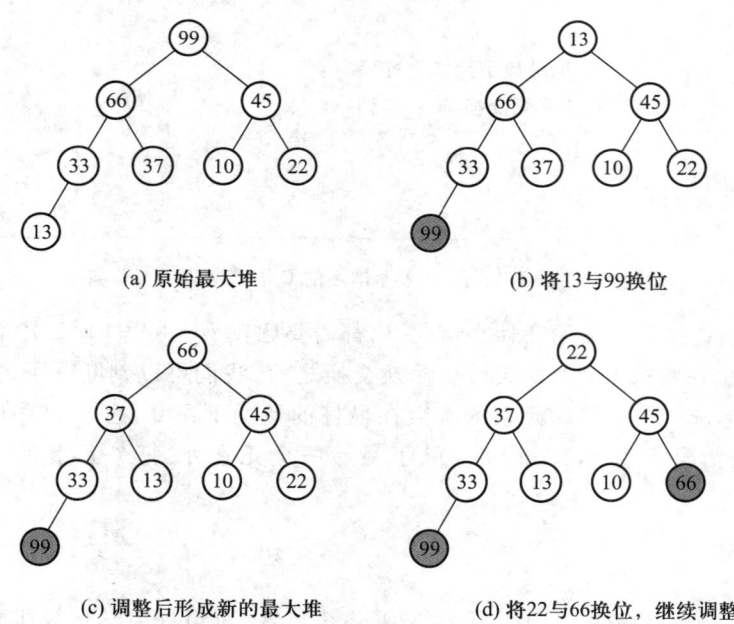

图 7.1 最大堆的调整

这个方法的时间复杂度与前一种方法相同，仍然是 $O(N\log N)$，但是不需要额外的辅助数组，所以额外空间复杂度是 $O(1)$。

代码 7.2 给出了堆排序的实现。注意到第 4 章的最大堆代码不能直接调用，因为这里的数据是从第 0 个单元开始存放的，所以代码需要做相应的改动。这时对于第 i 个单元的结点，

7.2 选择排序

其左孩子的编号不再是 2i,而是 2i+1,右孩子编号是 2i+2;其父结点的编号是⌊(i−1)/2⌋。又注意到无论是建立堆还是删除堆顶元素,其核心部分都是"下滤",所以我们把这个核心函数抽取出来,用 PercDown(A,i,N) 来实现对 A[ ] 中的前 N 个元素从第 i 个元素开始向下迁移调整的过程。

```
void PercDown(ElementType A[], int p, int N)
{/*改编代码4.24的 PercDown(MaxHeap H, int p)     */
  /*将N个元素的数组中以A[p]为根的子堆调整为最大堆 */
    int Parent, Child;
    ElementType X;

    X=A[p];   /*取出根结点存放的值 */
    for(Parent=p; (Parent*2+1)<N; Parent=Child){
        Child=Parent*2+1;
        if((Child!=N-1)&&(A[Child]<A[Child+1]))
            Child++;   /* Child指向左右子结点的较大者 */
        if(X>=A[Child])break;   /*找到了合适位置 */
        else   /*下滤 X */
            A[Parent]=A[Child];
    }
    A[Parent]=X;
}

void HeapSort(ElementType A[], int N)
{/* 堆排序 */
    int i;

    for(i=N/2-1; i>=0; i--)/*建立最大堆 */
        PercDown(A, i, N);

    for(i=N-1; i>0; i--){
        /* 删除最大堆顶 */
        Swap(&A[0], &A[i]);/*见代码7.1 */
        PercDown(A, 0, i);
    }
}
```

代码 7.2 堆排序

7.3 插入排序

7.3.1 简单插入排序

简单插入排序的核心思想是:将待排序的一组序列分为已排好序的和未排序的两个部分;初始状态时,已排序序列仅包含第一个元素,未排序序列中的元素为除去第一个以外 $N-1$ 个元素;此后将未排序序列中的元素逐一插入到已排序的序列中。如此往复,经过 $N-1$ 次插入后,未排序序列中元素个数为 0,则排序完成。

具体到第 $k-1$ 次插入,对应待插入元素应为第 k 个元素,也就是未排序序列中的第一个元素,插入的基本过程是:将它和第 $k-1$ 个元素(也就是已排序序列的最后一个元素)进行比较,若大于第 $k-1$ 个记录,则该次循环结束;否则,将两个元素交换,再比较该数和第 $k-2$ 个元素之间的大小,依此往复,直到该数比它当前位置的前一个元素大,或该数已交换到了第 1 个位置,则第 $k-1$ 次循环结束。

下面我们来看一个例子。表 7.1 显示了对 {44,12,59,36,62,43,94,7,35,52,85} 进行简单插入排序的前 3 次循环的情况。在第 2 次循环结束后,已排序序列中有 3 个记录。第 3 次循环第 1 步,将未排序序列中的第一个记录 36 和已排序组中的最后一个记录 59 进行比较,因满足 36<59,因此交换这两个记录;第 2 步,36 仍然小于一个记录 44,则继续交换;直到大于前一个记录 12,则停止交换,第 3 次循环结束。已排序序列中新增记录 36,未排序序列中删除该记录,记录数量减 1。

表 7.1 简单插入排序示例

排序前	44	12	59	36	62	43	94	7	35	52	85
经过 2 次循环	已排序序列			未排序序列							
第 2 次循环结束后	12	44	59	36	62	43	94	7	35	52	85
第 3 次循环第 1 步	12	44	**36** ↔	**59**	62	43	94	7	35	52	85
第 3 次循环第 2 步	12	**36** ↔	**44**	59	62	43	94	7	35	52	85
	已排序序列				未排序序列						
第 3 次循环结束	12	36	44	59	62	43	94	7	35	52	85

经过 10 次这样的循环,未排序序列的所有记录逐个插入到已排序序列中,则排序结束。简单插入排序的算法实现由代码 7.3 给出。注意到在程序实现时,不需要每次做 3 步赋值实现交换,而是将未排序序列中的第一个元素先取出来,依次与已排序序列中元素比较,将需要交换的元素右移,最后把未排序序列中的第一个元素放进合适的位置即可。

```
void InsertionSort(ElementType A[], int N)
{/*插入排序*/
    int P, i;
    ElementType Tmp;

    for(P=1; P<N; P++){
        Tmp=A[P];    /*取出未排序序列中的第一个元素*/
        for(i=P; i>0 && A[i-1]>Tmp; i--)
            A[i]=A[i-1];    /*依次与已排序序列中元素比较并右移*/
        A[i]=Tmp;    /*放进合适的位置*/
    }
}
```

代码 7.3　插入排序

由该算法代码可以看出，空间复杂度上，简单插入排序仅需要常数个额外空间；时间复杂度上，函数中有 2 个嵌套的循环，每个循环进行 $O(N)$ 次比较和交换，因此整个简单插入排序的平均时间复杂度为 $O(N^2)$。在最坏的情况下，对应每一个 P，要进行 $P-1$ 次比较和交换，总共要花费 $O(N^2)$ 次操作；在最好的情况下，也就是对已经排好序的序列进行排序，第二个循环在第一个 (A[i-1]>Tmp) 比较时就跳出，因此总共花费 $O(N)$ 次操作。

此外，简单插入排序是稳定的排序，我们发现，数值相同的两个记录不会发生相对位置上的改变。

7.3.2　希尔排序

简单插入排序效率不高的一个重要原因是每次只交换相邻的两个元素，这样只能消去一对错位的元素。希尔排序对插入排序进行改进，试图通过每次交换相隔一定距离的元素，达到排序效率上的提升。

希尔排序的基本原理是，将待排序的一组元素按一定间隔分为若干个序列，分别进行插入排序。开始时设置的"间隔"较大，在每轮排序中将间隔逐步减小，直到"间隔"为 1，也就是最后一步是进行简单插入排序。

希尔排序将"间隔"定义为一组增量序列，用来分割待排序列，即将位置之差等于当前增量的元素归属于同一个子序列，并分别进行插入排序；排好后再选取下一个增量，划分子序列再次排序，直到最后一个增量（一般为 1）。

[例 7.2]　对于待排序列{44,12,59,36,62,43,94,7,35,52,85}，我们可设定增量序列为{5,3,1}。

第一个增量为 5，因此{44,43,85}、{12,94}、{59,7}、{36,35}、{62,52}分别隶属于同一个子序列，子序列内部进行插入排序；然后选取第二个增量 3，因此{43,35,94,62}、{12,52,59,

85}、{7,44,36}分别隶属于同一个子序列;最后一个增量为1,这一次排序相当于简单插入排序,但是经过前两次排序,序列已经基本有序,因此此次排序时间效率就提高了很多。希尔排序过程如表 7.2 所示。

表 7.2 希尔排序示例

排序前	44	12	59	36	62	43	94	7	35	52	85
第一个增量排序后	43	12	7	35	52	44	94	59	36	62	85
第二个增量排序后	35	12	7	43	52	36	62	59	44	94	85
第三个增量排序后	7	12	35	36	43	44	52	59	62	85	94

代码 7.4 给出了用 Sedgewick 增量序列进行希尔排序的实现。

```
void ShellSort(ElementType A[], int N)
{/*希尔排序-用 Sedgewick 增量序列 */
    int Si, D, P, i;
    ElementType Tmp;
    /*这里只列出一小部分增量 */
    int Sedgewick[]={929, 505, 209, 109, 41, 19, 5, 1, 0};

    for(Si=0; Sedgewick[Si]>=N; Si++)
        ;/*初始的增量 Sedgewick[Si]不能超过待排序列长度 */

    for(D=Sedgewick[Si]; D>0; D=Sedgewick[++Si])
        for(P=D; P<N; P++){/*插入排序 */
            Tmp=A[P];
            for(i=P; i>=D && A[i-D]>Tmp; i-=D)
                A[i]=A[i-D];
            A[i]=Tmp;
        }
}
```

代码 7.4 希尔排序

由该算法代码可以看出,空间复杂度上,和简单插入排序一样,希尔排序只需要 $O(1)$ 的额外空间;时间复杂度上,每一次针对某增量进行插入排序,而随着增量逐渐变小,整体序列逐渐有序起来,每次插入排序的比较和交换次数变少。

希尔排序算法的整体时间复杂度和增量序列的选取有关,目前并没有统一的最优增量序列。当使用增量序列 $\{\lfloor N/2 \rfloor, \lfloor N/2^2 \rfloor, \cdots, 1\}$ 进行希尔排序时,最差情况下时间复杂度为 $O(N^2)$;而当使用增量序列$\{2^k-1,\cdots,7,3,1\}$时,最差情况下时间复杂度为$\Theta(N^{3/2})$,其平均时间复杂度尚无定论,猜想结果为$O(N^{5/4})$。除此以外,还有不少其他的增量序列选取方法,在各自特定的排序对象中有较好的时间复杂度的表现。代码 7.4 中用到的 Sedgewick 增量序列中的每一项或者是$9\times4^i-9\times2^i+1$的形式,或者是$4^i-3\times2^i+1$的形式,关于它的复杂度分析目前也是尚无定论,只有猜想其平均时间复杂度为$O(N^{7/6})$,最差情况下时间复杂度为$O(N^{4/3})$。经验表明,希尔排序对规模以万计的待排序列会体现出比较好的效率。

此外,和简单插入排序不同的是,希尔排序不是稳定的排序,选取不同增量进行排序时,可能导致数值相同的两个元素发生相对位置上的改变。

7.4 交换排序

7.4.1 冒泡排序

冒泡排序是最简单的交换排序。对元素个数为N的待排序序列进行排序时,共进行$N-1$次循环。在第k次循环中,对从第 1 到第$N-k$个元素从前往后进行比较,每次比较相邻的两个元素,若前一个元素大于后一个元素,则两者互换位置,否则保持位置不变。这样一次循环下来,就把第k大的元素移动到第$N-k$个位置上,称为第k趟的冒泡。整个过程一共进行$N-1$趟冒泡,直到第 1 个和第 2 个元素比较完成,最终剩余最小的元素,留在第 1 个位置上,排序结束。

我们来看例 7.2 中对给定初始序列的冒泡排序过程,会有十分直观的理解:第 1 趟冒泡后,最大的记录 94 被移动到了第N个位置上,它将不参与接下来的冒泡;第 2 趟冒泡后,剩余$N-1$个记录中最大的记录 85 被移动到了第$N-1$个位置上;经过$N-1$趟冒泡后,剩余的最小记录 7 留在第 1 个位置上,排序结束,如表 7.3 所示。

表 7.3 冒泡排序示例

排序前	44	12	59	36	62	43	94	7	35	52	85
第 1 趟冒泡后	12	44	36	59	43	62	7	35	52	85	94
第 2 趟冒泡后	12	36	44	43	59	7	35	52	62	85	94
...											
第$N-3$趟冒泡后	12	7	35	36	43	44	52	59	62	85	94
第$N-2$趟冒泡后	7	12	35	36	43	44	52	59	62	85	94
第$N-1$趟冒泡后	7	12	35	36	43	44	52	59	62	85	94

代码7.5给出了冒泡排序的算法实现。注意到这里增加了一个flag标记,检查一趟扫描有没有元素需要交换。如果没有任何元素交换,说明序列已经全部有序,不需要继续执行下一趟扫描,可直接结束。在序列基本有序的情况下,增加一个flag虽然在每次交换时增加了一次赋值操作,但可以避免大量冗余的扫描,总体上还是合算的。

```
void BubbleSort(ElementType A[], int N)
{ /*冒泡排序*/
    int P, i;
    bool flag;

    for(P=N-1; P>=0; P--){
        flag=false;   /* 标记该次循环中是否发生交换,若无,则说明整个序列有序 */
        for(i=0; i<P; i++){ /* 一趟冒泡 */
            /* 每次循环找出一个最大元素,被交换到最右端 */
            if(A[i] > A[i+1]){
                Swap(&A[i], &A[i+1]);
                flag=true;   /* 标识发生了交换 */
            }
        }
        if(flag==false)break;   /*若全程无交换,则跳出循环*/
    }
}
```

代码7.5 冒泡排序

显而易见,冒泡排序最坏的情况下(序列是逆序排列的),在每一次比较都要进行一次交换,时间复杂度为$O(N^2)$;最好的情况下,序列已经是排好序的,这时由于应用了flag标记只要进行$O(N)$次比较就可以从循环中跳出来,完成排序;程序的平均时间复杂度为$O(N^2)$。空间复杂度方面,冒泡排序只需要常数个额外空间用于保存中间变量。此外,冒泡排序是稳定的,因为元素关键字相等的两个记录在比较时并不会发生交换,即相对位置不会发生变化。

7.4.2 快速排序

快速排序也是交换排序的一种,但和冒泡排序不同的是,冒泡排序只比较相邻两个记录的顺序,而快速排序的原理是:将未排序元素根据一个作为基准的"主元"(Pivot)分为两个子序列,其中一个子序列的记录均大于主元,而另一个子序列均小于主元,然后递归地对这两个子序列用类似的方法进行排序,如图7.2所示。这种思路我们在第2章最后讨论集合中位数的时候已经见到过了。本质上,快速排序使用分治法,将问题的规模减小,然后再分别进行处理。

7.4 交换排序

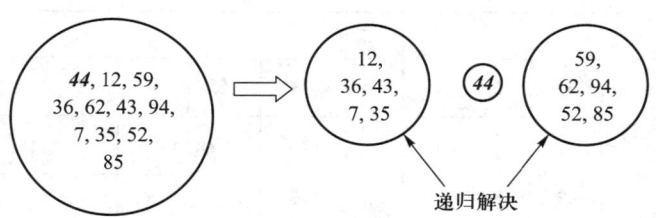

图 7.2 快速排序示意

子序列的划分方法也与我们在第 2 章讨论过的方法类似,从原序列中选择一个主元,将比主元大的元素从右向左放置,而比主元小的元素从左向右放置。

表 7.4 给出了对例 7.2 序列进行一趟主元调整的过程。具体步骤为:

(1)选择一个主元,并与最后一个元素交换。

(2)设置两个指针 Low 和 High,初值分别指向第一和倒数第二个元素。

(3)Low 从左向右扫描,其位置左侧为已遍历或交换过的比主元小的元素;High 从右往左扫描,其位置右侧为已遍历或交换过的比主元大的元素。首先从 Low 指向的位置向右扫描,若遇到比主元大的元素,则停止;然后从 High 指向的位置向左搜索,若遇到比主元小的元素,则停止。

(4)若 Low 和 High 没有错位(即 Low<High),则 High 和 Low 指向的元素互换位置。

(5)重复 3、4 直至 High 和 Low 错位,将基准与 A[Low]对换位置。这就完成了一次划分,以主元为边界分别划分成大于和小于主元的两个子序列。

(6)递归地对两个子序列用同样方法进行快排。

主元的选取有多种方法。表 7.4 中用最简单的办法,即选择第一个记录 44 为第一趟快速排序的主元,经过 4 次交换后,44 移动到了 A[5]位置,左边都是比主元小的记录,右边是比主元大的记录,此时原序列划分为两个子序列。下一趟快速排序分别对两个子序列进行快排,依次递归下去直至当前子序列只有一个元素时结束递归,这样就达到了分而治之的算法目的。

表 7.4 快速排序示例

一趟快速排序:											基准
排序前	85	12	59	36	62	43	94	7	35	52	**44**
	Low									High	
第 1 次交换	35	12	59	36	62	43	94	7	85	52	44
	Low								High		
第 2 次交换	35	12	7	36	62	43	94	59	85	52	44
			Low					High			

一趟快速排序：										基准
第 3 次交换	35	12	7	36	43	62	94	59	85	52	44
					Low	High					
第 4 次扫描发现错位	35	12	7	36	43	62	94	59	85	52	44
					High	Low					
交换 A[Low]和最后一个主元，一趟结束	35	12	7	36	43	**44**	94	59	85	52	62
					High	Low					

快速排序的时间复杂度分析略显复杂。最好的情况下，每一次划分都将原序列分成两个基本等长的子序列，随着递归层次的加深子序列的数量翻倍，但在每一递归层次上比较总次数都是 $O(N)$ 次，而递归层次（深度）是 $\log_2 N$，由此可见，快速排序的最好时间复杂度应为 $O(N\log_2 N)$。更复杂一些的证明显示，快速排序的平均时间复杂度也是 $O(N\log_2 N)$。相对于其他的内部排序，快速排序的平均时间效率是最高的。但在最坏的情况下，例如每次划分都近似于 1 和 $N-1$，快速排序的执行时间复杂度就接近于冒泡排序，可能导致 $O(N^2)$ 的时间效率。

微视频 7-1
快速排序选主元

为了避免最坏结果，在确定主元时需要有一定技巧。一种比较好的方法是，将 A[low]、A[high]、A[(low+high)/2] 三者关键字的中值作为主元，这样有可能避免在基本有序的序列中进行快速排序时时间复杂度出现最坏情况的问题。

另外一个问题是，由于快速排序一般是用递归实现的，如果待排序列的规模比较小，递归的副作用就会凸显出来，效果甚至还不如简单的插入排序。所以更专业一些的处理，是在递归过程中检查当前子问题的规模，当其小于某个阈值时就不继续递归了，而是直接调用插入排序解决问题。

代码 7.6 给出了快速排序算法的实现。其中 Median3 函数的作用是确定主元，将最左边、最右边、中间的三个元素的中位数作为主元，并且把三个元素调整成"最左元≤主元≤最右元"的状态。此时由于最右元肯定不小于主元，所以在后面的集合划分中我们根本无须再考虑它，于是我们不是把主元与最后一个元素交换，而是把它换到倒数第二个元素的位置上，并且返回主元的值。

QSort 完成关键的排序功能。我们当然可以直接把 QSort 函数给用户使用，但是必须告诉用户以 QSort(A,0,N-1) 的方式调用，而这与其他几个排序函数的接口不一致。为了用户界面的一致性，我们给 QSort 加了一个外包装，这样用户就可以通过与其他排序函数一致的接口"某 Sort(A,N)"来调用快速排序函数了。这个外包装不是必需的，但却是专业程序员应该有的编程风格。

```c
ElementType Median3(ElementType A[], int Left, int Right)
{
    int Center=(Left+Right)/2;
    if(A[Left] > A[Center])
        Swap(&A[Left], &A[Center]);
    if(A[Left] > A[Right])
        Swap(&A[Left], &A[Right]);
    if(A[Center] > A[Right])
        Swap(&A[Center], &A[Right]);
    /* 此时 A[Left]<=A[Center]<=A[Right] */
    Swap(&A[Center], &A[Right-1]); /* 将基准 Pivot 藏到右边 */
    /* 只需要考虑 A[Left+1]…A[Right-2] */
    return  A[Right-1];  /* 返回基准 Pivot */
}

void Qsort(ElementType A[], int Left, int Right)
{ /* 核心递归函数 */
    int Pivot, Cutoff, Low, High;

    if(Cutoff<=Right-Left){ /* 如果序列元素充分多,进入快排 */
        Pivot=Median3(A, Left, Right);  /* 选基准 */
        Low=Left; High=Right-1;
        while(1){ /* 将序列中比基准小的移到基准左边,大的移到右边 */
            while(A[++Low]<Pivot);
            while(A[--High] > Pivot);
            if(Low<High)Swap(&A[Low], &A[High]);
            else break;
        }
        Swap(&A[Low], &A[Right-1]); /* 将基准换到正确的位置 */
        Qsort(A, Left, Low-1);    /* 递归解决左边 */
        Qsort(A, Low+1, Right);   /* 递归解决右边 */
    }
    else InsertionSort(A+Left, Right-Left+1); /* 元素太少,用简单排序 */
}
void QuickSort(ElementType A[], int N)
{ /* 统一接口 */
    Qsort(A, 0, N-1);
}
```

代码 7.6 快速排序

空间复杂度上,由于快速排序需要进行至少 $\log_2 N$ 层的递归,因此需要至少 $O(\log_2 N)$ 深度的栈空间。若每次划分的子组大小不够平均,则栈空间的深度更大,在最坏的情况下将导致接近 $O(N)$ 的栈空间深度。

此外,快速排序是不稳定的。因为在和主元进行比较时,可能导致一个元素交换到和它等值的另一个元素位置以前,导致两者的位置发生相对变换,因此快速排序是不稳定的。

7.5 归并排序

归并排序是建立在归并操作基础上的一种排序方法。归并操作,是指将两个已排序的子序列合并成一个有序序列的过程。

归并排序的基本原理是:将大小为 N 的序列看成 N 个长度为 1 的子序列,接下来将相邻子序列两两进行归并操作,形成 $N/2(+1)$ 个长度为 2(或 1)的有序子序列;然后再继续进行相邻子序列两两归并操作,如此一直循环,直到剩下 1 个长度为 N 的序列,则该序列为原序列完成排序后的结果,如图 7.3 所示。

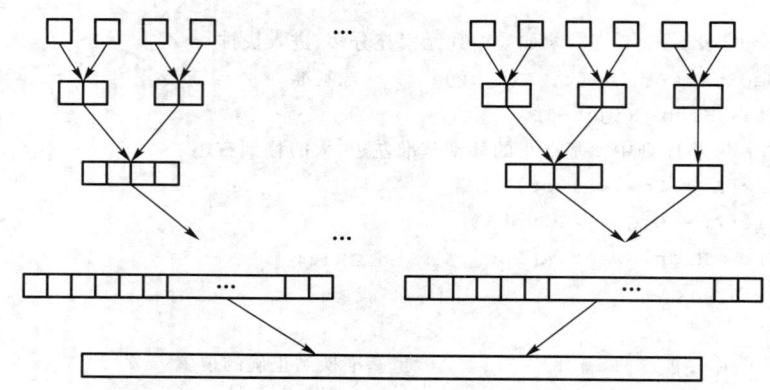

图 7.3　归并排序示意

归并排序的核心在于归并操作的实现。归并操作的过程如下:首先申请额外的空间用于放置两个子序列归并后的结果,接着设置两个指针分别指向两个已排序子序列的第一个位置,然后比较两个指针指向的元素,将较小的元素放置到已申请的额外空间内,并将当前位置向后移动一格,重复以上过程,直到某一个子序列的指针指向该序列的结尾。这时候将另一个指针所指向序列的剩余元素全部放置到额外空间内,归并操作结束。

表 7.5 仍然使用例 7.2 的序列,应用 2 路归并排序。一开始将所有记录看成单独的 N 个有序子序列;每一趟归并操作,将相邻的两个已排序子序列两两进行归并,形成一个规模扩大一倍的已排序子序列,直到最后归并成一个完整序列。

7.5 归并排序

表 7.5 归并排序示例

排序前	44	12	59	36	62	43	94	7	35	52	85
第 1 趟归并操作结束	12	44	36	59	43	62	7	94	35	52	85
第 2 趟归并操作结束	12	36	44	59	7	43	62	94	35	52	85
第 3 趟归并操作结束	7	12	36	43	44	59	62	94	35	52	85
第 4 趟归并操作结束	7	12	35	36	43	44	52	59	62	85	94

从特定角度看,归并排序也可以用分治法的思想去自下而上地理解,就是将原序列划分成两个等长子序列,再递归地排序这两个子序列,最后再调用归并操作合并成一个完整的有序序列。归并排序的递归实现由代码 7.7 给出。其中 Merge 是对两个有序序列的归并操作,MSort 是核心的归并排序递归函数,而 MergeSort 是使用了统一用户接口的排序函数。

注意到,我们只在 Merge 函数中才用到那个额外的数组 TmpA 来存储归并后的序列,但却在 MergeSort 中开辟了这个额外空间,并且一直将其地址作为参数在 MSort 的递归调用中反复传送。为什么要这样做?为什么不直接在 Merge 函数内部开辟一个数组,并且在使用结束后释放?如果真的这样做了,那么程序需要多少额外的空间呢?

```
/* L=左边起始位置,R=右边起始位置,RightEnd=右边终点位置 */
void Merge( ElementType A[], ElementType TmpA[], int L, int R, int RightEnd)
{ /*将有序的A[L]~A[R-1]和A[R]~A[RightEnd]归并成一个有序序列 */
    int LeftEnd, NumElements, Tmp;
    int i;
    
    LeftEnd = R -1;    /*左边终点位置 */
    Tmp = L;           /* 有序序列的起始位置 */
    NumElements = RightEnd-L+1;
    
    while(L<=LeftEnd && R<=RightEnd){
        if(A[L]<=A[R])
            TmpA[Tmp++]=A[L++];   /* 将左边元素复制到 TmpA */
        else
            TmpA[Tmp++]=A[R++];   /* 将右边元素复制到 TmpA */
    }
    
    while(L<=LeftEnd)
        TmpA[Tmp++]=A[L++];   /* 直接复制左边剩下的 */
    while(R<=RightEnd)
```

```
            TmpA[Tmp++]=A[R++];    /*直接复制右边剩下的 */

        for(i=0; i<NumElements; i++, RightEnd--)
            A[RightEnd]=TmpA[RightEnd];  /*将有序的 TmpA[]复制回 A[] */
}

void Msort(ElementType A[], ElementType TmpA[], int L, int RightEnd)
{/*核心递归排序函数 */
    int Center;

    if(L<RightEnd){
        Center=(L+RightEnd)/2;
        Msort(A, TmpA, L, Center);              /*递归解决左边 */
        Msort(A, TmpA, Center+1, RightEnd);     /*递归解决右边 */
        Merge(A, TmpA, L, Center+1, RightEnd);  /*合并两段有序序列 */
    }
}

void MergeSort(ElementType A[], int N)
{/*归并排序 */
    ElementType *TmpA;
    TmpA=(ElementType *)malloc(N*sizeof(ElementType));

    if(TmpA!=NULL){
        Msort(A, TmpA, 0, N-1);
        free(TmpA);
    }
    else printf("空间不足");
}
```

代码 7.7 归并排序

  由非递归的算法描述可以看到，每一趟归并操作（图 7.3 中的一行）需要进行 $O(N)$ 次比较，而一共将进行 $O(\log_2 N)$ 趟归并操作，因此整个归并排序的时间复杂度为 $O(N\log_2 N)$，哪怕在最坏情况下时间复杂度也是一样。递归的时间复杂度分析略复杂，不过结果也是 $O(N\log_2 N)$。

  空间复杂度上，由于归并操作过程中需要额外的空间用于保存已排序的子序列，因此，如果实现方法正确的话，整个归并排序的空间复杂度为 $O(N)$。若使用递归方法进行实现并在 Merge 函数内部申请空间，如果不及时释放，则可以证明将耗费 $O(N\log_2 N)$ 的额外空间；若每次都执行申请和释放,则除了耗费 $O(N)$ 的额外空间以外,还增加 $O(N)$ 次 malloc 和 free 操作。这就是为什么我们不嫌麻烦地在 Merge 之外(MergeSort 中)申请了额外空间,并且一直将这个数组的地址通过指针方式传递给递归函数的原因。此外,相对于快速排序和堆排序,归并排序虽然耗费更多的额外空间,但整体的排序过程是稳定的,关键字值相同的两个元素在排序过程中并不会发生相对位置上的变化。

微视频 7-2
归并排序的
额外空间耗
费

归并排序虽然看上去稳定而且时间复杂度不高,但是在实际应用中,开辟大块的额外空间并且将两个数组的元素来回复制却是很耗时的,所以归并排序一般不用于内部排序。但它是进行外部排序(详见 7.7 节)的非常有用的工具。

7.6 基数排序

基数排序(Radix Sort)可以看成是桶排序(Bucket Sort)的推广,所以让我们先看一下桶排序的思想。

7.6.1 桶排序

如果已知 N 个关键字的取值范围是在 0 到 $M-1$ 之间,而 M 比 N 小得多,则桶排序算法将为关键字的每个可能取值建立一个"桶",即建立 M 个桶;在扫描 N 个关键字时,将每个关键字放入相应的桶中,然后按桶的顺序收集一遍就自然有序了。所以桶排序效率比一般的排序算法高——当然需要的额外条件是已知关键字的范围,并且关键字在此范围内是可列的,个数还不能超过内存空间所能承受的限度。

[例 7.3] 已知某门公共选修课有 1 500 学生选修,其成绩为分布于 [0,100] 之间的整数。现需要将学生名单按其成绩从低到高顺序打印出来。

[分析] 若将学生名单按成绩排序再打印,则至少需要 $O(N\log N)$ 的时间,这里 $N=1\ 500$。而用桶排序的方法,可为每一个分数建立一个"桶",共建 101 个桶——具体实现时可定义一个链表指针数组 Bucket[101]。顺序扫描学生名单,若当前这个学生的成绩是 i 分,则将他的记录插入 Bucket[i] 所指的链表头部,这一操作只需 2 步。整个扫描的过程用去 $O(N)$ 的时间。然后顺序扫描每个 Bucket[i],将链表中的学生名单逐一打印,该过程用 $O(N+M)$ 的时间,其中 $M=101$ 是桶的个数。可见桶排序只需要 $O(N+M)$ 的时间就可以完成名单的顺序打印,特别当 $M=O(N)$ 时,这个时间复杂度是线性的。

7.6.2 基数排序

基数排序是桶排序的一种推广,它所考虑的待排记录包含不止一个关键字。例如对一副牌

的整理,可将每张牌看作一个记录,包含两个关键字:花色、面值。一副理顺的牌是按如下顺序排放的:

♣2,⋯,♣A ♦2,⋯,♦A ♥2,⋯,♥A ♠2,⋯,♠A

可见一个有序列是先按花色划分为四大块,每一块中又再按面值大小排序。这时"花色"就是一张牌的"最主位关键字",而"面值"是"最次位关键字"。

对于一般有 K 个关键字的情况,基数排序通常有两种方法:主位优先法(Most Significant Digit Sort,简称 MSD)和次位优先法(Least Significant Digit Sort,简称 LSD)。

仍以整理扑克牌为例,顾名思义,所谓主位优先法,是先为最主位关键字(花色)建立桶,将牌按花色分别装进 4 个桶里;然后对每个桶中的牌,再按其次位关键字(面值)进行排序,最后将 4 个桶中的牌收集,顺序叠放在一起。

而次位优先法,是先为最次位关键字建立桶,即按面值建立 13 个桶,将牌按面值分别放于 13 个桶中;然后将所有桶中的牌收集,顺序叠放在一起;再为主位关键字花色建立 4 个桶,顺序将每张牌放入对应的花色桶中,则 4 个花色桶中的牌必是有序的,最后只要将它们收集,顺序叠放即可。

从上述例子可见,两种方法具有不同的特点。主位优先法基本上是分治法的思路,将序列分割成子列后,分别排序再合并结果。而次位优先法是将"排序"过程分解成了"分配"和"收集"这两个相对简单的步骤,并不需要分割子列排序,故一般情况下次位优先法的效率更高一些。

7.6.3 单关键字的基数分解

从上面可以看到,基数排序主要是对有多关键字的对象进行排序。其实可以将单个整型关键字按某种基数分解为多关键字,再进行排序。这也是"基数排序"名称的由来。例如 826 可以根据基数 10 分解为 8、2、6 这三个关键字,其中 8 是最主位关键字,6 是最次位关键字;还可以根据基数 16 分解为 3、3、A 这 3 个关键字,其中第一个 3 是最主位关键字,A 是最次位关键字。

典型问题是给定 N 个记录,每个记录的关键字为一整数,其取值范围在 0 到 M 之间。若 M 比 N 大很多(例如 $M=N^K$),这时桶排序需要 M 个桶,会造成巨大的空间浪费;而以 R 为基数对关键字进行分解后则只需要 R 个桶就可以了。让我们通过一个具体的例子来理解什么是基数分解。

[**例 7.4**] 给定范围在 0 到 999 之间的 10 个关键字{64,8,216,512,27,729,0,1,343,125},现用基数排序算法进行递增排序。

我们可以将每个关键字看成一个 3 位的 10 进制整数(不足位的在左边补 0),从而将每个十进制整数关键字分解成 3 个关键字,其个位数为最次位关键字,百位数为最主位关键字。这就是以 10 为基数的分解。

对给定的 10 个记录用次位优先法进行基数排序,首选对最次位(个位)关键字建立 10 个桶,将记录按其个位数字的大小放入相应的桶中,如图 7.4(a)所示。此时 10 个数字恰好均匀分布于 10 个桶中,当然一般情况下不是总有这么好的运气。每个"桶"实际上是一个链表,一趟排序后,将桶中记录重新收集成为一个新的记录链{0,1,512,343,64,125,216,27,8,729}。

接下去按下一个次位关键字(十位)排序,所得结果如图 7.4(b)所示。注意到此时桶中记录的分布不再均匀。向桶中插入的新记录需排在链表尾部。将桶中记录收集形成新的记录链{00,01,08,512,216,125,27,729,343,64}。

最后按最主位(百位)关键字排序,结果如图 7.4(c)所示,再收集所得的记录链就是最终有序的{000,001,008,027,064,125,216,343,512,729}。

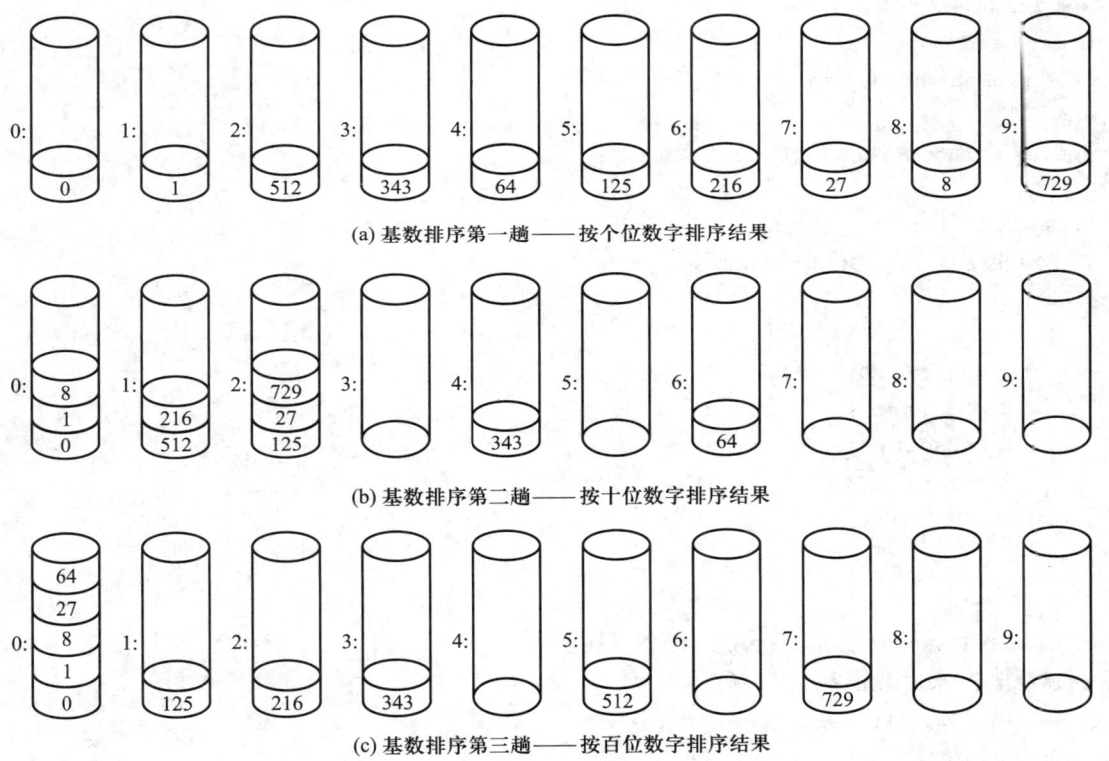

(a) 基数排序第一趟——按个位数字排序结果

(b) 基数排序第二趟——按十位数字排序结果

(c) 基数排序第三趟——按百位数字排序结果

图 7.4 基数排序次位优先法演示

代码 7.8 给出了按次位优先法进行基数排序的算法实现。这里假设元素最多有 MaxDigit 个关键字,基数全是同样的 Radix。我们用桶 B 承载分配的记录,再用链 List 进行收集。函数 GetDigit 的作用是返回整型关键字 X 的第 D 位数字,次位优先从 D=1 开始。

```
/* 假设元素最多有 MaxDigit 个关键字,基数全是同样的 Radix */
#define MaxDigit 4
#define Radix 10

/* 桶元素结点 */
```

```c
typedef struct Node *PtrToNode;
struct Node{
    int key;
    PtrToNode next;
};


/* 桶头结点 */
struct HeadNode{
    PtrToNode head, tail;
};
typedef struct HeadNode Bucket[Radix];

int GetDigit(int X, int D)
{ /* 默认次位 D=1，主位 D<=MaxDigit */
    int d, i;

    for(i=1; i<=D; i++){
        d=X % Radix;
        X /=Radix;
    }
    return d;
}


void LSDRadixSort(ElementType A[], int N)
{ /* 基数排序-次位优先 */
    int D, Di, i;
    Bucket B;
    PtrToNode tmp, p, List=NULL;

    for(i=0; i<Radix; i++) /* 初始化每个桶为空链表 */
        B[i].head=B[i].tail=NULL;
    for(i=0; i<N; i++){ /* 将原始序列逆序存入初始链表 List */
        tmp=(PtrToNode)malloc(sizeof(struct Node));
        tmp->key=A[i];
        tmp->next=List;
        List=tmp;
    }
```

```c
/* 下面开始排序 */
for(D=1; D<=MaxDigit; D++){ /* 对数据的每一位循环处理 */
    /* 下面是分配的过程 */
    p=List;
    while(p){
        Di=GetDigit(p->key, D);  /* 获得当前元素的当前位数字 */
        /* 从 List 中摘除 */
        tmp=p; p=p->next;
        /* 插入 B[Di]号桶尾 */
        tmp->next=NULL;
        if(B[Di].head==NULL)
            B[Di].head=B[Di].tail=tmp;
        else{
            B[Di].tail->next=tmp;
            B[Di].tail=tmp;
        }
    }
    /* 下面是收集的过程 */
    List=NULL;
    for(Di=Radix-1; Di>=0; Di--){ /* 将每个桶的元素顺序收集入 List */
        if(B[Di].head){ /* 如果桶不为空 */
            /* 整桶插入 List 表头 */
            B[Di].tail->next=List;
            List=B[Di].head;
            B[Di].head=B[Di].tail=NULL;  /* 清空桶 */
        }
    }
}
/* 将 List 倒入 A[]并释放空间 */
for(i=0; i<N; i++){
    tmp=List;
    List=List->next;
    A[i]=tmp->key;
    free(tmp);
}
```

代码 7.8　次位优先的基数排序算法

对 N 个关键字用 R 个桶进行基数排序时,其时间复杂度为 $O(D(N+R))$,其中 D 为分配收集的趟数,也就是关键字按基数分解后的位数。当记录的个数 N 与桶的个数基本是同一数量级时,基数排序可以达到线性复杂度。但注意到由于链表指针操作的引入,这个 $O(N)$ 的常数项可能会超过 $\log N$,从而实际效果也未必比前面讲过的几种算法要好很多。

另一方面,基数排序用链表实现的好处是不需要将记录进行物理移动,对于大型记录的排序是有利的,代价是需要 $O(N)$ 额外空间存放指针。

总之,基数排序的效率与基数的选择密切相关,而基数的选择需要综合考虑待排记录的规模和关键字的取值范围。

*7.7 外部排序

外部排序是指大文件排序,即待排序的数据记录以文件的形式存储在外存储器上。由于文件中的记录很多、信息容量庞大,所以整个文件所占据的存储单元往往会超过了计算机的内存容量,因此,无法将整个文件调入内存中进行排序。于是,在排序过程中需进行多次的内外存之间的交换。在实际应用中,由于使用的外设不一致,通常可以分为磁盘文件排序和磁带文件排序两大类。

外部排序基本上由两个相对独立的阶段组成。首先,按可用内存大小,将外存上含 N 个记录的文件分成若干长度为 $L(<N)$ 的子文件,依次读入内存,利用内部排序算法进行排序。然后,将排序后的文件写入外存,通常将这些文件称为归并段(Run)或"顺串";对这些归并段进行逐步归并,最终得到整个有序文件。可见外部排序的基本方法是归并排序法,例 7.5 给出了一个简单的外部排序解决过程。

[例 7.5] 给定磁盘上有 6 大块记录需要排序,而计算机内存最多只能对 3 个记录块进行内排序,则外部排序的过程如图 7.5 所示。

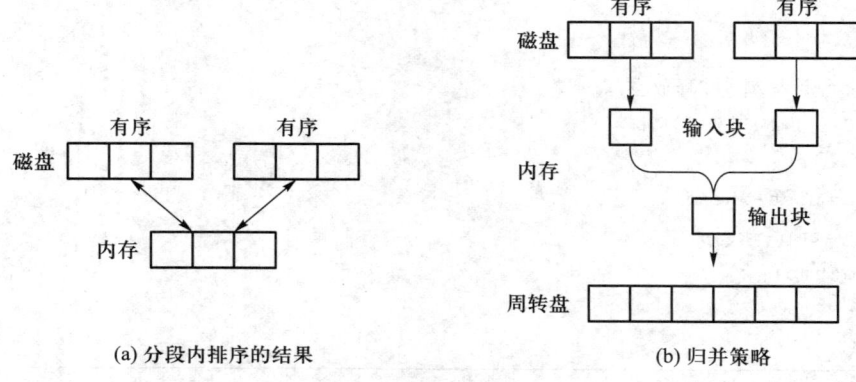

(a) 分段内排序的结果   (b) 归并策略

图 7.5 外部排序示意

首先将连续的 3 大块记录读入内存,用任何一种内部排序算法完成排序,再写回磁盘。经过 2 次 3 大块记录的内部排序,得到图 7.5(a)的结果。然后另用一个可容纳 6 大块记录的周转盘,辅助最后的归并。方法是将内存分成 3 块,其中 2 块用于输入,1 块用于输出,指定一个输入块只负责读取一个归并段中的记录,如图 7.5(b)所示。归并步骤为:

(1) 当任一输入块为空时,归并暂停,将相应归并段中的一块信息写入内存;
(2) 将内存中 2 个输入块中的记录逐一归并入输出块;
(3) 当输出块写满时,归并暂停,将输出块中的记录写入周转盘。

如此可将 2 个归并段在周转盘上归并成一个有序的归并段。

例 7.5 的解决方法是最简单的归并法,事实上外部排序的效率还可以进一步提高。要提高外排的效率,关键要解决以下 4 个问题:

(1) 如何减少归并轮数;
(2) 如何有效安排内存中的输入、输出块,使得机器的并行处理能力被最大限度地利用;
(3) 如何有效生成归并段;
(4) 如何将归并段进行有效归并。

针对这四大问题,人们设计了多种解决方案,例如采用多路归并取代简单的二路归并,就可以减少归并轮数;例如在内存中划分出 2 个输出块,而不是只用一个,就可以设计算法使得归并排序不会因为磁盘的写操作而暂停,达到归并和写周转盘同时并行的效果;例如通过一种"败者树"的数据结构,可以一次生成 2 倍于内存容量的归并段;例如利用哈夫曼树的贪心策略选择归并次序,可以耗费最少的磁盘读写时间等。有兴趣的读者可以自行了解更详细的解决过程,本书就不再赘述。

7.8 排序的比较和应用

7.8.1 排序算法的比较

本章前 7 节介绍了 8 种不同的内部排序方法,它们在时间复杂度、空间复杂度和稳定性上各有优劣。不存在绝对意义上最佳的排序方法,8 种排序方法分别适用于不同的条件下。我们首先从时间复杂度、空间复杂度和是否稳定上比较这几种排序方法。

基数排序是时间复杂度最低的排序方法,借助 $O(N+R)$(R 为每个关键字不同取值的个数)的辅助空间和严格限制的元素数据类型,基数排序仅仅需要 $O(D(N+R))$ 的时间复杂度。基数排序适用于处理数量大、关键字取值范围有限的序列,例如扑克牌排序等。同时,基数排序也是稳定的排序方法。

除了基数排序以外的其余 7 种排序方法都是建立在比较和交换操作上的,决定其性能的是比较、交换（主要是比较）的次数和是否需要额外空间用于保存临时值。显而易见的是，对任意两个元素进行关键字的比较就可以确定两者的相对位置，而对一个序列的全部 N 个元素进行两两比较则可以确认所有元素之间的相互位置关系，从而对所有的元素完成排序。这种情况下，总的比较次数为 $N(N-1)/2$，因此，如果对全部元素进行两两比较的话，其时间效率下限是 $O(N^2)$。

具有 $O(N^2)$ 时间复杂度的，是简单选择排序、直接插入排序和冒泡排序这 3 种排序。元素规模 N 较小或基本有序时，它们是较好的排序方法。同时，由于相邻的两个元素总是进行比较，因此在比较两个关键字相等的元素时可以确定两者的相对位置，从而保证排序后它们不会发生相对位置的变化，因此理论上，这些时间复杂度为 $O(N^2)$ 的排序都是稳定的，然而简单选择排序在进行最小元素和第一个位置交换时，却改变了被交换元素和其他元素的相对位置，因此简单选择排序是不稳定的，而直接插入排序和冒泡排序是稳定的。

希尔排序是最早从 $O(N^2)$ 时间复杂度中提升的排序方法之一，它使用一个增量序列进行多次的规模逐渐变大的排序。在规模较小的排序时使用直接插入排序将序列基本有序化，这样一来，在规模较大的排序时就避免了过多的比较和交换，从而将时间复杂度减少到 $O(N^d)$，其中 d 的取值同增量序列和排序对象的具体情况有关，在最差的情况下接近 2，即时间复杂度接近直接插入排序。由于希尔排序无法保证总是将相邻的两个元素进行比较，可能出现一个元素在排序过程中"跳跃"到和它等值且初始位置在前的另一个元素之前，因此，希尔排序是不稳定的。

时间效率表现较好的是快速排序、堆排序和归并排序三种排序，它们都使用分而治之的方法，将原序列分成两个部分，在排序过程中，这两个部分之间只进行复杂度为 $O(N)$ 的划分或归并操作，其他的比较或交换操作集中在两个部分各自内部，因此大大减少了比较或交换的次数。例如，堆排序在堆顶元素输出以后需要寻找下一个堆顶元素，在寻找的过程中不断地将问题规模减小，直到跳出循环；快速排序在寻找基准后，序列划分为两个部分，两个部分内部各自进行比较交换，两个部分之间并没有进行比较；同样的，归并排序始终将规模减半再进行排序，在规模为 N 时再进行复杂度为 $O(N)$ 的归并操作。此三种排序均实现了 $O(N\log_2 N)$ 的时间复杂度。但具体到实际的平均时间效率上，快速排序无疑是最佳的排序方法。

然而，在最坏情况下，快速排序的时间效率却不如堆排序和归并排序，可能导致 $O(N^2)$ 的最差结果。此外，快速排序需要 $O(\log_2 N)$ 深度的栈空间，归并排序也需要 $O(N)$ 的额外空间，堆排序在空间复杂度上表现出色，仅需要常数个额外空间。

在稳定性上，归并排序是稳定的，而堆排序和快速排序却是不稳定的。

因此，每一种排序都有其自身优点，适用于不同的情况。应该根据具体的条件，选择相应的排序方法，甚至将 2 种以上的排序方法结合使用。表 7.6 给出了各种排序算法时空效率及稳定性的比较。

表 7.6 排序算法效率比较

排序方法	平均时间复杂度	最坏情况下时间复杂度	额外空间复杂度	稳定性
简单选择排序	$O(N^2)$	$O(N^2)$	$O(1)$	不稳定
直接插入排序	$O(N^2)$	$O(N^2)$	$O(1)$	稳定
冒泡排序	$O(N^2)$	$O(N^2)$	$O(1)$	稳定
希尔排序	$O(N^d)$	$O(N^2)$	$O(1)$	不稳定
堆排序	$O(N\log_2 N)$	$O(N\log_2 N)$	$O(1)$	不稳定
快速排序	$O(N\log_2 N)$	$O(N^2)$	$O(\log_2 N)$	不稳定
归并排序	$O(N\log_2 N)$	$O(N\log_2 N)$	$O(N)$	稳定
基数排序	$O(D(N+R))$	$O(D(N+R))$	$O(N+R)$	稳定

7.8.2 排序算法应用案例

1. Google 十大热门关键词的排序

在 iGoogle 里面，有一个叫"Google 飙升热搜"的应用，提供 Google 热门关键词在一段时间内的排行榜。由于是商业机构的应用，原算法我们不得而知，但是我们可以分析下该应用的算法原理。

Google 数据库中的关键词记录大概是天文数字（数据库中大约存有 30 亿网页），对于这种数量级的排序，首先应该想到的是分块处理。若要得到 1 天内的关键字排行榜，我们只要得到每 1 个小时内的十大关键词排行榜；同理只要知道每 1 分钟内的关键词排行榜，便可知道每 1 个小时内的排行榜。Google 每分钟全球搜索次数大约在千万级，因此每分钟的关键词数量应该在十万级左右，问题就转化为对这 10 万个左右的关键词排序。

初次排序可以采用快速排序，以后每分钟对其进行更新即可。在更新的过程中，可以选择采用冒泡排序，因为此时的数据已经相对有序，快速排序的性能会因此而急剧恶化。特别是我们只需要知道前十名的关键词，进行十趟冒泡排序便可得到结果。同理可得 1 周内、1 个月内的关键词排序。

2. 富豪排行榜

所谓富豪排行榜，即指对一个地区内的富豪财富总量进行排序，最后得到前若干名的榜单。其本质与上文是一致的，都是海量数据排序，其核心思想依旧是分治。

现假设要得到 2011 年中国十大富豪排行榜。一种方法是采用分治，该问题可以转化为得到各个省份的十大富豪排行榜，一直分割到某一地区的十大富豪排行榜，将一个海量数据的排序问题分块为普通的排序问题，最后将每块的排序结果进行归并，并可得到最终的十大富豪排行榜。当然，这里还可以做一些优化，比如可以对资产超过 5 000 万的人进行排序，5 000 万以下的人不需要进行排序,这样便可剔除掉许多数据。

而在某一个小区域内统计公民财富前十名时,我们不需要对全体公民财富进行完全的排序。注意到堆排序是可以得到部分有序序列的,我们只要把全体公民财富做成一个最大堆,经过 10 次删顶操作就可以得到前十名了。

本 章 小 结

排序是计算机常用的一种重要操作,本章介绍了几种基本的排序算法,让各位读者对排序有基本了解。排序算法的效率与初始待排序列的特性有关,不存在绝对意义上最佳的排序方法。

随着计算机技术的迅猛发展,排序算法依旧在不断改进,比如冒泡排序在 1956 年就已被研究,大部分人都认为这是一个已经解决的问题,然而很多有用的算法依旧不断地被提出,比如 2004 年图书馆排序(Library Sort,又名 Gapped Insertion Sort)的发表。随着新的应用的不断涌现,特别是当前互联网行业的快速发展,为排序算法的发展提供了十分有利的土壤。

总之,本章介绍的内容对各位读者来讲只是个开始,有兴趣的读者可以进一步的阅读相关文献。

习 题

7.1 判断正误。

(1) 对 N 个不同的数据采用冒泡排序进行从大到小的排序,当元素基本有序时交换元素次数肯定最多。

(2) 采用递归方式对顺序表进行快速排序,每次划分后,先处理较短的分区可以减少递归次数。

7.2 填空题。

(1) 对于 10 个数的简单选择排序,最坏情况下需要交换元素的次数为_____。

(2) 在快速排序的一趟划分过程中,当遇到与基准主元相等的元素时,如果左右指针都会停止移动,那么当所有元素都相等时,算法的时间复杂度是_____。

(3) 给定初始待排序列 $\{15,9,7,8,20,-1,4\}$。如果希尔排序第一趟结束后得到序列为 $\{15,-1,4,8,20,9,7\}$,则该趟增量为_____。

(4) 有组记录的排序码为 $\{46,79,56,38,40,84\}$,则利用堆排序的方法建立的初始堆为_____。

7.3 判断简单选择排序是否稳定,并举例说明。提出任何改进方案,使选择排序稳定;提出空间复杂度为 $O(1)$ 的改进方案,使选择排序稳定。

7.4 判断快速排序是否稳定,并举例说明。提出至少一种改进方案,使快速排序稳定。

7.5 给定数组 $\{48,27,96,48,25,6,90,17,84,62,49,72,17\}$,请分别用简单选择排序、直接插入排序和冒泡排序分别进行排序,写出排序过程中每一步操作后的结果,分析各自比较和交换的次数,以及排序结果是否稳定。

7.6 给定数组 $\{48,27,96,48,25,6,90,17,84,62,49,72,17\}$,请分别用堆排序、快速排序和归并排序分别进行排序,写出排序过程中每一步操作后的结果,分析各自比较和交换的次数,以及排序结果是否稳定。

7.7　给定数组{48,27,96,48,25,6,90,17,84,62,49,72,17},请用3种不同的增量序列分别进行希尔排序,写出排序过程中每一步操作后的结果,分析各自比较和交换的次数,以及排序结果是否稳定。

7.8　对堆排序的改进:堆排序在元素出堆过程中,每选出一个堆顶元素,就要从堆底交换一个元素至堆顶(假设最小堆),而实际上,排在堆底的往往是较大的元素,因此即使被交换到了堆顶,仍然要经过数次交换调整至最小堆。提出一种改进方案,使得调整过程中内存写的次数尽量少。

7.9　请用非递归的方法实现归并排序。

7.10　堆排序、归并排序、快速排序在最坏情况下的时间复杂度是多少,请举例证明。

7.11　请实现基数排序的 MSD 算法,分析与 LSD 的优缺点。

7.12　除了基数排序外,在线性排序算法中,还有什么常用的算法,请举一两种算法,并分析其时间复杂度和空间复杂度,最后和基数排序比较,分析优缺点和适用情况。

7.13　现想对新浪微博每天信息转发情况进行一个排序,得到被转发最多的前十条信息,而微博上每日信息量在亿的数量级,属于海量数据问题,请给出一个解决方案。

7.14　某名企的面试题有一道是这样的:从 1 000 个数字中找出最大的 10 个数字,最快的算法是_____。
A. 归并排序　　　　B. 快速排序　　　　C. 堆排序　　　　D. 选择排序
答案是 C。但是这个答案真的对吗?

第 8 章
综合应用案例分析

本章将给出两个生活中的实际案例,提出层层加难的问题以及相应的解决方案,从而帮助读者体会本书中介绍的数据结构与算法在解决实际问题中的应用。

8.1 银行排队问题

银行排队已经成为一个日益令人头痛的问题,甚至受到不少媒体的关注。图 8.1 展示了某银行营业大厅一角排队的人群。为了解决这个问题,不同银行采取了不同的解决方法。下面就让我们利用学过的数据结构与算法,编程模拟这些解决方案,从而比较分析不同方法产生的效果。

图 8.1 银行排队景象

对于下面将要讨论的各种排队策略,我们的输入都是顾客总人数 N,以及这 N 位顾客的到达时间 T 和事务处理时间 P,并且假设输入数据已经按到达时间先后排好了顺序。另外我们还定义每位顾客事务被处理的最长时间为 MaxProc 分钟,银行最多可开设 MaxWindow 个营业窗口。要求输出所有顾客的平均等待时间。

8.1.1 单队列多窗口服务

[**策略描述**] 假设银行有 K 个窗口提供服务,窗口前设一条黄线,所有顾客按到达时间在黄

线后排成一条长龙。当有窗口空闲时,下一位顾客即去该窗口处理事务。图 8.2 给出了这种排队策略的示意。

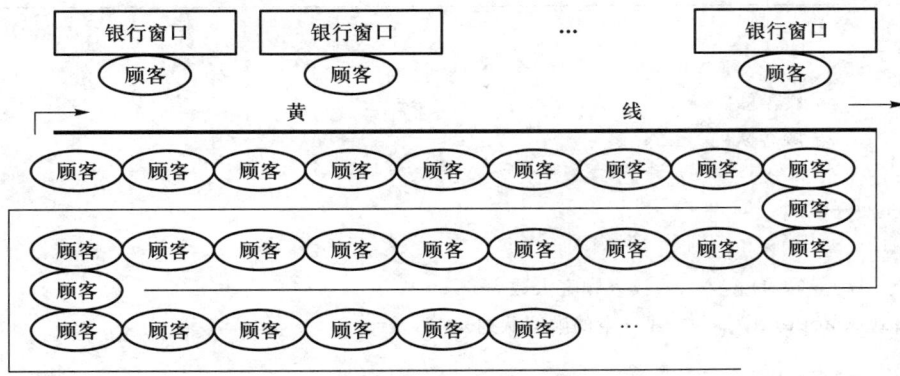

图 8.2 单队列多窗口服务

[**实现方法**] 这种策略比较简单,我们只需要用一个队列模拟即可。队列的基本接口定义与第 3 章中的定义一致,代码 8.1 列出了程序必需的部分类型定义和操作。

```
typedef struct People ElementType;
struct People{ /*顾客类型 */
    int T;    /* 顾客到达时间 */
    int P;    /* 顾客事务被处理的时间 */
};

typedef int Position;
struct QNode{ /*队列结点 */
    ElementType *Data;     /*顾客数组 */
    Position Front, Rear;  /*队列的头、尾指针 */
    int MaxSize;           /*队列最大容量 */
};
typedef struct QNode *Queue;

/*以下函数的实现见代码 3.17 */
Queue CreateQueue( int MaxSize );
bool IsFull( Queue Q );
bool AddQ( Queue Q, ElementType X );
bool IsEmpty( Queue Q );
ElementType DeleteQ( Queue Q );
```

代码 8.1 单队列多窗口服务模拟队列定义

代码 8.2 给出了主函数。注意到核心处理函数为 QueueingAtBank，它接受传入的参数包括顾客队列和人数，返回顾客平均等待时间。

```c
int main()
{
    int N;          /* 顾客总数 */
    Queue Q;        /* 顾客队列 */
    int i;
    ElementType X;

    scanf("%d", &N);        /* 读入顾客人数 */
    Q = CreateQueue(N);     /* 建立空的顾客队列 */

    for(i=0; i<N; i++){     /* 顾客依次入列 */
        scanf("%d%d", &X.T, &X.P);
        AddQ(Q, X);
    }

    /* 打印出 N 位顾客平均等待时间 */
    printf("Average waiting time = %.1f minute(s).\n", QueueingAtBank(Q, N));

    DestroyQueue(Q);
    return 0;
}
```

代码 8.2　单队列多窗口服务模拟主函数

核心函数 QueueingAtBank 由代码 8.3 给出，其处理过程非常直观，描述如下。

（1）我们用一个数组 Window 记录当前每个营业窗口需要处理事务的时间长度，通过调用函数 FindNextWindow 得到下一个空闲窗口的位置 WinAvail 以及在相邻两次窗口空闲之间所等待的时间 WaitTime，然后更新当前时间 CurrentTime 为上一次的当前时间累加上等待时间；

（2）下一位顾客 Next 出队列。这时有两种情况：

① 顾客早已经到达银行，等在队列里。则该顾客的等待时间就是当前时间与其到达时间的差，累加到等待总时间 TotalTime 上。

② 窗口空闲，但是下一位顾客还没有到，则刷新所有窗口至下一位顾客到达时的状态，并更新当前时间。

（3）顾客 Next 到 WinAvail 窗口接受服务。

以上 3 步对每一位顾客重复，直到队列为空。最后用等待总时间 TotalTime 除以总人数 N，得到每位顾客的平均等待时间并返回。

```c
double QueueingAtBank(Queue Q,  int N)
{  /*根据顾客队列 Q 和人数 N, 返回顾客平均等待时间 */
    struct People Next;     /*下一位顾客 */
    int K;                  /*营业窗口个数 */
    int TotalTime;          /*全体顾客等待总时间 */
    int CurrentTime;        /*当前时间, 开门营业时为 0 */
    int Window[MaxWindow];  /*营业窗口需要处理事务的时间长度 */
    int WaitTime;           /*相邻两次窗口空闲之间所等待的时间 */
    int WinAvail;           /*空闲窗口的位置 */
    int i, j;

    scanf("%d", &K);     /*读入营业窗口个数 */
    if(N<K)return 0;     /*如果窗口比人多, 则无须等待 */

    /*--------初始化--------*/
    for(i=0; i<K; i++)
        Window[i]=0;
    TotalTime=0;
    /*---------------------*/

    while(!IsEmpty(Q)){/*当队列非空时, 持续处理 */

        /*--第 1 步:处理掉当前最短的事务, 得到下一个空闲窗口--*/
        WinAvail=FindNextWindow(Window, K, &WaitTime);
        CurrentTime+=WaitTime;


        /*--------------第 2 步:下一位顾客出列--------------*/
        Next=DeleteQ(Q);
        if(CurrentTime>=Next.T)/* 如果顾客已经到达等待 */
            TotalTime+=(CurrentTime-Next.T);  /* 累计等待时间 */
        else{/* 如果顾客还没到 */
            WaitTime=Next.T-CurrentTime;  /* 空闲窗口等待顾客的时间 */
            for(j=0; j<K; j++){/*刷新所有窗口至顾客到达的状态 */
                Window[j]-=WaitTime;
                if(Window[j]<0) Window[j]=0;
            }
```

```
                CurrentTime=Next.T;    /* 更新当前时间为顾客到达时间 */
        }

        /*---第3步:顾客Next到WinAvail窗口接受服务---*/
        Window[WinAvail]=Next.P;
    }

    /*返回每位顾客的平均等待时间 */
    return((double)TotalTime/(double)N);
}
```

代码 8.3　单队列多窗口服务模拟核心处理函数

函数 FindNextWindow 的作用,是把当前窗口事务中耗时最短的一个处理掉,得到这个空闲窗口的位置 WinAvail,并且这个最短事务的耗时就是从上一次有空闲窗口到产生下一次空闲窗口之间所等待的时间 WaitTime。代码 8.4 给出了这个函数。

```
int FindNextWindow(int W[], int K, int *WaitTime)
{   /* 给定K个窗口W[]的状态,返回下一个空闲窗口的位置 */
    /* 以及在相邻两次窗口空闲之间所等待的时间 WaitTime */
    int WinAvail;   /*下一个空闲窗口的位置 */
    int MinW=MaxProc+1;   /*最短事务处理时间,初始化为超过最大值 */
    int i;

    for(i=0; i<K; i++)   /*扫描每个窗口,找到最短事务 */
        if(W[i]<MinW){
            MinW=W[i]; WinAvail=i;
        }
    *WaitTime=MinW;   /*最短事务处理时间就是两次空窗间的等待时间 */
    for(i=0; i<K; i++)/*刷新所有窗口的事务处理状态 */
        W[i]-=MinW;

    return WinAvail;   /*返回下一个空闲窗口的位置 */
}
```

代码 8.4　单队列多窗口服务模拟 FindNextWindow 函数

注意到我们可以用一个最小堆来更快速地找到最短事务,使得这个步骤的复杂度从 $\Theta(K)$ 降到 $O(\log K)$。但是另一方面,由于这个最短事务被处理掉以后,每个窗口的状态都需要随之更新,所以时间复杂度无论如何都会是 $\Omega(K)$。从渐进意义上看,没有必要维护一个堆结构,用最简单的一维数组即可。但建议有兴趣的读者自己尝试用最小堆实现,并与代码 8.4 的版本做比较,看效率究竟相差多少?

[**复杂度分析**] 程序主要部分由代码 8.2~8.4 给出,其中代码 8.2 中主函数复杂度由建立队列和核心处理两个函数决定。

代码 8.2 中建立队列的过程包含了一个 for 循环,将 N 个顾客入列,所以时间复杂度显然是 $\Theta(N)$。

代码 8.3 的初始化窗口部分用了 $\Theta(K)$;之后的 while 循环对 N 个顾客进行了处理,每一次处理需要调用代码 8.4 中复杂度为 $\Theta(K)$ 的函数,并且有可能需要用 $\Theta(K)$ 时间处理顾客未到达的情况,所以 while 循环的总体时间复杂度是 $\Theta(NK)$。

综上所述,程序的时间复杂度是 $\Theta(N)+\Theta(K)+\Theta(NK)=\Theta(NK)$。

程序需要存储 N 个顾客和 K 个窗口的信息,所以空间复杂度是 $\Theta(N+K)$。

[**测试数据**] 测试数据至少应包含 4 种类型:
(1) 窗口数比顾客数多,这时平均等待时间必定是 0;
(2) 顾客人数多,且到达时间密集,每次空窗口都有顾客等待;
(3) 顾客人数多,但到达时间稀疏,出现有若干个空窗口但需要等待下一位顾客的情况;
(4) 随机混合数据。

由于篇幅所限,在此仅列出少量测试数据以及答案(如表 8.1 所示),供读者参考。输入数据格式为:第 1 行给出 N;后面 N 行给出 N 位顾客的到达时间 T 和事务处理时间 P;最后一行给出该银行的营业窗口个数 K。

表 8.1 单队列多窗口服务模拟部分测试数据

输入	2 1 20 2 15 3	6 0 20 0 15 0 30 0 2 1 60 3 10 3	5 0 3 0 4 1 2 4 5 5 5 3	9 0 20 1 15 1 60 2 10 10 5 10 3 30 18 31 25 31 2 3
输出	Average waiting time = 0.0 minute(s).	Average waiting time = 8.0 minute(s).	Average waiting time = 0.0 minute(s).	Average waiting time = 6.2 minute(s).

8.1.2 单队列多窗口+VIP 服务

[策略描述] 有些银行会给 VIP 客户以各种优惠服务,例如专门开辟 VIP 窗口。为了最大限度地利用资源,VIP 窗口的服务机制定义为:当队列中没有 VIP 客户时,该窗口为普通顾客服务;当该窗口空闲并且队列中有 VIP 客户在等待时,排在最前面的 VIP 客户享受该窗口的服务。同时,当轮到某 VIP 客户出列时,若 VIP 窗口非空,该客户可以选择空闲的普通窗口。

[实现方法] 我们仍然可以用一个队列模拟排队的情况。不同的是,这个问题中有一个隐形的 VIP 子队列——每当 VIP 窗口空闲时,我们不是简单地令下一位顾客出列,而是必须查找队列中排在最前面的 VIP 客户。如果我们只是简单地顺序检查队列中的顾客,那么最坏情况是队列中根本没有 VIP 客户,而我们必须问过每一位才能确定没有,所以这种查找的方法需要的时间复杂度是 $O(N)$。更糟糕的情况是,如果银行只开一个 VIP 窗口,那么这个窗口就要处理全部 N 位顾客,总时间复杂度就会是 $O(N^2)$。

显然存在更好的解决方案。我们可以将标准的队列结构稍做修改,增加一个 VIP 子队列的定义。这个子队列并不重复存储客户信息,只存储该客户在队列中的位置。当 VIP 窗口空闲时,我们首先检查 VIP 子队列,如果非空,则令队首的 VIP 客户出列,同时将之从全体顾客队列中删除;如果为空,则令下一位普通顾客出列。

理解了这个过程后,我们只需要对队列的结构和操作做内部修改,而无须改变对外接口。

代码 8.5 给出了程序必须的部分类型定义和操作,这里只对增加的部分内容做了注释。注意到顾客信息增加了一个 VIP 标志,为 1 时表示是 VIP 客户,为 0 时是普通顾客,为 -1 时标志该顾客已经被删除。

```
typedef struct People ElementType;
struct People{
    int T;
    int P;
    int VIP;   /* VIP 标志:1=VIP;0=普通;-1=删除 */
};

typedef int Position;
struct QNode{ /*队列结点 */
    ElementType *Data;      /*顾客数组 */
    Position Front,Rear;    /*队列的头、尾指针 */
    int MaxSize;            /*队列最大容量 */
    /*--下面是 VIP 子列的相应元素-- */
    Position VIPFront, VIPRear;
    int *VIPCustomer;
    int VIPSize;    /*队列中 VIP 的数量 */
```

```
    /* ------------------------ */
};
typedef struct QueueRecord *Queue;

bool VIPIsFull(Queue Q);            /* 判断 VIP 队列是否为满 */
bool AddVIP(Queue Q, Position P);   /* 对 VIP 客户的入列操作 */
bool VIPIsEmpty(Queue Q);           /* 判断 VIP 队列是否为空 */
ElementType DeleteVIP(Queue Q);     /* 对 VIP 客户的出列操作 */

Queue CreateQueue(int MaxSize);
bool IsFull(Queue Q);
bool AddQ(Queue Q, ElementType X);
bool IsEmpty(Queue Q);
ElementType DeleteQ(Queue Q);
```

代码 8.5　单队列多窗口+VIP 服务模拟队列定义

在代码 8.2 的基础上，"顾客依次入列"部分需要增加建立 VIP 子列的内容，即当读入的顾客是 VIP 时（输入在 T 和 P 的后面增加了一项 VIP 的值），需要将此顾客在队列中的位置 Q->rear 存到 VIP 子列中。具体代码留给读者作为练习。

代码 8.6 给出了新的 QueueingAtBank 函数，并用粗体标出了与代码 8.3 不同的部分。最主要的区别是当 VIP 窗口空闲时，用 IsVipHere 检查当前时刻有没有 VIP 在等待，如果有，则调用 DeleteVIP 函数令 VIP 客户出列，否则做普通顾客处理。注意，当空闲窗口不是 VIP 窗口时，下一位顾客无论是否 VIP 都当作普通顾客处理。

```
double QueueingAtBank(Queue Q, int N)
{   /*根据顾客队列 Q 和人数 N，返回顾客平均等待时间 */
    struct People Next;
    int K;                      /* 营业窗口个数 */
    int TotalTime;              /* 全体顾客等待总时间 */
    int CurrentTime;            /* 当前时间,开门营业时为 0 */
    int Window[MaxWindow];      /* 营业窗口需要处理事务的时间长度 */
    int WaitTime;               /* 相邻两次窗口空闲之间所等待的时间 */
    int WinAvail;               /* 空闲窗口的位置 */
    int i, j;

    int VIPWindow;  /* VIP 窗口编号 */

    scanf("%d %d", &K, &VIPWindow);  /* 读入营业窗口个数和 VIP 窗口编号 */
```

```
    if(N<K)return 0;    /* 如果窗口比人多，则无须等待 */

    /* --------初始化-------- */
    for(i=0; i<K; i++)
        Window[i]=0;
    TotalTime=0;
    /* --------------------- */

    while(!IsEmpty(Q)){

        /* --第1步:处理掉当前最短的事务，得到下一个空闲窗口-- */
        WinAvail=FindNextWindow(Window, K, &WaitTime);
        CurrentTime+=WaitTime;


        /* -------------第2步:下一位顾客出列-------------- */
        if((WinAvail==VIPWindow)&&(IsVipHere(Q, CurrentTime)))
            Next=DeleteVIP(Q);    /* 如果VIP窗口空且有VIP在队伍中等 */
        else
            Next=DeleteQ(Q);
        if(Next.T==EmptyQ)break;    /* 如果收到队列已空的信号，退出循环 */
        if(CurrentTime>=Next.T)/* 如果顾客已经到达等待 */
            TotalTime+=(CurrentTime-Next.T);    /* 累计等待时间 */
        else{/* 如果顾客还没到 */
            WaitTime=Next.T-CurrentTime;    /* 空闲窗口等待顾客的时间 */
            for(j=0; j<K; j++){/* 刷新所有窗口至顾客到达的状态 */
                Window[j]-=WaitTime;
                if(Window[j]<0)  Window[j]=0;
            }
            CurrentTime=Next.T;    /* 更新当前时间为顾客到达时间 */
        }

        /* ---第3步:顾客Next到WinAvail窗口接受服务--- */
        Window[WinAvail]=Next.P;
    }
    return((double)TotalTime/(double)N);
}
```

代码 8.6　单队列多窗口+VIP服务模拟核心处理函数部分代码

注意，如果我们用数组实现队列，则从普通顾客队列中真正删除 VIP 客户，将可能涉及大量数组元素的位移，使得删除操作的时间复杂度从 $O(1)$ 升到 $O(N)$；同时 VIP 子列中其他元素的位置值也需要调整，这是不可接受的。为了避免这种情况，我们可以改用链表实现队列，但是同时又要面对指针操作的危险性和效率的降低。一般情况下，我们假设银行不会有太多的 VIP 客户（否则 VIP 就失去了意义），这时可以采用懒惰删除（Lazy Deletion），即用一标记表示该顾客已经被删除，而并不实际将该元素删去。

于是在令顾客出列时，我们必须检查标记，直到找到一位存在的顾客出列。而这时候有可能出现全部队列中的顾客都已经被删除的情况，所以出列函数中还必须准备一个空队列信号用以返回。在这里我们用到达时间 T 为负数来标志队列已经为空。

代码 8.7 给出了 DeleteVIP 函数的懒惰删除实现方法；代码 8.8 给出了相应的 DeleteQ 函数的实现。

```
bool VIPIsEmpty(Queue Q)
{
    return(Q->VIPSize==0);
}
ElementType DeleteVIP(Queue Q)
{   /*令 VIP 子列队首的客户出列 */
    ElementType X;
    Position P;

    if(!VIPIsEmpty(Q)){/* 如果存在 VIP 客户 */
        /* 获得队首客户在顾客队列中的位置 */
        P=Q->VIPCustomer[Q->VIPFront];
        /* 将该位置从 VIP 子列中删除 */
        Q->VIPFront++;
        Q->VIPSize--;
        Q->Data[P].VIP=-1;   /* 懒惰删除顾客队列中的 VIP */
        X.T=Q->Data[P].T;
        X.P=Q->Data[P].P;
    }
    else   /* 如果没有 VIP 客户，则做普通出列 */
        X=DeleteQ(Q);
    return X;
}
```

代码 8.7 单队列多窗口+VIP 服务模拟 DeleteVIP 函数

```
#define EmptyQ -1 /* 队列空的信号 */
ElementType DeleteQ(Queue Q)
{   /* 令 Q 队首的顾客出列 */
    ElementType X;

    /* 将位于队列前端的被懒惰删除的顾客真正删除 */
    while(Q->Data[Q->Front].VIP == -1)
        Q->Front++;
    if(IsEmpty(Q)){ /* 如果清除后发现队列已空, 返回空信号 */
        X.T = EmptyQ;
        return X;
    }
    if(Q->Data[Q->Front].VIP == 1)
        X = DeleteVIP(Q);   /* 令队首的 VIP 客户出列 */
    else{   /* 普通顾客出列 */
        X.T = Q->Data[Q->Front].T;
        X.P = Q->Data[Q->Front].P;
    }
    /* 删除队首的顾客 */
    Q->Front++;
    return X;
}
```

代码 8.8　单队列多窗口+VIP 服务模拟 DeleteQ 函数

[**复杂度分析**] 本节程序与 8.1.1 节的程序的复杂度分析十分相似,当然前提是各个功能函数均正确实现。

函数 IsVipHere 只需要常数时间即可判断当前时刻是否有 VIP 在等待。根据代码 8.7 和 8.8 的实现方法,DeleteQ 和 DeleteVIP 都可以在常数时间内完成。虽然在 DeleteQ 中出现了一个 while 循环,但这个循环在 QueueingAtBank 中执行的总次数不超过 VIP 的个数,即 $O(N)$。所以时间复杂度不变,仍然是 $\Theta(NK)$。

程序需要的存储空间为 VIP 客户的子列增加了 $O(N)$ 个单元,从渐进意义上讲,空间复杂度也不变,仍然是 $\Theta(N+K)$。

[**测试数据**] 测试数据至少应包含 6 种类型:
（1）重复上一节的测试,令全体顾客为普通顾客,结果应不变;
（2）重复上一节的测试,令全体顾客为 VIP,结果应不变;
（3）VIP 窗口空闲时,有 VIP 顾客在普通顾客后面等待的情况;
（4）VIP 窗口空闲时,有普通顾客等待,但下一位 VIP 还未到达的情况;

（5）最后一位顾客是 VIP 且在 VIP 窗口接受服务的情况——这时队列中会残留一个被懒惰删除的元素；

（6）随机混合数据。

由于篇幅所限，在此仅列出第 3~6 类少量测试数据以及答案（如表 8.2 所示），供读者参考。输入数据格式为：第 1 行给出 N；后面 N 行给出 N 位顾客的到达时间 T、事务处理时间 P 以及是否 VIP 的标志；最后一行给出该银行的营业窗口个数 K、VIP 窗口的编号。

表 8.2 单队列多窗口+VIP 服务模拟部分测试数据

输入	5 0 20 0 0 15 1 0 30 0 10 5 0 12 10 1 3 0	6 0 10 0 1 15 1 1 30 0 10 5 0 12 10 1 12 2 0 3 0	5 0 10 0 1 15 1 1 30 0 10 5 0 12 10 1 3 0	7 0 20 0 1 60 1 1 50 1 2 10 0 3 15 1 10 12 1 10 5 0 3 0
输出	Average waiting time = 2.6 minute(s).	Average waiting time = 1.2 minute(s).	Average waiting time = 0.6 minute(s).	Average waiting time = 18.3 minute(s).

8.2 畅通工程问题

某地区经过对城镇交通状况的调查，得到现有城镇间快速道路的统计数据，并提出"畅通工程"的目标：使整个地区任何两个城镇间都可以实现快速交通（但不一定有直接的快速道路相连，只要互相间接通过快速路可达即可）。由于实现畅通目标时要考虑的侧重点不同，便得相应的解决方法也不相同。

解决各种问题的共同点是：我们总可以把各城镇看成图中的结点，连接两城镇的快速路看成边，于是畅通工程问题就转化为各种版本的图论问题。

8.2.1 建设道路数量问题

[问题描述] 现有城镇道路的统计数据表中列出了每条快速路直接连通的城镇，问最少还需要建设多少条快速路就可以达到畅通目标？

输入数据包括城镇数目 N 和快速路数目 M；随后的 M 行对应 M 条快速路，每行给出一对正整数，分别是该条快速路直接连通的两个城镇的编号。为简单起见，城镇从 1 到 N 编号。要求输出需要建设的快速路的条数。

[实现方法] 我们把已经连通的一片城镇区域看成图的一个连通集,这个问题就等价于问目前给定的图中有多少个独立的连通集,而连通 K 个集合,最少需要 $K-1$ 条边。

数图的连通集个数有多种方法。最直接的方法,是根据输入数据建立一个图的结构,然后用深度优先搜索遍历整个图,从而得到连通集的个数。我们可以用邻接矩阵,也可以用邻接表来实现图结构。代码 8.9 给出了邻接表实现下连通集个数的计算函数。其中图的基本定义与第 6 章相同;函数 InitializeVisited 是将标志数组 Visited 初始化为 0;DFS 则是标准的深度优先搜索函数,将访问过的结点的标志设为 1;cnt 是一个整型变量,作为连通集的计数器。而主函数需要输出的快速路的条数是 cnt-1。

```
int CountConnectedComponents(LGraph Graph)
{/*计算图 Graph 中连通集的个数 */
    Vertex V;
    int cnt = 0;

    /*将全局变量 Visited[]初始化为 false */
    InitializeVisited(Graph->Nv);
    /*每一次 DFS 对应一个连通集 */
    for(V = 0;  V<Graph->Nv;  V++){
        if(!Visited[V]){
            DFS(Graph,V);
            cnt++;
        }
    }
    return cnt;
}
```

代码 8.9 连通集个数计算函数

还有另外一种更简单的方法,即利用并查集,将有边相连的结点都并入同一集合,最后数一下有多少个集合即可。代码 8.10 给出了并查集的实现,其中并查集的标准函数 Union 和 Find 与第 4 章中定义相同。

```
typedef Vertex ElementType;

void Initialization(SetType S,  int N)
{/*集合初始化 */
    int i;
    for(i = 0;  i<N;  i++)
```

```c
        S[i] = -1;
}

void InputConnection(SetType S, int M)
{   /* 读入 M 条边,并将有边相连的结点并入同一集合 */
    Vertex U, V;        /* 记录输入的结点 */
    Vertex Root1, Root2;  /* 记录输入结点所在的集合的根结点 */
    int i;

    for(i = 0; i<M; i++){
        scanf("%d%d", &U, &V);
        Root1 = Find(S, U);
        Root2 = Find(S, V);
        if(Root1 != Root2)
            Union(S, Root1, Root2);
    }
}

int CountConnectedComponents(SetType S, int N)
{/* 计算集合 S 中连通集的个数 */
    int i, cnt = 0;

    for(i = 0; i<N; i++){
        if(S[i]<0)
            cnt++;
    }
    return cnt;
}

int main()
{
    SetType S;
    int N, M;

    scanf("%d %d", &N, &M);
    Initialization(S, N);
    InputConnection(S, M);
```

```
        printf("需要建设道路%d 条\n", CountConnectedComponents(S, N)-1);

        return 0;
}
```

代码 8.10 利用并查集统计连通集个数

[**复杂度分析**] 无论是用图的邻接表深度优先搜索,还是用并查集,两种方法的时间复杂度都是 $O(N+M)$。

在图的邻接表实现中,我们需要 $O(N+M)$ 的时间建立邻接表,再用 $O(N+M)$ 的时间遍历图中的每个结点和每条边。在并查集实现中,我们用 $O(N)$ 时间初始化集合,用 $O(M)$ 时间合并每条边对应的一对结点,最后用 $O(N)$ 时间扫描每个结点以统计集合根结点的个数。所以总的时间也是 $O(N+M)$。虽然从渐进的意义上看,两种算法效率基本相同,但由于图的邻接表涉及大量指针操作,且每条边需要存两遍,所以实际运行效果会比并查集实现慢很多。

在空间利用上,并查集也占有明显优势,因为我们只需要 $O(N)$ 的整型数组来存放集合,而图的邻接表需要存储 $O(N+M)$ 个结点。

[**测试数据**] 测试数据至少应包含以下 3 种类型:
(1) 完全连通图,不需要新建道路;
(2) 完全没有边的图,需要 $N-1$ 条道路;
(3) 随机产生的大数据量测试。

8.2.2 最低成本建设问题

[**问题描述**] 现有城镇道路的统计数据表中列出了有可能建设成快速路的若干条道路的成本,求畅通工程需要的最低成本。

输入数据包括城镇数目 N 和候选道路数目 M;随后的 M 行对应 M 条道路,每行给出 3 个正整数,分别是该条道路直接连通的两个城镇的编号以及该道路改建的预算成本。为简单起见,城镇从 1 到 N 编号。要求输出畅通工程需要的最低成本。如果输入数据不足以保证畅通,则输出"需要建设更多道路"。

[**实现方法**] 我们把道路建设成本看成图中对应边的权重。要保证图中 N 个结点的连通,我们至少需要构建 $N-1$ 条边,使得结点连接成一棵树;而要求成本最低,就意味着 $N-1$ 条边的总权重最小。这个问题就等价于求给定带权图的最小生成树问题。

求最小生成树的算法伪码已经在第 6 章给出,在此我们选择 Kruskal 算法。代码 8.11 给出了核心 Kruskal 算法的实现。

```
int Kruskal( LGraph Graph,  LGraph MST)
{ /*将最小生成树保存为邻接表存储的图 MST,返回最小权重和 */
    WeightType TotalWeight;
```

```c
    int ECount, NextEdge;
    SetType VSet;      /* 顶点数组 */
    Edge ESet;         /* 边数组 */

    InitializeVSet(VSet, Graph->Nv); /* 初始化顶点并查集 */
    ESet = (Edge)malloc(sizeof(struct ENode) * Graph->Ne);
    InitializeESet(Graph, ESet);  /* 初始化边的最小堆 */
    /* 创建包含所有顶点但没有边的图。注意用邻接表版本 */
    MST = CreateGraph(Graph->Nv);
    TotalWeight = 0;   /* 初始化权重和 */
    ECount = 0;        /* 初始化收录的边数 */

    NextEdge = Graph->Ne;  /* 原始边集的规模 */
    while(ECount<Graph->Nv-1){  /* 当收集的边不足以构成树时 */
        NextEdge = GetEdge(ESet, NextEdge); /* 从边集中得到最小边的位置 */
        if(NextEdge<0)/* 边集已空 */
            break;
        /* 如果该边的加入不构成回路，即两端结点不属于同一连通集 */
        if(CheckCycle(VSet, ESet[NextEdge].V1, ESet[NextEdge].V2)==true){
            /* 将该边插入 MST */
            InsertEdge(MST, ESet+NextEdge);
            TotalWeight += ESet[NextEdge].Weight;  /* 累计权重 */
            ECount++;  /* 生成树中边数加 1 */
        }
    }
    if(ECount<Graph->Nv-1)
        TotalWeight = -1;  /* 设置错误标记，表示生成树不存在 */

    return TotalWeight;
}
```

代码 8.11　Kruskal 算法函数

代码 8.11 中,结点集合的初始化留给读者练习。我们知道 Kruskal 算法的关键在于两个函数的实现,即 GetEdge——用最快速度找出权重最小的边以及 CheckCycle——判断该边的加入是否会构成回路。

找出权重最小的边,可以通过先按边的权重排序,再顺序取出的方法,这种方法取出边比较方便,只要 $O(1)$ 的时间,但排序一般需要的时间复杂度是 $O(M\log M)$。如果图中边比较密集,例

如完全图中有 $M=O(N^2)$，则这一步就需要 $M=O(N^2\log N)$。即使最后结果需要的 $N-1$ 条边都排在最前面，也不能降低时间复杂度，因为我们需要事先对 M 条边进行完全的排序。

另一种方法是维护一个关于边权重的最小堆。我们有 $O(M)$ 时间复杂度的算法建立这个最小堆，每次从堆中取出最小元的方法与堆排序类似。这样做的好处是不需要对全部 M 条边进行排序。在最好情况下，如果结果需要的 $N-1$ 条边都排在最前面，我们只需要 $O(N\log M)$ 的时间就可以得到结果。在最坏情况下，这种方法与排序的方法持平。所以我们选择用最小堆实现 GetEdge 函数。代码 8.12 给出了实现，其中 PercDown 函数与第 7 章代码 7.2 中给出的函数相似。

```
void PercDown(Edge ESet, int p, int N)
{ /*改编代码 4.24 的 PercDown(MaxHeap H, int p)    */
  /*将 N 个元素的边数组中以 ESet[p]为根的子堆调整为关于 Weight 的最小堆 */
    int Parent, Child;
    struct ENode X;

    X=ESet[p];   /*取出根结点存放的值 */
    for(Parent=p; (Parent*2+1)<N; Parent=Child){
        Child=Parent * 2+1;
        if((Child!=N-1)&&
            (ESet[Child].Weight>ESet[Child+1].Weight))
            Child++;  /* Child 指向左右子结点的较小者 */
        if(X.Weight<=ESet[Child].Weight)break;  /*找到了合适位置 */
        else   /* 下滤 X */
            ESet[Parent]=ESet[Child];
    }
    ESet[Parent]=X;
}

void InitializeESet(LGraph Graph, Edge ESet)
{ /*将图的边存入数组 ESet,并且初始化为最小堆 */
    Vertex V;
    PtrToAdjVNode W;
    int ECount;

    /*将图的边存入数组 ESet */
    ECount=0;
    for(V=0; V<Graph->Nv; V++)
        for(W=Graph->G[V].FirstEdge; W; W=W->Next)
            if(V<W->AdjV){/* 避免重复录入无向图的边,只收 V1<V2 的边 */
```

```
                ESet[ECount].V1=V;
                ESet[ECount].V2=W->AdjV;
                ESet[ECount++].Weight=W->Weight;
            }
    /*初始化为最小堆 */
    for(ECount=Graph->Ne/2; ECount>=0; ECount--)
        PercDown(ESet, ECount, Graph->Ne);
}

int GetEdge(Edge ESet, int CurrentSize)
{/*给定当前堆的大小CurrentSize,将当前最小边位置弹出并调整堆 */

    /*将最小边与当前堆的最后一个位置的边交换 */
    Swap(&ESet[0], &ESet[CurrentSize-1]);
    /*将剩下的边继续调整成最小堆 */
    PercDown(ESet, 0, CurrentSize-1);

    return CurrentSize-1; /*返回最小边所在位置 */
}
```

代码 8.12　快速得到最小边的函数

如第 6 章中已经介绍过的, 对每一条待收入的边, 我们用并查集来判断该边的加入是否会构成回路。代码 8.13 给出了 CheckCycle 函数的实现。

```
bool CheckCycle(SetType VSet, Vertex V1, Vertex V2)
{ /*检查连接V1和V2的边是否在现有的最小生成树子集中构成回路 */
    Vertex Root1, Root2;

    Root1=Find(VSet, V1); /*得到V1所属的连通集名称 */
    Root2=Find(VSet, V2); /*得到V2所属的连通集名称 */

    if(Root1==Root2)/*若V1和V2已经连通,则该边不能要 */
        return false;
    else{/*否则该边可以被收集,同时将V1和V2并入同一连通集 */
        Union(VSet, Root1, Root2);
        return true;
    }
}
```

代码 8.13　检查回路的函数

[**复杂度分析**] 程序的总体复杂度是由代码 8.11 给出的核心函数 Kruskal 决定的。

首先我们需要 $O(N+M)$ 的时间初始化结点和边的集合。收集边的 while 循环最坏情况下需要遍历全部 M 条边。在循环内部,取得最小边的 GetEdge 函数的时间复杂度为 $O(\log M)$,而检查回路的函数 CheckCycle 的时间复杂度不会超过 $O(\log N)$。于是总体时间复杂度在最坏情况下是 $O(N+M+M(\log M+\log N))=O(M\log N)$。如果图中边比较稀疏,即 $M=O(N)$,或者 while 循环只用 $O(N)$ 次即可完成最小生成树的构造,则算法复杂度可降低为 $O(N\log N)$。所以说 Kruskal 算法在边比较稀疏的情况下有比较好的效率。

由于结点集合、边的集合均用一维数组实现,所以空间复杂度是 $O(N+M)$。

[**测试数据**] 测试数据至少应包含以下 3 种类型:
(1) 给出的边数不足 $N-1$,需要建设更多道路;
(2) 给出的边数不少于 $N-1$,但图不连通,需要建设更多道路;
(3) 随机产生的大数据量测试。

由于篇幅所限,在此仅列出少量测试数据以及答案(如表 8.3 所示),供读者参考。输入数据格式为:第 1 行给出城镇数目 N 和候选道路数目 M;随后的 M 行对应 M 条道路,每行给出 3 个正整数,分别是该条道路直接连通的两个城镇的编号以及该道路改建的预算成本。

表 8.3　最低成本建设畅通工程问题部分测试数据

输入	3　1 2　3　2	5　4 1　2　1 2　3　2 3　1　3 4　5　4	6　15 1　2　5 1　3　3 1　4　7 1　5　4 1　6　2 2　3　4 2　4　6 2　5　2 2　6　6 3　4　6 3　5　1 3　6　1 4　5　10 4　6　8 5　6　3
输出	Must construct more roads.	Must construct more roads.	Minimum Cost = 12

本 章 小 结

　　本章通过对银行排队问题的不同解决方案的模拟,展示了队列的灵活应用方法;通过对城镇畅通工程的不同要求进行分析和解决,展示了图论在实际生活中的应用。
　　希望读者能通过本书的学习提高实践能力,使数据结构与算法成为用计算机觯决实际问题的有效工具。

习　　题

　　8.1　试修改 8.1.1 节中单队列多窗口服务的模拟程序,使得不仅能计算顾客平均等待时间,还能输出最长等待时间、最后完成时间,并且统计每个窗口服务了多少名顾客。

　　8.2　试在代码 8.2 的基础上,使得在建立顾客队列的同时,建立 VIP 子列。

　　8.3　试实现 8.1.2 节中的 IsVipHere 函数,检查当前时刻(即 CurrentTime)在队列 Q 中有没有 VIP 在等待。如果有,则返回 1;否则返回 0。

　　*8.4　银行排队的另一种解决方案是"多队列多窗口服务",即在黄线到每个窗口之间允许排 M 位顾客,形成 K 条队列。如果 K 个窗口前的队列全排满了,其他顾客只好在黄线后的多队列入口处排成一列。在多队列入口处的顾客总会选择 K 条队列中最短的一条加入。试编写程序模拟这种策略,并计算顾客的平均等待时间。

　　*8.5　排队"夹塞"是引起大家强烈不满的行为,但是这种现象时常存在。在银行排队的问题中,如果已知第 i 位顾客与排在后面的第 j 位顾客是好朋友,并且愿意替朋友办理事务的话,那么第 i 位顾客的事务处理时间就是自己的事务加朋友的事务所耗时间的总和。在这种情况下,后面顾客的等待时间就可能被影响。试编写程序模拟这种现象,并计算顾客的平均等待时间。

　　8.6　试实现 8.2.2 节中初始化函数 InitializeVSet,初始化结点并查集 VSet,即将 N 个结点看成 N 个只有单独元素的独立的集合。

　　8.7　试给出解决 8.2.2 节问题的完整代码,使能至少通过表 8.3 中的测试。

　　*8.8　畅通工程问题的另一个版本是,在得到现有每条快速路直接连通的城镇,并测算出其他有可能建设成快速路的若干条道路的成本后,求畅通工程需要的最低成本。试编写程序解决这个问题。

附录
PTA 使用说明

本书正文中部分以及习题中的程序设计题目可以在 PAT（Programming Ability Test，计算机程序设计能力考试）的配套练习平台"拼题 A"上进行练习。

1. PAT 与拼题 A

（1）什么是 PAT

PAT 旨在通过统一组织的在线考试及自动评测方法客观地评判考生的算法设计与程序设计实现能力，科学地评价计算机程序设计人才，为企业选拔人才提供参考标准。目前 PAT 已成为 IT 界的标准化能力测试，得到包括 Google、Microsoft、网易、百度、腾讯等在内的百余家大中小型各级企业的认可和支持，他们纷纷开辟了求职绿色通道，主动为 PAT 成绩符合其要求的考生安排面试，免除计算机程序设计方面的笔试环节。同时，PAT（甲级）一年内的成绩可作为浙江大学计算机学院硕士研究生招生考试上机复试成绩。

PAT 在每年的春季（2、3 月间）、秋季（8、9 月间）和冬季（11、12 月间）组织 3 场统一考试。考试为 3 小时、闭卷、上机编程测试，总分为 100 分。考试分为 3 个不同的难度级别：顶级（Top Level）、甲级（Advanced Level）、乙级（Basic Level）。顶级考试 3 题，题目描述语言为英文；甲级考试 4 题，题目描述语言为英文；乙级考试 5 题，题目描述语言为中文。要求考生按照严格的输入输出要求提交程序，程序须经过若干测试用例的测试，每个测试用例分配一定得分。每题的得分为通过的测试用例得分之和，整场考试得分为各题得分之和，提交错误不扣分。

PAT 不设合格标准，凡参加考试且获得非零分者皆有成绩，可获得统一颁发的证书。证书中包含"考试分数/满分"和"排名/考生总数"两个指标。PAT 提供官方证书查验功能，在官网相应位置输入证书编号即可查验真伪。

（2）什么是拼题 A

拼题 A 是 PAT 的配套练习平台，支持更丰富的题目类型，其编程类题目具有与 PAT 相同的判题系统环境，配有方便的辅助教学工具，并由全国高校的教师们共同建设内容丰富的题库。本书的题目集就部署在拼题 A 上（见附录图 1），读者进入题目集后，在提示框内输入验证码，单击"开始答题"即可进行练习（见附录图 2）。

2. 拼题 A 工作机制

拼题 A 系统中，提交的程序代码由服务器自动判断正确与否，判断的方法如下。

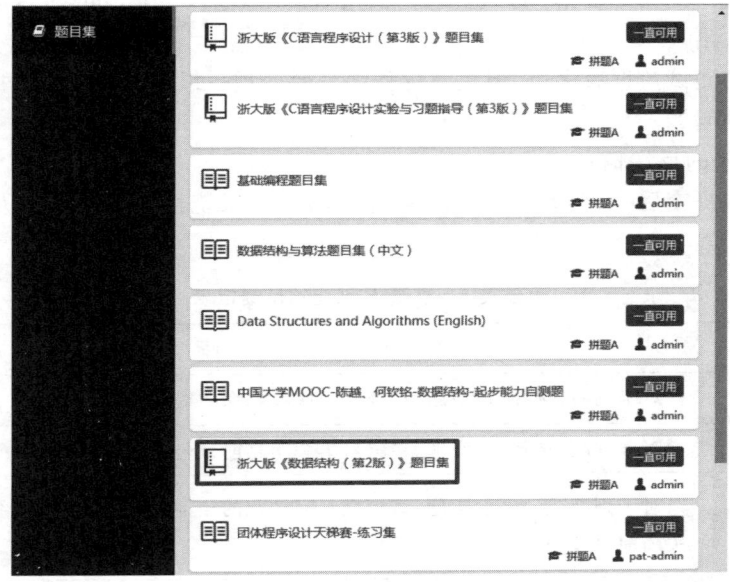

附录图1　从拼题A首页进入系统后,可查看"浙大版《数据结构(第2版)》题目集"

附录图2　读者在提示框内输入验证码,单击"开始答题"即可进行练习

(1) 服务器收到提交的源代码后,将源代码保存、编译、运行。

(2) 运行的时候会先判断程序的返回是否为0,如果不是0,表明程序内部出错了。

(3) 运行的时候用预先设计的数据作为程序的输入,然后将程序的输出与预先设定的输出做逐个字符的比较。

(4) 如果每个字符都相同,表示程序正确,否则表示程序错误。

(5) 每一题的测试数据会有多组,每通过一组将获得相应得分。

拼题A的服务器采用64位的Linux操作系统,C语言编译器采用gcc,版本是4.7.2。gcc使用的编译参数中含有:-fno-tree-ch-O2-Wall-std=c99。

如果没有特别说明,程序应该从标准输入(stdin,传统意义上的"键盘")读入,并输出到标准

输出（stdout，传统意义上的"屏幕"）。也就是说，用 scanf 做输入，用 printf 做输出就可以了；不要使用文件做输入输出。

在服务器上的测试数据有多组，但提交的程序只要处理一组输入数据的情况，不需要考虑多组数据循环读入的问题。

3. 拼题 A 可能的反馈信息

程序在每一次提交后，都会即时得到由拼题 A 的评分系统给出的得分以及反馈信息，可能的反馈信息见附录表 1。

附录表 1 拼题 A 可能的反馈信息

结果	说明
提交成功	对于判断、选择、填空题，系统已经接收到您的提交
稍后显示	对于判断、选择、填空题，在题目集关闭之前，不显示判题结果
已被覆盖	对于判断、选择、填空题，该提交已经被您的当前提交所覆盖，系统将只评判题目集关闭前对该题目的最后一次提交
等待评测	评测系统还没有评测到这个提交，请稍候
正在评测	评测系统正在评测，稍候会有结果
编译错误	您提交的代码无法完成编译，单击"编译错误"可以看到编译器输出的错误信息
答案正确	恭喜！您通过了这道题
部分正确	您的代码只通过了部分测试点，继续努力！
格式错误	您的程序输出的格式不符合要求（比如空格和换行与要求不一致）
答案错误	您的程序未能对评测系统的数据返回正确的结果
运行超时	您的程序未能在规定时间内运行结束
内存超限	您的程序使用了超过限制的内存
异常退出	您的程序运行时发生了错误
非零返回	您的程序结束时返回值非 0，如果使用 C 或 C++语言要保证 int main 函数最终 return 0
段错误	您的程序发生段错误，可能是数组越界、堆栈溢出（比如，递归调用层数太多）等情况引起
浮点错误	您的程序运行时发生浮点错误，比如遇到了除以 0 的情况
输出超限	您的程序输出了过多内容，一般可能是无限循环输出导致的结果
内部错误	评测系统发生内部错误，无法评测。工作人员会努力排查此种错误

4. 程序常见问题

(1) main 的问题

错误的例子：

```
void main()
{
    printf("hello\n");
}
```

函数 main() 的返回类型必须是 int，在 main() 里一定要有语句

　　return 0;

用来返回 0。

很多教材基于 Windows 的 C 编译器，还在使用语句 void main()，这是无法接受的。main() 的返回值是有意义的，如果返回的不是 0，就表示程序运行过程中错误了，那么服务器上的判题程序也会给出错误的结论。

另外，某些 IDE 需要在 main() 的最后加上一句：

　　system("pause");

或

　　getch();

来形成暂停。在上传程序时一定要把这个语句删除，不然会产生超时错误。

(2) 多余的输出问题

错误的例子：

```
int main()
{
    int a, b;
    printf("请输入两个整数:");
    scanf("%d %d", &a, &b);
    ...
    printf("%d 和 %d 的最大公约数是%d\n", a, b, c);
    return 0;
}
```

程序的输出不要添加任何提示性信息，必须严格采用题目规定的输出格式。

读者可以运行自己的程序，采用题目提供的输入样例，如果得到的输出和输出样例完全相同，一个字符也不多，一个字符也不少，那么这样的格式就是对的。

(3) 汉字问题

程序中不要出现任何汉字,即使在注释中也不能出现。服务器上使用的文字编码未必和读者的计算机相同,读者认为无害的汉字会被编译器认为是奇怪的东西。

(4) 输出格式问题

仔细阅读题目中对于输出格式的要求。因为服务器是严格地按照预设的输出格式来比对程序输出的。需要注意的输出格式问题包括:

- 行末要求不带空格(或带空格)
- 输出要求分行(或不分行)
- 有空格没空格要看仔细
- 输出中的标点符号要看清楚,尤其是绝对不能用中文全角的标点符号,另外单引号(')和一撇(′)要分清楚
- 当输出浮点数时,因为浮点数会涉及输出的精度问题,题目中通常会对输出格式做明确要求。一定要严格遵守
- 当输出浮点数时,有可能出现输出 -0.0 的情况,需要在程序中编写代码判断,保证不出现 -0.0

(5) 不能用的库函数

某些库函数因为存在安全隐患是不能用的,目前主要指库函数 itoa 和 gets。

(6) 过时的写法问题

某些教材上提供的过时写法也会在编译时产生错误,例如:

```
int f()
int a;
{
}
```

参考文献

[1] WEISS M A.Data structures and algorithm analysis in C[M].2nd ed.陈越,改编.北京:人民邮电出版社,2005.

[2] 魏宝刚,陈越,王申康.数据结构与算法分析[M].杭州:浙江大学出版社,2004.

[3] SAHNI S.Data structures,algorithms,and applications in C++[M].北京:机械工业出版社,1999.

[4] KRUSE R L,RYBA A J.Data structures and program design in C++[M].北京:高等教育出版社,2001.

[5] 严蔚敏,吴伟民.数据结构(C语言版)[M].北京:清华大学出版社,2011.

[6] HOROWITZ E,SAHNI S,ANDERSON-FREED S.数据结构(C语言版)[M].张建中,等译.北京:机械工业出版社,2006.

[7] SEDGEWICK R.算法:C语言实现[M].霍红卫,译.北京:机械工业出版社,2009.

[8] 孙志峰,徐镜春,厉小润.数据结构与数据库技术[M].杭州:浙江大学出版社,2004.

郑重声明

高等教育出版社依法对本书享有专有出版权。任何未经许可的复制、销售行为均违反《中华人民共和国著作权法》，其行为人将承担相应的民事责任和行政责任；构成犯罪的，将被依法追究刑事责任。为了维护市场秩序，保护读者的合法权益，避免读者误用盗版书造成不良后果，我社将配合行政执法部门和司法机关对违法犯罪的单位和个人进行严厉打击。社会各界人士如发现上述侵权行为，希望及时举报，我社将奖励举报有功人员。

反盗版举报电话　　（010）58581999　58582371
反盗版举报邮箱　　dd@hep.com.cn
通信地址　　北京市西城区德外大街4号
　　　　　　高等教育出版社法律事务部
邮政编码　　100120

读者意见反馈

为收集对教材的意见建议，进一步完善教材编写并做好服务工作，读者可将对本教材的意见建议通过如下渠道反馈至我社。

咨询电话　　400-810-0598
反馈邮箱　　gjdzfwb@pub.hep.cn
通信地址　　北京市朝阳区惠新东街4号富盛大厦1座
　　　　　　高等教育出版社总编辑办公室
邮政编码　　100029

防伪查询说明

用户购书后刮开封底防伪涂层，使用手机微信等软件扫描二维码，会跳转至防伪查询网页，获得所购图书详细信息。

防伪客服电话　　（010）58582300